中小学研究性学习实践
——生态文明主题资源的教育探索

马强　王鹏／著

哈尔滨工业大学出版社
HARBIN INSTITUTE OF TECHNOLOGY PRESS

内 容 简 介

本书阐述了联合国可持续发展目标(SDGs)的教育意义,探索了生态文明主题资源与基础教育课程改革的内在联系,初步构建起一套中小学生态文明教育研究性学习活动的逻辑框架,为新时代拔尖创新人才培养提供有力支持。

本书分为上、下两篇。上篇重点介绍了可持续发展教育与生态文明教育的核心要义、生态文明主题研学的设计理念、内容选择和实践路径;下篇立足生态文明视角,选择资源、环境、经济、文化、安全和人与自然生命共同体六大领域开展专题案例分析,展示生态文明主题研学如何实现跨学科融合,呈现基础教育课程改革的路径创新,为落实教育强国、科技强国和人才强国的任务目标探索新的学习范式。

图书在版编目(CIP)数据

中小学研究性学习实践:生态文明主题资源的教育
探索/马强,王鹏著. —哈尔滨:哈尔滨工业大学出
版社,2024.5
　　ISBN 978－7－5767－1353－4

　　Ⅰ.①中… Ⅱ.①马…②王… Ⅲ.①生态环境－环
境教育－教学研究－中小学 Ⅳ.①G633.982

　　中国国家版本馆 CIP 数据核字(2024)第 077769 号

ZHONGXIAOXUE YANJIUXING XUEXI SHIJIAN:
SHENGTAI WENMING ZHUTI ZIYUAN DE JIAOYU TANSUO

策划编辑	杨明蕾　刘　瑶	
责任编辑	赵凤娟	
封面设计	刘长友	
出版发行	哈尔滨工业大学出版社	
社　　址	哈尔滨市南岗区复华四道街 10 号　邮编 150006	
传　　真	0451－86414749	
网　　址	http://hitpress.hit.edu.cn	
印　　刷	哈尔滨市颉升高印刷有限公司	
开　　本	787 mm×960 mm　1/16　印张 21　字数 341 千字	
版　　次	2024 年 5 月第 1 版　2024 年 5 月第 1 次印刷	
书　　号	ISBN 978－7－5767－1353－4	
定　　价	138.00 元	

序

伴随联合国《2030 年可持续发展议程》目标的正式发布，全球性改革全面开启。生态文明建设作为习近平总书记生态文明思想的理论创新，指引我国政治、经济、文化、教育等的全面发展，在人才强国战略中发挥引领作用。我国生态文明建设是习近平生态文明思想的具体体现，教育实践是实现国家发展、培养公民意识、养成绿色行为的重要手段。《中小学研学性学习实践——生态文明主题资源的教育探索》一书基于这样的背景应运而生，它不仅聚焦了如何将生态文明理念融入中小学教育中，而且探讨了设计和实施生态文明主题研究性学习的活动路径，是一部集理论与实践于一体的著作。该书以其两个显著的特征而受到关注：

第一，对生态文明教育理念的含义做出了明确的阐释。

首先，作者对推进生态文明建设的战略关系进行了颇有高度的论述。他们认为，习近平生态文明思想构建了中国推进可持续发展的话语体系，推进生态文明建设需要将生态文明教育作为主要推动力，融入深化教育改革和教育现代化建设的全过程。基于这一论述，书中对我国生态文明教育的国家推进系列政策文件做了认真的介绍和评述，并且对部分省市在地方实施生态文明教育方面的政策文本做了具体解读。

其次，作者对生态文明教育的人才培养目标做了专门论述。他们认为，生态文明教育的育人目标是使学生成为符合生态文明社会要求的合格公民及相关领域的管理与技术应用人才、科学研究与技术研发人才。具体而言，这样的育人目标包括以下四个层面：首先，培养学生掌握较为系统的生态文明科学知识与政策法规。其次，培养学生掌握较为全面的与节能和环保领域相关的技术、能力。再次，培养学生树立正确的生态价值观。最后，培养学生践行可持续的生活方式。同已经践行多年的可持续发展教育育人目标，诸如掌握可持续发展科学知识、提高可持续学习能力、形成可持续思维品质、树立可持续发展价值观、践行可持续生活方式、参与解决可持续发展等实际问题相对照，本书作者论述的生态文明教育目标既具有鲜明的相关性、承接性,又体现了特色鲜明的创新性、时代性。这样的研究结论在逻辑上是严谨的,在表述上是通俗的,十分有利于帮助广大教师理解其内涵、把握其要义,并用以指导师生的生态文明教育创新实践,甚是难能可贵。

第二,对生态文明教育主题研学的操作做出了务实的说明。

众所周知,联合国教科文组织在总结各国实施《联合国可持续发展教育十年(2005—2014年)国际实施计划》经验教训基础上发现,仅仅发出政治口号、提出政策倡导以至操作建议,是难以产生教育促进可持续发展的明显成效的,必须组织相关领域资深专家,精准阐明落实联合国《2030年可持续发展议程》中的17项目标对教育提出的专业性需求,在体现青少年认知规律的认知领域、社会情感领域与行为领域,分别设计详尽的学习目标,只有这样才能为各国教育工作者搭建一个从枯燥理念通向鲜活学习实践的桥梁。

正是参照这样的指导理念和方法论认识,马强、王鹏两位作者提出了在广大中小学开展生态文明教育创新实践的具体路径:帮助学生了解国家生态文明发展战略与相关政策,关注国家生态文明建设在不同阶段、不同领域推进中的热点问题,并结合地域、学校、家庭等实际情况选择具有一定研究意义与价值的社会问题开展有针对性的活动。在综合分析联合国《2030年可持续发展议程》中的17项目标之后,他们聚焦当前我国生态文明建设重点内容,认真阐释了生态文明教育主题研学实践的10个研究方向与6项具体专题,其中包括:生态环境保护;水资源节约与水环境保护;践行节能减排与实现"双碳"目标;绿色生活与绿色消费;尊重与保护生物多样性;生命与健康;灾害预防与应对;可持续城市化与美丽乡村建设;世界遗产与非物质文化遗产保护与传承;中华优秀传统文化与文化多样性;等等。在多年来开展可持续发展教育基础上,众多中小学教师读到这样的明确建议,定会顿生亲切感、务实感,以及新颖感与振奋感,形成学校生态文明教育实践路径。

不仅如此,两位作者还对生态文明教育的实施步骤做出了务实的说明。他们明确地提出建议:生态文明主题研学的实施需要整体规划和系统设定,按照研学活动的基本环节和步骤展开实践探索,发挥学生的主体作用,实现"做中学"。进而,他们设计的具体步骤如下:创设问题情境,引发学习思考;确立研究主题,明确研究任务;组建研究团队,明确任务分工;设计活动方案,规划研学行动;开展研学行动,推进方案实施;制定评价指标,进行成果评价;开展成果梳理,进行案例分享。

根据本人的部分观察可见,该书作者的如上概括与说明,务实而鲜明地回放与展现了不少优秀实验学校生动活泼的创新实践,具有激励广大教师进一步深化生态文明教育实践指导和传播价值,令人欣慰与振奋。

数风流人物,还看今朝。

在百年未有之大变局的今天,及时吸纳新的知识、了解新的政策、借鉴新的经验、洞见新的趋势、开展新的观察、确立新的目标、辟出新的路径、振奋新的精神、展望新的前景、担当新的使命、升华新的境界,是每一位地不分南北、年不分长幼的学习者、奋进者、思想者与创新者,每天、每月、每年都理应和必应做好的功课,是21世纪新一代青年专家、青年教师、青年管理者与青年领导者职业生涯与生命议程的核心内容。

作为这一新兴教育学科与创新实践领域的研究者与实践者,马强与王鹏及其众多"战友"肩负着重要的历史责任。正是他们敏而好学、砥砺奋进、笔耕不辍的钻研精神,实现了对老一辈可持续发展教育工作者思想和意志的传承,为拓展生态文明教育而创新研究范式。有机会参与和见证这一新学科的蓬勃兴起与快速发展,马强与王鹏及其代表的新一代更是十分幸运和光荣的。

雄关漫道真如铁,而今迈步从头越。面对2030年联合国可持续发展目标和2035年基本建成美丽中国的愿景,如何交出令祖国和国际社会满意的答卷,是每一个生态文明与可持续发展教育研究者及实践者面临的严峻考验。在从现在开始的6年和11年内,每个人都要越加紧张起来,越加振奋起来。唯有越加刻苦阅读经典、深度思考、自觉实践和勤于写作者,才有可能受到机遇的青睐,攀登上理论探索和实践创新的新高峰。

北京教育科学研究院生态文明
与可持续发展教育创新工作室主任
史根东
2024年3月

前　言

教育部《义务教育课程方案和课程标准(2022年版)》的全面实施,标志着以"目标、问题、创新"为导向的课程改革进入了新阶段。在生态文明教育视域下深化教育改革,需要落实联合国《2030年可持续发展议程》中的17项目标,拓展课程主题资源,更新学习方法,聚焦社会问题解决,在提升学生自主学习能力、培养生态文明素养、实现"立德树人"根本任务上展开探索。

本书是一部关于中小学生如何通过研究性学习活动,探索解决生态文明问题的教育专著。全书分为上、下两篇,共9章。上篇主要介绍了生态文明主题研学的理论基础、内容选择和路径设定;下篇主要汇集了六大类生态文明主题的专题内涵、典型案例和评价规则。本书基于作者多年来的研究实践,为中小学校、教师和学生提供了全新视角的教育模式与行动路线,为提升师生生态文明素养、培养学生研究性学习能力、促进学校教育高质量发展提供参考。

在本书创作过程中,我们得到了联合国教科文组织中国可持续发展教育项目秘书处、北京教育科学研究院、北京可持续发展教育协会、北京市少年宫等单位的政策支持和方向引领,得到了北京市石景山区教育委员会、北京教育学院石景山分院的指导与鼓励。特别感谢北京教育科学研究院冯洪荣院长、钟祖荣副院长、刘占军副院长以及联合国教科文组织中国可持续发展教育项目执行部史根东主任等领导、学者搭建的研究平台;感谢首都生态文明教育专家史枫、王巧玲、张婧、刘丽萍、崔静平、王铁英、徐新容、王咸娟、马莉等老师的专业引领;感谢国家自然博物馆杨景成研究员、北京交通大学博士生导师王毅教授、《中国科技教育》杂志社毕晨辉副主编、中国科普研究所李秀菊博士、北京教育科学研究院基础教育教学研究中心综合实践活动教研室梁烜主任、北京市少年宫王驰老师等专家对案例的指导;感谢北京市石景山区教育委员会张琳主任、原主任李秀兰、胡光熠副主任、基础教育科王贤鑫科长,北京教育学院石景山分院李文院长、陈绪峰副院长、龙娟娟主任等对本书出版工作的支持;感谢石景山区各中小学校校长、广大实验教师、学生的积极参与和主动实践。

本书在核心理论和结构设定上得到了史根东博士、张婧博士的悉心指导，史根东博士特为本书作序。王鹏承担了本书前两章内容的撰写任务，马强承担了本书第三章至第九章内容的撰写任务，并负责附录等内容的编写工作。由于作者水平和经验有限，书中难免存在不足之处，欢迎广大读者提出宝贵建议和意见，以便我们在研究实践中不断改进。

本书付梓之际，诚挚地把生态文明主题研究性学习策略与案例实践推荐给大家，期待更多教育同人关注并践行以生态文明为主题的研究性学习活动，引导中小学教育为学生的全面发展和可持续成长确立方向、奠定基础。

马强　王鹏

2024 年 4 月 10 日

目　　录

上篇　生态文明主题研学设计

下篇　生态文明主题研学案例分析

上　篇

生态文明主题研学设计

　　生态文明主题研学活动是立足联合国《2030年可持续发展议程》17项目标,为人类发展展开的实践性行动,是推进生态文明主题资源课程学习,落实新课程改革任务的创新性探索。开展生态文明主题研学设计,要贯彻党和国家的教育方针,坚持《可持续发展目标:学习目标》任务要求,推进生态文明建设,深化可持续发展素养培养,为全面落实"立德树人"根本任务进行积极探索。

第一章 新时代的可持续发展教育与生态文明教育

第一节 联合国可持续发展目标的教育应对

一、联合国可持续发展目标的提出

联合国在《2030年可持续发展议程》中呼吁各国采取行动,为实现17项可持续发展目标而努力。可持续发展目标是人类的共同愿景,也是世界各国领导人与各国人民之间达成的社会契约。《2030年可持续发展议程》既是一份造福人类和地球的行动清单,也是获得成功的实践蓝图。

联合国可持续发展目标(SDGs)包括169个具体目标,涉及经济发展、社会进步和环境保护3个核心方面(图1.1)。可持续发展目标集中阐述了可持续发展教育的具体内容,为中国生态文明主题教育提供了行动依据和推进方向。

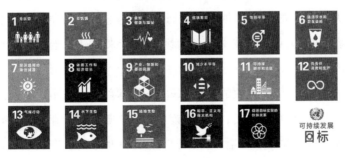

图 1.1 联合国可持续发展目标

二、国际可持续发展教育的发展特点与趋势

可持续发展教育(ESD)是联合国教科文组织的全球性项目,目的是使所有年龄段的学习者掌握知识、技能、价值观和态度,以应对世界正面临的相互关联的全球挑战,包括气候变化、生物多样性的大规模丧失、贫困、不平等及可持续发展面临的其他障碍。

2021 年 5 月 17 日至 19 日,以"为地球学习 为可持续发展而行动"为主题的世界可持续发展教育大会在德国柏林召开,发布了《2030 年可持续发展教育路线图》(*ESD for 2030 Roadmap*)、《为我们的星球而学习》(*Learn for Our Planet*)、《柏林可持续发展教育宣言》(*Berlin Declaration on ESD*)等政策与成果文件,探索教育应对可持续发展目标的理论和实践方略,提出了未来国际可持续发展教育的发展特点与趋势。

第一,诸多可持续发展问题使人类面临着空前严重的危机警告。为了我们自己的生存,我们所知道的、我们所信仰的和我们所做的都需要改变。我们必须学会在这个星球上可持续地生活在一起。我们必须改变我们作为个人和社会的思维方式与行动方式。

第二,发出了空前紧迫的全球呼吁。根据联合国教科文组织的最新调查结果,可持续发展教育主要与环境科学知识教学有关,更多关注专题教学,而不是对学习目的、学习内容、教学方法、预期学习成果加以整体的思考与设计。许多国家的教育政策、教师培训和课程设置不足以充分发挥教育的变革力量,教师可持续发展教育专业水平提升面临挑战。应对挑战,需要我们意识到这些挑战与周围现实的相关性,并采取行动进行变革,通过转变价值观、参与当今经济和社会变革进程,应对新兴技术给可持续发展带来的新机遇和新风险,完成教育的自我转型。

第三,做出了周密细致的实施部署。《全球可持续发展教育行动计划》提出了五大优先行动领域,包括:推进政策(将可持续发展教育主流化,全面纳入教育政策和可持续发展政策当中,为可持续发展教育创造有利环境,促进系统变革)、改变学习环境和培训环境(使可持续发展原则融入教育和培训环境之中)、培养教育工作者和培训人员的能力(增强教育工作者和培训人员更有效实施可

持续发展教育的能力）、青少年赋能（增强青少年权能，调动他们的积极性：在青少年中大力开展可持续发展教育行动）、在地方层面加速推广可持续发展解决方案（在社区层面强化可持续发展教育计划，构建多利益攸关方可持续发展教育网络）。

第四，做出了全面规范的概念解读。对学习、可持续发展教育概念进行了全新解读。学习是为了可持续发展的未来，需要重新思考"我们该学习什么、在何处和如何学习"，只有这样才能开发出相关知识、技能、价值观和态度，以使人们能够做出明智的决定，并就地方、国家、全球的紧急情况采取个人和集体行动。可持续发展教育是使学习者得以在尊重文化多样性的同时，为了当代人和后代人拥有完整的环境、有活力的经济、公正的社会，做出明智的决定并采取负责任的行动。它是一个终身学习的过程，是优质教育的组成部分，它可以提高学习的认知、社会情感和行为能力。

由此可见，可持续发展教育被认为是所有可持续发展目标的关键促成因素，并通过改造社会来实现其目的。可持续发展教育的维度包括如下方面：

（1）目的。实现可持续发展目标，建设一个更可持续的世界。

（2）教学法和学习环境（过程）。采用互动式、基于项目、以学习者为中心的教学法；运用全机构法（WIP）来改变学习环境，使学习者能够运用所学知识走进社会、感悟人生。

（3）学习内容。将可持续发展特别是气候变化及17项可持续发展目标中的课题整合进各种学习过程。

（4）预期学习成果。增强学习者对今世后代的责任感，积极推动社会转型。

第五，制定了空前严谨的实施与检测手段。提出了《2030年可持续发展教育路线图》未来10年监测时间表，鼓励世界各国推出实施《2030年可持续发展教育路线图》的国别方案和政策文件。由国家级可持续发展教育工作团队负责全面协调计划、实施、建立工作网络、监测、报告及与联合国教科文组织联络。同时，强化交流和宣传，用清晰明确的目标评估体系来监测国家倡议的实施，并进行改进。

三、可持续发展目标:学习目标

联合国《2030 年可持续发展议程》颁布后,联合国教科文组织在 2017 年发布了《教育促进实现可持续发展目标:学习目标》(*Education for Sustainable Development Goals-Learning Objectives*)(以下简称《可持续发展目标:学习目标》),旨在针对《2030 年可持续发展议程》17 项目标进行的可持续发展专题学习目标,即通过学习路径实现可持续发展目标认知、心理与行为素养目标的体系建设。

《可持续发展目标:学习目标》包含 3 个目标领域,即认知领域目标、情感与价值观领域目标和行为领域目标。认知领域目标是指为更好理解可持续发展目标和应对所面临挑战而应掌握的必要知识与学习技能。情感与价值观领域目标是指学习者为促进实现可持续发展目标而应有的态度、价值观及进行合作、协商沟通的能力。行为领域目标是指学习者应具备的解决某个具体可持续发展实际问题的行动能力。《可持续发展目标:学习目标》体系的建设,与我国基础教育课程改革强调的三维教学目标相一致,并进行了内涵拓展和强化。同时,该目标体系所提出的针对不同可持续发展教育目标的学习专题、学习途径与方法示例,对教师依托学科教学与专题教育活动进行有针对性的教学与活动设计具有较强的指导意义。

四、培养具有可持续发展素养的社会公民

(一)培养可持续发展关键能力(素养)

可持续发展关键能力(素养)是面向可持续发展需要,通过修习而形成的价值观、知识、关键能力与行为习惯。2017 年,联合国教科文组织在《可持续发展目标:学习目标》中提出了可持续发展素养培育的具体内容,这些素养与我国基础教育课程改革的基础理念具有高度协同性,并提供了高素质人才培养的整体框架。可持续发展关键能力(素养)主要包括:

(1)系统思维能力(素养):认识和理解相互关系的能力,分析复杂系统的能力,思考各个系统如何嵌入不同领域和不同范围之内的能力,应对不确定性的

能力。

（2）预期能力（素养）：理解和判断未来多种可能性的能力（如判别有可能、很可能及理想的未来趋势），形成自身对未来的判断，未雨绸缪的能力（素养），评估行动后果的能力，应对风险和变化的能力。

（3）规范能力（素养）：了解和思考行为背后的规范和价值观的能力，在出现利益冲突、面临取舍、知识模糊、存在矛盾的情况下就可持续发展的价值观、原则、目标和具体目标开展磋商的能力。

（4）战略能力（素养）：共同制定和实施创新行动，在地方一级和更高层面推动可持续发展的能力。

（5）协作能力（素养）：向他人学习的能力，理解和尊重他人的需要、观点和行动的能力（共情能力），理解、关心和关怀他人的能力（共情式领导能力），在一个团队中处理冲突的能力，推动以合作和参与的方式解决问题的能力。

（6）批判思维能力（素养）：质疑规范、习俗和意见的能力，反思自身价值观、认识和行动的能力，在关于可持续发展的对话中坚定立场的能力。

（7）自我意识能力（素养）：反思自身在当地社区和（全球）社会中的作用的能力，不断评估并进一步激励自身行为的能力，处理自身情感和欲望的能力。

（8）综合的解决问题能力（素养）：这种总体能力融入了上述各种能力，涉及运用不同的解决问题框架处理复杂的可持续问题，以及制订可行、包容和公平的解决方案促进可持续发展。

生态文明素养与可持续发展关键能力（素养）存在紧密相关性，在共同落实可持续发展目标的同时，生态文明素养突出了人的社会价值、公民责任、绿色理念和国际化视野，实现对国家、社会和人的整体影响。

（二）推进生态文明素养养成

生态文明素养在实践中突出 3 方面内容：一是建立开放的世界观，加强生态文明理念学习与理解，确立人类命运发展主题，形成面向全球的统一性价值导向，推动社会共同进步；二是构建科学的人生观，强调个人对自身价值的认知与贡献，突出人的社会属性，体现时代精神，推动社会改变；三是建立正确的价值观，对人类传统观念、需求和做法进行调整与变革，树立高尚的精神追求和利益规范,提升人类价值标准。

提升生态文明素养的重要意义在于推进社会的可持续发展。生态文明是以人与人、人与自然、人与社会和谐共生、良性循环、全面发展、持续繁荣为基本宗旨的社会形态。生态文明素养是人们在学习和生活中通过逐渐学习、实践,积累而成的生态知识、生态意识和生态行为能力的素养总和。就学生成长而言,生态文明素养培养主要指对生态文明问题的认知程度及正确的情感态度与价值观的建立。强化对学生进行生态文明素养培养,就是让保护人与自然生态平衡成为学生终身追求的行动目标,建立稳定的行为习惯,并利用所学知识展开主动、负责地解决地球生态问题的自觉性行动。

第二节　国家生态文明战略的教育支持

一、建设人与自然和谐共生的生态文明社会

生态文明建设关系人民福祉,关乎民族未来,是中国特色社会主义事业的重要内容,是国际可持续发展理念的中国化表述。党的十八大以来,习近平总书记围绕生态文明建设做出了一系列重要论断,形成了习近平生态文明思想,把我们党对生态文明建设规律的认识提升到一个新境界。习近平生态文明思想是马克思主义基本原理同中国生态文明建设实践相结合、同中华优秀传统文化相结合的重大创新成果,是对中国传统生态哲学思想的继承与发展,全面阐释了人与自我、人与他人、人与自然、人与社会关系的逻辑内涵,为新时代我国生态文明建设提供根本遵循和行动指南。

党的二十大报告明确指出:"中国式现代化是人与自然和谐共生的现代化""必须牢固树立和践行绿水青山就是金山银山的理念,站在人与自然和谐共生的高度谋划发展"。人与自然和谐共生的现代化,统合人和自然的双重维度,充分考量了谋取二者共同福祉的价值旨归和实践导向,蕴含着实现人与自然和谐共生的深刻义理和科学路径。

中国生态文明建设的美好蓝图正指引着当今和未来教育体系的重塑与更新,开启了面向生态文明和绿色发展目标的教育建构,成为中国教育改革的时

代使命。

二、生态文明教育的政策推进

习近平生态文明思想构建了中国推进可持续发展的话语体系,推进生态文明建设需要将生态文明教育作为主要推动力,融入深化教育改革和教育现代化建设的全过程。

(一)生态文明教育的国家推进

2003 年,教育部印发《中小学环境教育实施指南(试行)》,要求各地各校积极开展主题与形式多样的环境教育活动。2015 年,中共中央、国务院印发《关于加快推进生态文明建设的意见》,明确提出"使生态文明成为社会主流价值观,成为社会主义核心价值观的重要内容。从娃娃和青少年抓起,从家庭、学校教育抓起,引导全社会树立生态文明意识。把生态文明教育作为素质教育的重要内容,纳入国民教育体系和干部教育培训体系。"2016 年,环境保护部、中宣部、中央文明办、教育部、共青团中央、全国妇联六部委联合编制并发布了《全国环境宣传教育工作纲要(2016—2020 年)》,进一步明确"促进环境保护和生态文明知识进课堂、进教材"的要求。2017 年,教育部印发《中小学德育工作指南》,将生态文明教育作为立德树人的重要组成部分和重要内容之一。2019 年,中共中央、国务院印发《中国教育现代化 2035》,紧紧围绕统筹推进"五位一体"总体布局,提出将生态文明与可持续发展教育融入教育现代化全过程。2021 年,生态环境部、中宣部、中央文明办、教育部、共青团中央、全国妇联六部门联合下发《"美丽中国,我是行动者"提升公民生态文明意识行动计划(2021—2025 年)》,旨在将生态文明教育纳入国民教育体系,系统推进生态文明学校教育、家庭教育、社会教育,从而构建生态环境治理全民行动体系。2022 年,教育部印发《绿色低碳发展国民教育体系建设实施方案》,明确把绿色低碳发展理念全面融入国民教育体系各个层次和各个领域,同时提出构建碳达峰碳中和相关学科专业体系的要求,以此提升创新能力和创新人才培养水平,形成一批具有国际影响力和权威性的一流学科与研究机构。

(二)生态文明教育的地方实施

2007 年,北京市教育委员会印发《北京市中小学可持续发展教育指导纲要

（试行）》，对落实联合国可持续发展教育十年（2005—2014）计划率先做出了首都教育界的先期回应，从社会、环境、经济、文化层面提出可持续发展教育主题建设任务。2019 年，北京市教育委员会再次发布《北京市中小学生态文明宣传教育实施方案》，方案指出：生态文明教育主要围绕资源国情、生态环境、生态经济、生态安全、生态文化五大方面，通过宣传、课程、活动、实践、管理五个途径对中小学生生态文明的知、情、意、行进行全链条培养，提升中小学生生态文明素养。

2022 年 9 月 1 日，《江苏省生态文明教育促进办法》施行，该办法提出通过开展资源环境国情教育和生态文明科普教育宣传生态环境保护知识、法律知识，通过传承优秀传统生态文化等方式增强全社会生态文明意识，培养生态环境保护技能和行为习惯。同时提出，从学校、家庭、社会生态文明教育层面规范政府生态文明教育职责，细化社会各方面生态文明教育责任，多元化推进生态文明教育。

2022 年 11 月 1 日，《天津市生态文明教育促进条例》施行，该条例明确提出了开展以生态文化教育、生态经济教育、目标责任教育、生态文明制度教育、生态安全教育为主要内容的生态文明教育，将生态文明教育纳入学校教育、社区教育和家庭教育中，开展不同形式的生态文明主题宣传，加强生态文明基地建设。

三、生态文明教育是可持续发展教育理念的中国实践

持续性的全球性生态危机表明，地球再没能力支持工业文明的野蛮发展，需要开创一个新的文明形态来延续人与自然的生存，这就是生态文明。如果说可持续发展理念关注社会发展进程，那么生态文明理念则突出了绿色低碳的发展理念、目标与方向以及未来社会文明形态，是对可持续发展教育理念的创新性实践。教育既应该推动可持续发展进程，又应该促进生态文明社会形态的形成。

第一，生态文明教育是可持续发展教育的扩展与升华。在国际可持续发展理念基础上开展生态文明教育，能够帮助学习者全面认识生态文明建设，是实施可持续发展战略的深化与继承，是推进可持续发展绿色进程的新实践，从而

绘制可持续发展未来美好图景。可以看出，生态文明教育对可持续发展基本理念进行了提升，对可持续发展教育展开了深化和拓展，进而探索了未来教育的新高度、新阶段与新境界。

第二，生态文明教育丰富并补充可持续发展教育实践内容。以国内生态文明发展战略为背景推进生态文明教育，能够帮助学习者更加了解生态文明领域的系列理论、政策与知识，如更加了解与掌握我国现代化是人与自然和谐共生的现代化，注重同步推进物质文明建设和生态文明建设方面的理论与政策，进一步学习与掌握绿色低碳发展、绿色低碳循环发展经济体系、经济社会发展全面绿色转型、实现碳达峰与碳中和等方面的知识与技能。同时，能够指导青少年与全体公民直接参与污染防治攻坚战、山水林田湖草沙一体化保护和修复等生态文明建设进程。

第三，生态文明教育放大与延伸了可持续发展教育的研究视野和创新空间。生态文明教育在生态文明背景下深化并扩展了对教育的时代功能、课程创新、课堂革命的新思考，进一步丰富与开阔了学习者关于可持续发展理论研究的思想认识，推进了人类可持续发展未来与生态文明社会愿景的前瞻性规划和全景式展望，能够有效激发众多学习者的共同憧憬和参与构建"人与自然生命共同体"的广阔创新实践空间，并不断鼓舞青少年与全体公民深入参与推进全球可持续发展进程和生态文明建设的伟大进程。

第四，生态文明与可持续发展教育形成积极国际共识。从国际共识视角观察，以 2003 年起发起并召开的 10 余次北京可持续发展教育国际论坛及亚太可持续发展教育专家会议为平台，以中国联合国教科文组织全国委员会授权中国可持续发展教育项目团队成为联合国教科文组织实施《全球可持续发展教育行动计划》伙伴签约国代表为纽带，中国和国际可持续发展教育已经形成密切合作的教育伙伴并携手前行。随着国际社会深化实施《2030 年可持续发展教育路线图》的新步伐，在中华大地广泛推进的生态文明与可持续发展教育，借助日趋活跃的国际平台和会议实践，逐步走向国际教育交流与合作的前台，获得更广泛的国际认同，成为开赴"教育深海"的"主航舰队"。

四、生态文明教育的目标与内容

中小学生态文明教育的总目标是使学生成为符合生态文明社会要求的合格公民及相关领域的管理与技术应用人才、科学研究与技术研发人才,具体包括以下 4 个层面:第一,培养学生掌握较为系统的生态文明科学知识与政策法规;第二,培养学生掌握较为全面的与节能、环保领域相关的技术和能力;第三,培养学生树立正确的生态价值观;第四,培养学生践行可持续的生活方式。

依据可持续发展社会、文化、环境、经济领域的相关目标要求,结合中国国情与习近平生态文明思想,中国生态文明教育内容体系框架设计涵盖 5 个方面,包括资源国情教育、生态环境教育、生态经济教育、生态安全教育、生态文化教育。

资源国情教育,即开展大气、土地、水、生物、粮食等资源方面的基本国情教育,引导学生感受祖国大好河山,认识祖国地质地貌,了解祖国资源和社会发展现状,增强忧患意识和奋发图强的民族精神。

生态环境教育,即开展污染防护、生态修复、环境质量、气候变化、海洋生态等方面的教育,引导学生树立尊重自然、顺应自然、保护自然的发展理念,使学生认识到环境污染的危害性,增强保护环境的自觉性。开展节粮、节水、节电教育,养成勤俭、节约、环保的生活习惯。

生态经济教育,即开展新能源与可再生能源、生态农业、生态城市、绿色工业、生态服务业等教育活动,引导学生树立绿色发展、循环发展、低碳发展理念,对低碳生活、节约资源等形成正确的价值判断,推动实现垃圾分类,倡导绿色消费。

生态安全教育,即开展生态安全法律法规、生态安全监测与研判、全球生态环境治理等方面教育,引导学生综合分析和思考资源环境生态问题,树立生态安全战略意识、法治意识与预警意识,自觉维护国家生态安全。

生态文化教育,即开展人与自然和谐共生的生态价值观、热爱自然与热爱生命的生态伦理、山水林田湖草沙是生命共同体的生态审美方面教育,唤起学生生态文化自信与自觉,摆正人与自然的关系,追求人与自然的和谐,形成文明健康的生活方式。

五、中国可持续发展教育与生态文明教育的实践经验

在国际上,作为联合国教科文组织大力倡导的未来教育新方向,可持续发展教育已成为教育发展与创新的崭新潮流。在中国,作为推进生态文明建设的重要组成部分,生态文明教育也越来越多地体现在新时代教育理念和育人模式的创新实践中。

中国可持续发展教育与生态文明教育的实践经历了环境教育、基于落实联合国可持续发展教育十年(2005—2014 年)计划的可持续发展教育、基于落实面向可持续发展目标的《全球可持续发展教育行动计划》的可持续发展教育、旨在推进建设人与自然和谐共生的生态文明社会的生态文明教育等发展阶段,学校、社区、企业等多元主体通过多种途径丰富和创新了可持续发展教育与生态文明教育的本土实践,产生了十分显著的效果,具体体现在以下几方面。

第一,形成推动可持续发展教育与生态文明教育的顶层政策设计和战略布局。多年来,我国注重立足全球和本国社会、经济、环境、文化可持续发展趋势和生态文明建设需要,进行教育理论创新和实践创新的顶层设计,多次将可持续发展教育与生态文明教育纳入国家公共教育政策和教育规划,融入教育全过程。

第二,开展可持续发展教育与生态文明教育课程、教学和学习创新。多年来,我国可持续发展教育与生态文明教育着眼于摒除"应试教育"弊端,创新人才培养模式。可持续学习课堂的理论与实践积极推进以学习者为中心的教育学变革,特色鲜明地创新学校课程与推进课堂革命,注重指导学生通过走向自然、关注生态、参与实践、自主与合作创新学习等学习方式,在学习中更新行为习惯与生活方式,知行并进,关注实际问题并努力提出解决方案。这一特色理论与实践研究成果深化并扩展了素质教育的内涵,产生了帮助学习者提高学科学习质量和核心素养水平、促进教师专业发展和优质品牌学校建设的良好效果,成为我国可持续发展教育与生态文明教育的标志性成果,被更多教师、学校所接受,并在更大范围内加以传播。同时,通过青少年参与城乡生态文明建设活动,在家庭、学校、社区中自觉践行文明、健康、绿色、环保的生活方式,关注地区可持续发展与生态文明建设的现实性问题,创新性提出解决建议,形成创新

方案和科技发明等实践成果。

第三,系统开展不同层面可持续发展教育与生态文明专题的教师能力建设,促进教师专业化水平提升。包括:开展多层次的可持续发展教育与生态文明教育主题师资培训,引导教师关注可持续发展教育国际、国内前沿发展动态,提升教师专业素养,促进教师专业发展。通过立项引导开展不同层面的课题与专项研究,提升教师的专项科研等能力。

第四,打造多场景的生态学习场域,注重强化终身学习体系建设。多年来,我国在推进可持续发展教育与生态文明教育中特别关注学校、企业、非政府组织和社会公众多层面的参与。在学校教育层面,可持续发展教育与生态文明教育正在逐渐成为高等教育、基础教育、职业教育、早期教育等不同阶段教育的核心内容。在社会教育领域,社区、企业、民间组织、媒体等更为普遍且有计划地把绿色发展、生态文明理念及知识等融入文化建设,渗入各类宣传与实践活动,并在潜移默化中提升公众本领和技能。

第五,建立了可持续发展教育与生态文明教育合作联盟。当前,在落实"双减"政策过程中,越来越多的生态与环保等领域专家开始有计划地指导学生开展形式多样的课外教育活动,既疏解了部分学校任课教师学生辅导与管理工作的负担,又收到了扩展与丰富素质教育的良好效果。博物馆、动物园、植物园、农场、林场、生态环境局、绿色能源企业、污水治理厂、气象台、科研院所等正越来越多地成为重要的可持续发展教育与生态文明教育基地及绿色大课堂,通过设立专门教育部门并配备专业人员,满足越来越多的学校组织学生参加社会实践的需求。众多机关、学校、社区等单位也由单一资源消耗场所转变为节能降碳减排教育示范基地,成为推进落实生态文明教育的实践样本。

第六,加强国际合作,共同构建人类命运共同体。多年来,我国一直是联合国教科文组织可持续发展教育系列中长期计划的积极参与者和贡献者,搭建了稳定的国际专家网络与交流合作平台。通过积极主办国际会议,开展合作研究,推进国际教育发展趋势和国内教育改革创新进程的关联,借鉴联合国成熟的研究成果与成功经验,丰富自身认知与实践,用生态文明理论研究成果和优秀案例为世界可持续发展教育贡献中国智慧。

第三节 基础教育课程改革与生态文明教育

一、基础教育课程改革与生态文明教育的内在一致性

2001 年,义务教育新课程改革全面启动,教育部印发《基础教育课程改革纲要(试行)》,把培养环境意识作为体现时代要求的培养目标列入其中。2022 年 4 月,教育部印发《义务教育课程方案和课程标准(2022 年版)》,标志着新一轮课程改革工作的全面启动。《义务教育课程方案和课程标准(2022 年版)》确立了以"目标、问题、创新"为导向的修订标准,重点在"强化课程育人导向、优化课程内容结构、研制学业质量标准、增强指导性、加强学段衔接"5 个方面实施课程改革新举措,促进"立德树人"根本任务落实。基础教育课程改革任务要求与生态文明教育理念的提出缘由和发展方向具有共同的时代背景,同时承担了相同的历史使命,内在一致性明显。

第一,基础教育课程改革要求改变课程过于注重知识传授的倾向,强调学生形成积极主动的学习态度,使获得知识与技能的过程成为学会学习和形成正确价值观的过程。生态文明教育的核心是生态文明价值观的培养,旨在使每个受教育者形成适应生态文明社会的价值观念、行为和生活方式,是"立德树人"的重要要求。从课程的基本功能上看,二者在强调对学生价值观形成的关注方面具有外在统一性。

第二,基础教育课程改革要求改变课程结构过于强调学科本位、科目过多和缺乏整合的现状,九年一贯整体设计课程门类和课时比例,设置综合课程,适应不同地区和学生发展的需要,体现课程结构的均衡性、综合性和选择性。生态文明教育内容渗透于所有学科教学之中,强调学科渗透与跨学科资源的整合与利用。从课程结构的设置上看,基础教育课程改革方向与生态文明教育具有高度一致性。

第三,基础教育课程改革要求改变课程内容繁、难、偏、旧和过于注重书本知识的现状,加强课程内容与学生生活以及现代社会、科技发展的联系,关注学生的学习兴趣和经验,精选终身学习必备的基础知识和技能。生态文明教育强

调学习内容与学生生活实际的结合,强调将学生所关注的问题引入无比广阔的现实世界,这就使所有与社会、文化、环境、经济等领域相关的现实和未来问题可以全部进入学生学习、探究的视野中,从而有效实现内容的融通,激发学生学习的积极性。因此,在课程内容的选择上,基础教育课程改革与生态文明教育的内在逻辑性突出。

第四,基础教育课程改革要求改变课程实施过于强调接受学习、死记硬背、机械训练的现状,倡导学生主动参与、乐于探究、勤于动手,培养学生搜集和处理信息的能力、获取新知识的能力、分析和解决问题的能力以及交流与合作的能力。生态文明教育强调以学习者为中心,实施"主体探究、综合渗透、合作活动、知行并进"的课堂教学原则,并设计强调课前预习探究、课中合作探究、课后应用探究的课堂环节,实施以学为主的学习方式变革。基础教育课程改革重视学生的主体参与和实践,注重对学生发现问题、解决问题能力以及创新精神的培养,乐于引导学生学会学习、学会合作、学会生存、学会做人,培养学生的社会责任感、终身学习的愿望和社会问题解决能力,这与生态文明教育一同体现了新时代教育所倡导的学生学习方式的全面更新。

第五,基础教育课程改革要求改变课程评价过分强调甄别与选拔的功能,需要发挥评价促进学生发展、教师提高和改进教学实践的功能。生态文明教育的地区与学校评价是灵活的,关注学生对学习过程的自主评价,强调过程性评价和诊断性评价,通过及时发现问题、解决问题,进行经验总结,促进自我提升。生态文明教育的评价原则与基础教育课程改革所倡导的评价理念和方式相一致,具有高度统一性。

第六,基础教育课程改革要求改变课程管理过于集中的状况,实行国家、地方、学校三级课程管理,增强课程对地方、学校及学生的适应性。生态文明教育强调在地化知识的学习,强调社会性问题探究,而这些问题的解决需要学生综合运用课程中所学的知识,开发、利用校内与学校周边的自然、经济、文化、历史、人文资源进行跨学科学习,加强不同学科间教师的合作与交流,提高校外生态文明主题资源的挖掘,实现三级课程的整合,整体推进课程管理体制创新。这种课程体制和结构的创新体现出生态文明教育与基础教育课程改革的内在交融性。

二、生态文明教育融入基础教育课程体系

《义务教育课程方案和课程标准(2022 年版)》的更新与发布,为生态文明教育融入教育体系创造了条件。基础教育课程标准强化全面贯彻落实习近平生态文明思想,围绕培育生态文明的建设者、实践者,将生态文明先进理念、教育目标、具体内容、实施路径等融入基础教育课程体系,对进一步推动中小学生态文明教育提出新的要求。

我国生态文明教育历程大致可以分为"为了环境保护的教育""为了可持续发展的教育"和"新时代的生态文明教育"3 个阶段。分析课程标准的研制与历次修订,可以看出随着习近平生态文明思想的提出与深化,基础教育课程正在系统化充实新时代生态文明建设的要求与内涵,"人与自然和谐共生""绿水青山就是金山银山""碳达峰、碳中和"等践行生态文明教育理论研究最新成果的价值观念在各个学科课程建设中占据了重要位置。

跨学科学习是未来创造者的必修课。基础教育课程标准进一步强化了学科素养目标,进一步关注了学科实践和综合性学习,跨学科主题学习/跨学科实践在发布的基础教育课程标准的多个学科中已经有了明确的要求,这是课程标准修订中首次提出的。其中,多学科提出的跨学科主题学习图谱,诸多主题均与生态文明主题资源相关。因此,教师要打破学科壁垒,形成合作共同体,围绕同一个主题进行学科之间的对话,通过相关学科教师共同研课备课,相互学习,统筹规划,引导学生从多学科视角,以多种学习方式对生态问题进行综合思考,提升学生的生态认知,使其形成正确的生态文明价值观,真正从教学理解走向课程理解。

从学生视角来说,开展生态文明主题下的研究性学习活动是落实跨学科主题学习的有效实施途径,是推进生态文明主题资源课程化建设的有效路径,为培养学生生态文明素养、提升社会实践本领、增强自主学习能力搭建学习实践平台。

生态文明主题下的研究性学习活动是生态文明教育理念融入基础教育课程体系的探索实践,其实施路径一般包括设定学习目标、选择研究主题、进行背景调研、提出研究内容、开展研究探索、收集整理数据、解决方案设计、实践评价

反思等,这一研学路径的设定贯彻了基础教育课程方案的改革要求,为促进学生在研究中成长、培养生态环境保护意识和能力、形成生态文明素养与关键能力提供了广阔空间。

综上所述,生态文明教育倡导新型教育模式,强调调动每个学生学习的主动性。只有全体学生行动起来,才能共建社会生态文明环境,为解决人与自然的可持续发展问题奠定基础。以基础教育课程改革为指引,以课程标准修订为规范,在强化生态文明知识学习与实践的基础上,关注课程改革任务和要求,通过强化任务群建设,推进学生研究性学习活动,引导青少年参与社会改革创新,增强学生的自主学习能力与实践本领,建立生态文明行为习惯与生活方式,为学生的全面发展和健康成长创造条件。

第二章　生态文明主题研学

第一节　生态文明主题研学的内涵与特征

一、生态文明主题研学的基本内涵

《中小学综合实践活动课程指导纲要》规定,研究性学习(考察探究)是综合实践活动的主要方式及其关键要素之一,而生态文明是其中的重要议题。生态文明主题研学是基于学生自身兴趣,在教师指导下,从自然、社会、学生个体生活中选择和确定的与资源国情、生态环境、生态文化、生态经济、生态安全等关联的生态文明研究专题,主要采取研究性学习模式,通过野外考察、社会调查和研学旅行等方式,在观察、记录和思考中,主动获取知识,分析并解决问题的过程。

二、生态文明主题研学的基本特征

研究性学习的本质是知识的自主建构,这是学生真正理解、主动获取的属于学生的知识。学生参与研究性学习的过程,是通过自己亲身参与的实践性活动(如观察、调查、访谈、试验、设计、制作、评估等)获取知识、得出结论、形成产品,而不是由教师将现成的知识、结论通过传递式教学教给学生。因此,与传统的接受式的被动学习相比,研究性学习对学生提出了完全不同的要求:在研究性学习中"学什么"由学生自己选择;在研究性学习中"怎么学"由学生个体或研究小组自己设计;在研究性学习中"学到什么程度"由学生自己做出预测和规定,并实施包含自主行为的检测与评估。

生态文明作为研究性学习的重要主题之一,在学习活动中突出研学特色,体现主题方向,具体表现在:

1. 突出实践性

与纯粹地学习书本知识不同,生态文明主题研学强调学生走出课堂,通过开展研究性学习活动,在专题实践中学会学习并获取能力。学生在研学活动中经历了研究问题的选择、研究计划的设计、文献资料的收集、社会调查与数据的整理等,通过建立与政府管理部门、企业、大学、科研机构、社区的密切联系,展开与专家、学者和行业负责人的对话活动,提出切实可行的方案与建议,开展报告撰写与评估工作,有效推进研究性学习实践。

2. 体现综合性

生态文明研学问题的解决涉及人文科学、社会科学及自然科学等多学科领域,具有典型的复合型知识要求。研学活动专题的确定均源于现实社会生活中的事件、问题和现象,具有开放性特征。生态文明主题研学既强调知识的联系和融合,又突出方法的交流和运用。在这一过程中,学生不仅建立起不同学科知识之间的联系,而且主动探究问题的多元解决策略,学会通过知识融合及灵活运用研究方法解决问题。

因此,要全面解决生态文明研学问题,必须具备运用跨学科知识解决问题的能力,对各个领域的知识、原理和策略进行整体性分析,实现研学内容与方法的综合性处理。

3. 强调创新性

生态文明主题研学的学习成果不是知识的简单积累,而是在学以致用的基础上进行创新方案与建议的产出。这种创新性是知识、能力、策略的有机融合和促进,体现出对学生批判性思维和反思能力的培养,为创新性地解决问题创造条件,实现创新性思维的培养与提升。

4. 鼓励参与性

生态文明主题研学鼓励采用小组合作学习方式,这不仅有益于学生个人特长的发挥,而且有助于培养每个学生的责任意识和协作精神,感受个人学习收获的快乐。在研学活动过程中,改变了以往学生被动接受的学习方式,鼓励并创造条件让学生积极主动地参与探索和实践,更好地发挥个体创造潜能,促进学生学会学习、学会合作、学会交流、学会反思,培养终身学习能力,成为学习的主人。

第二节 生态文明主题研学的内容选择

开展生态文明主题研学需要学生了解国家生态文明发展战略与相关政策，关注国家生态文明建设在不同阶段、不同领域推进中的热点问题，并结合地域、学校、家庭等实际情况选择具有一定研究意义与价值的社会问题开展有针对性的活动，综合分析联合国《2030 年可持续发展议程》中的 17 项目标，聚焦当前我国生态文明建设的重点内容，进行生态文明主题研学实践。可以从如下 10 个研究方向进行选择。

一、生态环境保护

生态环境没有替代品，用之不觉，失之难存，是人类文明存在和发展的基础，其质量决定民生质量。习近平总书记在 2016 年省部级主要领导干部专题研讨班上指出，"人因自然而生，人与自然是一种共生关系"。又在 2019 年北京世界园艺博览会开幕式讲话中指出："地球是全人类赖以生存的唯一家园。我们要像保护自己的眼睛一样保护生态环境，像对待生命一样对待生态环境，同筑生态文明之基，同走绿色发展之路。"

人类发展活动必须尊重自然、顺应自然、保护自然，只有尊重自然规律，坚持节约优先、保护优先、自然恢复为主的方针，坚持节约资源和保护环境的基本国策，倡导"绿水青山就是金山银山"的发展理念，严守生态保护红线，坚持山水林田湖草沙一体化保护和系统治理，坚决打好污染防治攻坚战，解决工业化和城镇化进程中带来的环境污染问题，才能实现人与自然和谐共生，实现生态环境领域国家治理体系和治理能力现代化，使良好生态环境成为最普惠的民生福祉，保障人类的生存和繁衍，提高人类生活质量，推进美丽中国建设。

当前，在经济从高速增长阶段迈向高质量发展的新时期，必须积极回应人民群众从"求生存"到"求生态"、从"盼温饱"到"盼环保"的迫切要求，顺应所想、所盼、所急，顺应人与自然对清新空气、清澈水质、清洁城市等生态环境的期待，推动形成绿色低碳循环发展方式，并从中创造新的增长点。政府部门应进一步增强居民环境危机意识，引导其把环境友好行为落实到日常生活中，共同构建环境友好型社会,促进人与自然和谐共生。

开展生态环境保护问题主题研学,建议聚焦区域生态环境问题的解决策略研究,从能源污染、水资源危机、垃圾污染、空气污染、海洋环境污染、森林植被破坏,以及气候变化、臭氧层破坏和损耗、生物多样性减少、土地荒漠化等多个方面展开调查,判断区域生态环境问题类型及危害程度,分析其产生的原因,提出治理的策略。鼓励学生研究团队与当地生态环境保护管理部门及相关研究人员取得联系,在专业人士的指导下开展调研与访谈,提出切实可操作的行动方案。

二、水资源节约与水环境保护

水资源是被人类在生产和生活活动中广泛利用的资源,是事关国计民生的基础性自然资源和战略性经济资源。现代农业和现代工业发展对水的需求不断增加,出现了大量的水资源缺口。同时,人类生活水平的提高、社会文明的进步以及城市化进程和公共卫生工程也加速了对水的需求。对水资源而言,人与自然的争夺战已经打响。当前,全球水资源紧缺问题日益严峻,联合国教科文组织总干事奥德蕾·阿祖莱表示,全球超过 20 亿人深陷缺水困境,到 2030 年,如果不采取任何措施,人类用水缺口将达到 40%,解决水资源短缺危机刻不容缓。

人人享有清洁饮水及用水是联合国《2030 年可持续发展议程》中的明确目标,也是我们所希望的健康生活的一个重要组成部分。但在过去,由于经济低迷或基础设施陈旧,每年数以百万计的人口(其中大多数是儿童)死于供水不足、环境卫生和个人卫生等相关疾病。因此,联合国可持续发展目标 6(SDG₆)关注了"清洁饮水和卫生设施"主题,而这一目标与其他目标有着密切联系。管理好稀缺的水资源有助于解决水短缺与水污染引起的饥饿和基本生存问题,也能更好地管理食物和能源生产,并为体面工作和经济增长奠定基础,对保护水生态系统及其生物多样性以及在气候变化问题上采取行动发挥推动作用。

我国是一个水资源严重短缺的国家,水资源人均占有量仅为世界人均占有量的 28%,且时空分布不均衡。近年来,随着工业化、城镇化的快速推进,以及全球气候变化影响的加剧,水资源短缺、水灾害频发、水生态损害、水环境污染等问题愈加凸显,已经成为制约经济社会发展的主要瓶颈。党的十八大以来,以习近平同志为核心的党中央,从战略和全局高度,明确提出"节水优先、空间均衡、系统治理、两手发力"的新时期治水思路,强调要"坚持以水定城、以水定地、以水定人、以水定产,把水资源作为最大的刚性约束"战略资源。近年来,随着节水型社会建设的持续推进,城市水资源的保护、开发、利用等各个环节逐渐协调统一,防洪安全、供水安全和生态安全得以保障,居民生活、工农业生产和生态环境等不同的用水需求逐渐得以满足。

开展水资源节约与水环境保护主题研学,应首先了解我国农业、工业及居民生活用水的基本情况,了解国家关于水资源节约与水环境保护的法律法规和相关政策,学习区域水资源的合理化使用法规,包括雨水利用与海绵城市建设、污水再生利用、节水产品的使用与推广、节水灌溉、节水型创新产品研发、南水北调工程、区域水环境监测以及生态保护区、水源涵养区、江河源头区生态保护等问题。需要结合城市、农村等不同区域的用水特点选择具体研究问题,并在当地水务管理部门及水利专家的技术支持下开展创新性研究,提出关于水资源节约与水环境保护方面的合理化建议、方案,研发水资源合理运用的新技术、新工艺和新产品。

三、践行节能减排与实现"双碳"目标

能源是人类生存与经济发展的基础,是全世界共同关心的问题,完善的能源系统为所有行业部门提供支持,从商业、医药和教育到农业、基础设施、通信和高科技。几十年来,煤炭、石油或天然气等化石燃料一直是电力生产的主要来源,但是碳燃料的燃烧会产生大量温室气体,导致气候变化并对人民福祉和环境造成有害影响。要打造更加可持续和包容的社区,增强对抗气候变化等环境问题的能力,尤为重要的一点就是要借助新的经济机遇和就业机会,聚焦能源普及,提高能源效率,特别是要增加可再生能源的使用,开展一场新的工业革命,从而促进世界经济与环境的可持续发展,达成联合国 2030 年可持续发展目标 7(SDG_7)"确保人人获得负担得起、可靠和可持续的现代能源"的任务要求。

随着全球资源环境问题的日益显现,发展低碳经济成为人类的共同选择。2020 年,习近平主席在第七十五届联合国大会一般性辩论上的讲话中指出,中

国"二氧化碳排放力争于 2030 年前达到峰值,努力争取 2060 年前实现碳中和"。"碳达峰"是指二氧化碳等温室气体的排放达到最高峰值不再增长。我国承诺在 2030 年前力争"碳达峰",即在 2030 年前煤炭、石油、天然气等化石能源燃烧活动和工业生产过程以及土地利用变化与林业等活动产生的温室气体排放(也包括因使用外购的电力和热力等所导致的温室气体排放)不再增长,达到峰值。"碳中和"是指在一定时间内直接或间接产生的温室气体排放总量,通过碳汇、碳捕集、碳封存等技术实现等量吸收抵消。我国承诺的努力争取 2060 年实现"碳中和",即通过产业优化、能源转型、技术革新等策略行动,大量降低碳排放总量,通过植树造林、节能减排、二氧化碳再利用、碳捕集、碳封存等技术形式,吸收二氧化碳,等量抵消中和必要的二氧化碳排放量,实现二氧化碳"零排放"。

实现"双碳"目标是一场广泛而深刻的经济社会系统性变革,需要全社会共同努力,最重要的是转变生产方式、调整生产结构、降低碳排放,从生产、流通、分配、消费、再生产的全链条促进发展方式和消费模式转变,实现人与自然协同发展路径的根本确立,加快促进全面绿色转型,推动经济社会实现更高质量、更可持续的发展。

2022 年 10 月,教育部印发《绿色低碳发展国民教育体系建设实施方案》,聚焦绿色低碳发展融入国民教育体系各个层次的切入点和关键环节,提出将绿色低碳发展融入教育教学全过程,以绿色低碳发展引领提升教育服务贡献力,将绿色低碳发展融入更高标准的生态校园建设的相关要点。《绿色低碳发展国民教育体系建设实施方案》中特别强调了构建绿色低碳发展课程体系、专业体系、科技攻关、培养创新型人才,这与倡导开展的研究性学习基本理念高度一致。在研学实践中,要结合全球及我国的能源现状,学习能源发展相关政策,开展区域能源现状问题调查和解决策略制定,开展节能产品技术使用情况与效果分析,了解可再生能源应用现状、前景与发展趋势,进行"双碳"目标背景下的节能减排技术创新研究,并在研究能源问题的专业机构及相关专家的指导下展开具体研究,助力"双碳"目标的落实。

四、绿色生活与绿色消费

生活方式是指人们在日常生活中比较稳定的消费习惯、行为模式等。绿色生活方式是指在衣、食、住、行等方面遵循勤俭节约、绿色低碳、文明健康要求的生活方式。绿色生活方式引导人们充分尊重生态环境,重视环境卫生,确立新的生存观和幸福观,倡导绿色消费,以达到资源永续利用、实现人类世世代代身心健康和全面发展的目的。推动绿色生活方式是发展观的一场深刻革命。

个人自律是生活方式绿色化理念的核心。绿色生活方式要求节制自身对物质的过度欲望,力戒奢侈浪费和不合理消费,通过日常生活中的自律,从小事着手,逐步培育生活方式绿色化习惯。因此,绿色消费是实现生活方式绿色化的重要标志与支撑。

绿色消费,又称"可持续消费",是以绿色产品和绿色服务为客体,在产品的整个生命周期(产品的生产过程、购买和消费过程、使用后的处置过程)以适度节制消费、避免或减少对环境的破坏、崇尚自然和保护生态等为特征的新型消费行为和过程,是生态文明背景下一种新的消费选择和消费方式,是消费理念的一次生态转型。绿色消费既有益于人的身体健康,又保护环境,是消费观念与生活方式的更迭,涉及消费者对消费对象从获取、使用到回收处理的一系列活动,涵盖了人类生产与生活的诸多领域,包括公共产品与服务消费(交通、通信、文化、卫生等)、生活资料的消费(衣、食、住、行、休闲、娱乐等)、资源回收利用、能源有效使用、生存环境和物种的保护等。

党的十八大以来,习近平总书记对绿色发展、绿色生产、绿色生活提出一系列新理念、新思想和新举措。党的二十大报告指出,发展绿色低碳产业,健全资源环境要素市场化配置体系,加快节能降碳先进技术研发和推广应用,倡导绿色消费,推动形成绿色低碳的生产方式和生活方式。与此同时,国家配套出台了相关政策,对居民绿色生活的基本要点与创建行动提出了具体要求。2018 年6 月,生态环境部、中央文明办、教育部、共青团中央、全国妇联等五部门发布《公民生态环境行为规范(试行)》,包括关爱生态环境、节约能源资源、践行绿色消费、选择低碳出行、分类投放垃圾、减少污染产生、呵护自然生态、参加环保实践、参与环境监督、共建美丽中国 10 个方面,提出了公民参与绿色生活的基本要点。2019 年 10 月,国家发展改革委印发《绿色生活创建行动总体方案》,明确了绿色生活创建行动的主要目标、基本原则、创建内容和组织实施,提出了开展节约型机关、绿色家庭、绿色学校、绿色社区、绿色出行、绿色商场、绿色建筑等创建行动。2021 年 2 月,中央文明办印发了《关于持续深化精神文明教育 大力倡导文明健康绿色环保生活方式的通知》,强调要把倡导文明健康绿色环保生活方式融入文明实践、文明培育、文明创建,把开展精神文明教育和爱国卫生运动积累的好经验、好做法长期坚持下去。

相关调研数据表明,当前绿色生活与绿色消费理念广为社会认同,并逐步深入人心,但普遍存在"高认知度、低践行度"的现象。转变,重在行,行则将至。从理念到行动的转变,绝非易事,需全民参与,在点点滴滴的小事上践行"简约适度"。因此,开展绿色生活与绿色消费主题研学的首要任务是对居民衣、食、住、行等领域的绿色生活与绿色消费行为展开调研,发现居民认知与行为之间的差距,分析原因,并提出合理化建议,促进"知行统一"。具体内容包括:节水与水资源循环利用、节约用能、绿色出行、垃圾分类与垃圾减量、光盘行动与粮食安全、纸张节约、一次性物品使用与减量、资源节约与循环利用、节能环保产品的选择与使用、个人与家庭消费及合理的断舍离等。

五、尊重与保护生物多样性

生物多样性(biodiversity)是雷蒙德(Ramond. F. Dasman)在 1968 年提出的生态学术语,是生物(动物、植物、微生物)与环境形成的生态复合体以及与此相关的各种生态过程的总和,包括生态系统、物种和基因 3 个层次。生物多样性关系人类福祉,是人类赖以生存和发展的重要基础,也是衡量一个国家生态环境质量、生态文明程度以及国家竞争力和高质量发展水平的重要标志。1972年,联合国召开联合国人类环境会议,与会各国共同签署了《联合国人类环境会议宣言》,生物资源保护被列入 26 项原则之中。1993 年,《生物多样性公约》正式生效,公约确立了保护生物多样性、生物多样性组成成分的可持续利用、以公平合理的方式共享遗传资源的商业利益和其他形式的利用三大目标。至此,全球生物多样性保护开启了新纪元。

然而,近些年来,生物多样性在自然与生物资源的过度开发和利用、土地用途的改变、环境污染、气候变化、外来物种入侵的直接影响下,以及人类生产与消费格局的转变、人口的急剧增长、贸易失衡等深层次驱动下正逐渐丧失相应功能,多数生物多样性指标不断衰退。经过评估,联合国生物多样性十年

(2011—2020 年)确定的 20 个目标中"部分实现"了其中的 6 个目标,没有一个目标"完全实现"。2019 年 5 月,政府间生物多样性和生态系统服务科学政策平台(IPBES)发布的《生物多样性和生态系统服务全球评估报告》指出,人类活动改变了 75% 的陆地表面,影响了 66% 的海洋环境,超过 85% 的湿地已经丧失,25% 的物种正在遭受灭绝的威胁,1/3 的海洋鱼群被过度捕捞,近 1/5 的地球表面面临动植物入侵的风险。目前约有 100 万种物种濒临灭绝,更有许多物种在未来几十年内就会灭绝。

保护生物多样性是联合国可持续发展目标的重要内容,17 项可持续发展目标中的目标 14(SDG_{14})水下生物(保护和可持续利用海洋及海洋资源以促进可持续发展)和目标 15(SDG_{15})陆地生物(保护、恢复和促进可持续利用陆地生态系统、可持续森林管理、防治荒漠化、制止和扭转土地退化现象、遏制生物多样性的丧失)与生物多样性主题直接相关。同时,保护生物多样性与消除贫困、粮食安全和应对气候变化等可持续发展目标也具有内在联系。保护生物多样性就是促进地球的可持续发展,推进落实可持续发展目标有助于加快生物多样性主流化进程。

作为最早签署和批准《生物多样性公约》的缔约方之一,中国一贯高度重视生物多样性保护。国务院新闻办公室 2021 年 10 月 8 日发表《中国的生物多样性保护》白皮书,这是中国政府发布的第一部生物多样性保护白皮书。《中国的生物多样性保护》白皮书以习近平生态文明思想为指导,介绍中国生物多样性保护的政策理念、重要举措和进展成效,介绍中国践行多边主义、深化全球生物多样性合作的倡议行动和世界贡献。2021 年 10 月 11 日至 15 日,《生物多样性公约》第十五次缔约方大会第一阶段会议在昆明举行,这是联合国首次以"生态文明"为主题举办的全球性会议。2021 年 10 月 19 日,中共中央办公厅、国务院办公厅印发《关于进一步加强生物多样性保护的意见》,提出了生物多样性保护的总体目标与重点任务。

生物多样性主题研学值得关注的问题包括:气候变化、物种入侵、人类活动对生物多样性的影响与解决策略;身边的野生动植物资源保护;区域生物多样性保护的现状与动态监测;生物多样性保护与旅游开发;濒危野生动植物保护;自然保护区生物多样性保护现状与建议;生物多样性保护的技术创新;关于生物多样性科普教育基地建设的建议；生物多样性保护志愿者行动；等等。研学团队应结合不同的地域生物多样性特点，在自然保护区及相关基地专业人员的指导下，通过实地调查、访谈、实验等方法为生物多样性保护提出合理的解决方案。

六、生命与健康

良好的健康与福祉是联合国可持续发展目标之一，是社会成员在健康方面所呈现的幸福状态，是国家和政府为了保障与改善社会成员健康的一系列措施，使社会成员能够从中获得利益，呈现出的一种良好生活状态。

健康是人生的第一财富。根据世界卫生组织的解释：健康不仅指一个人的身体没有出现疾病或虚弱现象，而是一种心理、躯体、社会康宁的完美状态。福祉即幸福、利益、福利，也代表美满祥和的生活环境、稳定安全的社会环境、宽松开放的政治环境。它不仅指物质上的富足，更多指向幸福的生活状态。

当前，健康问题已成为社会公众关注的焦点与热点问题，成为幸福指数的关键指标。现代人既要应付快节奏的学习和生活，又要面对越来越多的竞争和挑战，表现在环境污染、食品安全因素的影响以及慢性病发病率连年上升，使得恶性肿瘤成高发型疾病、亚健康人群与日俱增，抑郁、焦虑等心理问题屡见不鲜，睡眠不足现象日趋严重，这些都严重地威胁到了人类的健康。青少年的健康同样出现了严重的问题，如营养不良与肥胖、近视、龋齿、贫血、心理健康问题等。

将深入开展爱国卫生运动与当前突出的健康问题相结合，在全社会形成"爱祖国、讲卫生、树文明、重健康"的浓厚文化氛围，积极引导居民树立"大健康、大卫生"的理念，2016 年中共中央、国务院印发了《"健康中国 2030"规划纲要》，2019 年国务院发布并加快实施《健康中国行动（2019—2030 年）》，扩展健康服务内涵，将"共建共享、全民健康"作为建设健康中国的战略主题，把人民健康放在优先发展的战略地位，把以治病为中心转向以健康为中心，全面提升健康中国的综合治理能力，实现健康理念融入所有政策和居民日常行为。

健康中国行动围绕疾病预防和健康促进两大核心，提出将开展 15 个重大专项行动，分别制定了行动目标，并设计了个人、家庭、社会及政府应采取的主要举措,同时进行了主要指标的制定。专项行动包括:健康知识普及行动、合理膳食行动、全民健身行动、控烟行动、心理健康促进行动、健康环境促进行动、妇幼健康促进行动、中小学健康促进行动、职业健康保护行动、老年健康促进行动、心血管疾病防治行动、癌症防治行动、慢性呼吸系统疾病防治行动、糖尿病防治行动、传染病及地方防控行动等。

围绕健康中国 15 个重大专项行动,结合青少年健康实际,可以针对个体健康需要,从身体健康、心理健康、健康饮食、健康起居、运动、养生、疾病及传染病应对与预防等维度选取具体研究主题进行有针对性的研究,也可以针对社会性推进问题,从普及健康生活、优化健康服务、完善健康保障、建设健康环境、发展健康产业等维度选取具体研究主题,开展有针对性的研究。

七、灾害预防与应对

灾害是对能够给人类和人类赖以生存的环境造成破坏性影响的事件的总称。纵观人类的历史可以看出,灾害发生的原因主要有两个:一是自然变异,二是人为影响。因此,通常把自然变异为主因的灾害称为自然灾害,将人为影响为主因的灾害称为人为灾害。

灾害对当地的自然环境造成影响和破坏,对人类生产生活及可持续发展造成多方面的危害,表现在:灾害的发生对人民群众的生命和财产构成威胁,造成人员伤亡和财产损失;灾害会对当地建筑、交通、通信等造成极大破坏,极大影响人们正常的生产、生活和学习;灾害还会导致某些疾病的暴发,也会使人们产生心理恐慌,甚至引起当地社会治安问题。

近年来,由于人类活动所造成的全球气候变化使得气候出现了严重的异常,造成了全球气候灾害频发,而且"百年难遇"和"千年一遇"的灾难频繁出现,如澳大利亚山火、东非蝗灾、欧洲特大洪水、北美极端高温、东亚腹地沙尘暴……在全球气候变化背景下,极端气候事件及其引发的灾害多发、重发的频率越来越高。2021 年 9 月,世界气象组织(WMO)发表的报告称:过去 50 年来,因气候变化引发的干旱、风暴和洪水等自然灾害数量增加了 5 倍,造成全球超过 200 万人死亡,经济损失高达 3.64 万亿美元。当前,气候异常对人类健康的影响也越来越多地受到专业人士的关注,到了必须治理的时刻。气候变暖导致的生态环境变化将迫使动物迁徙,导致动物间病原体溢出,传播到人体的概率加大。2020 年 4 月 21 日,澳大利亚人类未来委员会(Commission for the Human Future)发表的报告中列出了人类生存面临的 10 种潜在灾难性威胁,包括:气候变化、环境衰退及物种灭绝、核武器、资源短缺(包括水资源短缺)、食品安全问题、无法掌控的新技术、人口过剩、化工污染、大流行疾病、错误地信息传达或误解,对人与自然发展敲响警钟。

党的十八大以来,习近平总书记对防灾减灾救灾工作多次发表重要讲话,做出重要部署,强调要坚持人民至上、生命至上,始终把保障人民群众生命财产安全放在第一位,不断健全、防范、化解重大风险体制机制,加快构建抵御自然灾害的防线,全面提高重大自然灾害抗御能力。

开展灾害预防与应对主题研学,建议在系统了解当前全球与我国政策文件的基础上,特别是地域灾害发生的基本情况的基础上,聚焦地区性生态环境变迁与灾害的产生、身边的灾害预防与应对策略、灾害监测与应急管理及风险防控等具体问题开展具体研究。研学团队应与当地应急管理部门、气象部门及相关研究机构等建立联系,在专业人士的指导下展开研学实践。

八、可持续城市化与美丽乡村建设

城市是思想、商业、文化、科学、生产力、社会发展等的集合枢纽。可持续城市化是以满足城市中当代人和未来各代人的需求为目标的城市发展方式。目前,随着城市化进程的不断加快,追求更加美好和更加优质生活的想法促使人们不断迁往城市,城市也随之呈现几何倍数扩张。《2022 年世界城市报告:展望城市未来》(*World Cities Report 2022:Envisaging the Future of Cities*)指出,预计到 2050 年,全球城镇人口的占比将从 2021 年的 56% 上升至 68%。城市的快速发展带来了巨大的挑战:城市内居民收入差距不断扩大、空气污染日益严重、交通拥挤、淡水资源供应不足与污水增加、废物处理压力剧增、缺乏适当的住房、基础服务和基础设施不足等。这些问题都极大地挑战着城市管理者的管理能力,也让新搬入城市中的人们对原本憧憬的生活产生了许多担忧。

联合国可持续发展目标 11(SDG$_{11}$)提出了"建设包容、安全、有风险抵御能力和可持续的城市及人类住区"目标。如何解决城市化进程中的问题、构建可持续城市是目前世界各大城市进行城市规划的重要议题。2018 年 12 月,联合国正式颁布《可持续城市与社区指南:评价标准、管理体系、实施纲要》(简称"SUC 标准"或"SUC 指南")并率先在中国启动,为世界各国尤其是发展中国家可持续城市与社区建设制定了明确发展目标、关键绩效指标、具体实施策略和国际化考量标准。SUC 标准提出了可持续城市关键绩效指标,包括安全经济型城市,交通与便利性,文化和自然遗产,土地利用效率,抗灾弹性城市,健康的生态环境与减缓气候变化,安全、可持续的公共空间,资源效率,城市管理、政策与经济发展。可持续社区关键绩效指标包括可持续建筑,包容的社区设施和服务,宜居的社区景观,经济、生产力,安全,自豪、高素养的社区,社区管理,规划城市可持续发展未来方向。

在推进可持续城市化的进程中,我国在不同领域开展了卓有成效的实践。例如,2018 年 12 月,国务院办公厅印发《"无废城市"建设试点工作方案》(国办发〔2018〕128 号),开启了我国"无废城市"的建设历程。"无废城市"是指以创新、协调、绿色、开放、共享的新发展理念为引领,通过推动形成绿色发展方式和生活方式,持续推进固体废弃物源头减量和资源化利用,最大限度减少填埋量,将固体废弃物环境影响降至最低的城市发展模式。推进"无废城市"建设,对推动固体废弃物源头减量、资源化利用和无害化处理,促进城市绿色发展转型,提高城市生态环境质量,提升城市宜居水平具有重要意义。

乡村是绿色发展的生态基底,是消除和平衡城市碳足迹、碳排放的生态屏障的关键。"十四五"时期,我国"三农"工作进入全面推进乡村振兴、加快农业农村现代化的新阶段。随着城乡融合发展的不断推进和乡村生态环境的持续改善,乡村不再是单一从事农业生产的地方,乡村旅游、养生养老、农事体验、研学科普等一系列农村新产业、新业态蓬勃兴起,为丰富生态产品供给、畅通城乡要素流动、增添乡村发展动能、提高农民收入提供了广阔空间。加强可持续乡村建设,要持续做好生态与产业的深度融合,推动(环境)健康、(产品)安全、(排放)低碳的农业发展模式改革,促进产业生态化,强化农业科技和装备支撑,推行绿色生产方式,提高绿色产业占比,走质量兴农、绿色兴农之路。要促进生态产业化,通过积极发展现代农业、乡村旅游等产业,探索形成"生态+"复合型经济发展模式,让生态红利切实惠及亿万农民。要深刻认识乡村的多元价值,让绿水青山充分发挥综合效益,以绿色发展引领乡村振兴,打造绿色生态宜居的美丽乡村。

开展可持续城市化与美丽乡村建设主题研学,应引导学生关注推进城市与农村发展的相关政策文件,聚焦绿色发展主题,结合城市环境、城市交通、城市资源、城市空间、城市治理、城市安全、信息化智慧城市建设,以及生态农业、生态农产品、农村人居环境、农村基础设施建设、农村公共服务改善、乡村生态旅游、传统农业生产和农村生活技艺传承等具体问题开展深度文献研究与社会调查,尝试提出合理可行的城市和乡村可持续发展规划与建议。

九、世界遗产与非物质文化遗产保护与传承

世界遗产是指被联合国教科文组织和世界遗产委员会确认的人类罕见的、无法替代的财富,是全人类公认的具有突出意义和普遍价值的文物古迹及自然景观,经联合国教科文组织评选确定并列入《世界遗产名录》的。世界遗产包括世界文化遗产(包含文化景观)、世界自然遗产、世界文化与自然双重遗产 3 类。截至 2023 年 9 月 17 日,中国拥有世界遗产 57 项,其中世界文化遗产 39 项、世界自然遗产 14 项、世界文化与自然双重遗产 4 项。

人类非物质文化遗产,是指被各社区、群体,有时是个人,视为其文化遗产组成部分的各种社会实践、观念表述、表现形式、知识、技能以及相关的工具、实物、手工艺品和文化场所等。各个群体和团体随着其所处环境、与自然界的相互关系和历史条件的变化不断使这种代代相传的非物质文化遗产得到创新,同时使他们养成认同感和历史感,从而促进文化多样性,激发人类的创造力。联合国教科文组织评选的非物质文化遗产,经确定后列入《人类非物质文化遗产代表作名录》《急需保护的非物质文化遗产名录》《保护非物质文化遗产优秀实践名录》。非物质文化遗产涵盖 5 个方面:口头传统和表现形式,主要包括作为非物质文化遗产媒介的语言;表演艺术;社会实践、仪式、节庆活动;有关自然界和宇宙的知识与实践;传统手工艺。中国有国家级非物质文化遗产名录,申报联合国非物质文化遗产代表作需先入国家级非物质文化遗产名录。截至 2022 年 11 月 19 日,中国共有 43 个项目列入联合国教科文组织非物质文化遗产名录、名册,数量居世界第一。

世界遗产、非物质文化遗产的保护和传承与可持续发展紧密相连。联合国教科文组织指出,遗产具有社会价值,表达了人类的身份和归属,这些遗产是我们继承自历史,并希望传之后世的财富。这些财富应当用于促进社会稳定、和平建设、危机后的重建和发展的战略。遗产与人类面临的最迫切的挑战——气候变化和自然灾害,生物多样性的丧失,冲突以及不平等的粮食供给、教育和健康保障,移民,城市化,社会边缘化和经济不平等等问题密切相关。基于这个出发点,遗产最重要的价值不仅在于它是人类文明辉煌成果的见证,更是人类数千年可持续发展经验的记录。

2022 年是我国首批世界遗产列入世界遗产名录 35 周年。多年来,我国在世界遗产与非物质文化遗产申报、保护、管理和利用等方面取得了举世瞩目的成就。党的十八大以来,我国将生态文明建设提升到前所未有的高度,加快构建以国家公园为主体的自然保护地体系,形成了依托自然保护地体系保护管理世界遗产的有效机制,有力实现了自然保护地与自然遗产的协同保护,激励我国世界自然遗产保护管理进入了新的历史发展阶段。当前,面对我国世界遗产数量逐年增加且后备资源充裕的实际情况,也存在着重申报、轻维护,重开发、轻保护,重旅游设施建设、轻科学文化研究,重景区发展、轻社区参与等错位现象,需要引起足够的重视并进行改变,从而使遗产保护工作能够实现人类文明的延续,满足可持续发展的必然要求。

进行世界遗产与非物质文化遗产保护与传承主题研学活动,应聚焦不可移动文物和历史建筑、历史道路、历史城郭、历史街巷、景观视廊、历史河湖水系、历史文化街区等的保护监测、应急管理及旅游开发,发现当前遗产保护现状与问题,聚焦世界遗产地的生态变迁、世界遗产保护中的生态环境问题与解决策略、世界遗产与非物质文化遗产的旅游规划(包括文创产品研发)、世界遗产与非物质文化遗产的宣传推广(世界遗产地、非物质文化遗产传承人的文化价值深度开发)等专题开展研究。例如,针对地域遗产保护问题、世界遗产申遗等开展的专题研究"历史文化名城保护""北京中轴线申遗"等。鼓励青少年走进当地世界遗产地,对接世界遗产地管理部门、文化遗产研究院等专家,或通过与非物质文化遗产传承人进行座谈等途径深入展开文化遗产价值学习、发掘、保护活动,在传承中开展调查研究,提出合理性保护方案及措施。

十、中华优秀传统文化与文化多样性

文化是一种精神、一种信念、一种力量,是民族的血脉,是人民的精神家园。传统文化是文明演化而汇集成的一种反映民族特质和风貌的文化,是各民族历史上各种思想、观念、形态的总体表现。中华文明是世界文明史上唯一的连续性文明,5 000 年的持续发展是中华文明的重要特征。中华优秀传统文化源远流长、博大精深,成为中华民族的根与魂,是中华文明的智慧结晶和精华所在,是我们最深厚的文化软实力,也是中国特色社会主义根植的精神沃土。文运同国运相牵,文脉同国脉相连。2016 年 5 月 17 日,习近平总书记在哲学社会科学工作座谈会上指出:"要加强对中华优秀传统文化的挖掘和阐发,使中华民族最基本的文化基因与当代文化相适应、与现代社会相协调,把跨越时空、超越国界、富有永恒魅力、具有当代价值的文化精神弘扬起来。"

面对中华优秀传统文化,处理好继承、发展与创新之间的关系是核心任务。文化继承是文化发展的必要前提,文化发展是文化继承的必然要求。文化在继承的基础上发展,在发展的过程中继承。文化发展的实质就在于创新。文化创新是社会实践发展的必然要求,是文化自身发展的内在动力。一方面,我们不能离开传统空谈文化创新;另一方面,体现时代精神是文化创新的重要追求。

继承和弘扬中华优秀传统文化,需要不断增强文化自觉、增进文化认同、彰显文化自信。2017 年 1 月,中共中央办公厅、国务院办公厅印发《关于实施中华优秀传统文化传承发展工程的意见》,对实施中华优秀传统文化传承发展工程做出了具体要求,将中华优秀传统文化的主要内容概括为核心思想理念、中华传统美德和中华人文精神 3 个层面,体现了传统文化的当代价值,契合了当前培育和践行社会主义核心价值观的发展需要。

文化具有多样性,世界上每个民族、每个国家都有自己独特的文化。2005 年 10 月,联合国教科文组织大会第三十三届会议通过的《保护和促进文化表现形式多样性公约》中,"文化多样性"被定义为各个群体和社会借以表现其文化的多种不同形式。这些表现形式在它们内部及其间传承。文化多样性不仅体现在人类文化遗产通过丰富多彩的文化表现形式来表达、弘扬和传承,也体现在借助各种方式和技术进行的艺术创造、生产、传播、销售、消费的多种方式。

文化多样性是人类社会的基本特征,也是人类文明进步的重要动力。

中华优秀传统文化与文化多样性主题研学,需要聚焦文化的多种表现形式,如传统文学、传统节日、传统技艺、民风民俗、中医药文化、传统礼仪、传统曲艺、传统体育、传统建筑、传统服饰、传统哲学、区域特色文化、民族特色文化、中华老字号等专题,通过调查研究、比较研究等研究方法,探索文化传承、保护、发展、创新、交流的现状与问题,并提出促进文化融合、文化惠民、文化传承和文化建设的改革建议。需要与当地文化管理机构、文化馆、博物馆、图书馆等单位负责人或文化研究院相关专家、文化传承人等建立紧密联系,在专业性支持下开展中华优秀传统文化与文化多样性的深度研究。

第三节　生态文明主题研学的专题确定

可持续发展是人类对工业文明进程深刻反思的结果,是人类为了克服一系列环境、经济和社会问题,以及它们之间关系的失衡所做出的理性选择。二者之间的紧密关系表现在:第一,可持续发展以满足人的生存、健康、安全和发展为中心,要解决好物质文明和精神文明建设的共同问题,使全体人民过上美满、愉悦、幸福的生活。第二,人类福祉是建立在经济增长、国家实力增加以及社会财富提高的基础上的,这种经济的增长不仅重视数量的增长,更追求质量的改善和效益的提高,而这种提高表现在资源节约、能耗降低、绿色生产方式与生活方式更新等方面。第三,人的发展应该关注开发利用资源的强度,关注排放的废弃物是否超过环境承受能力的极限,只有解决区域乃至全球性的生态环境问题,才能使人类生存建立在维持生态系统平衡、稳定和正常运转的基础上。第四,可持续发展不只是物质层面的发展,其中文化的发展是实现可持续发展重要的思想保证和精神动力,强调文化贯穿于社会、环境、经济可持续发展的各个方面。第五,实现可持续发展的最终目标是构建人与自然生命共同体,实现人与自然的共同发展。

因此,深入分析可持续发展内涵和目标的内在逻辑,我们可以进一步对上一节概括的 10 项社会热点问题进行综合概括,进一步将生态文明主题研学专题聚焦为生态资源、生态环境、生态经济、生态文化、生态安全和人与自然生命共同体 6 个方面。每项专题都与可持续发展目标和生态文明建设存在着紧密的逻辑关系。

(1)生态资源是支撑人类生存和发展的重要物质基础,也是生态文明建设的重要保障。在人类社会发展进程中,需要不断开发和利用各种生态资源,但这种开发和利用必须是有序的、可持续的,不能破坏生态环境平衡。

(2)生态环境是生态文明建设的核心,它是人类生存和发展的基础,也是经济社会可持续发展的前提。保护和改善生态环境是生态文明建设的首要任务。

(3)生态经济是生态文明建设的重要内容之一,它强调经济与生态的协调发展,以实现经济、社会和环境的可持续发展为目标。生态经济的实施需要依靠科技创新和绿色发展,以此提高资源利用效率,减少环境污染,推动经济转型升级。

(4)生态文化是生态文明建设的精神支撑,它是人类文化的重要组成部分,强调人与自然的和谐相处。建设生态文化需要弘扬绿色低碳、环保节约等价值观念,做好中华优秀文化传承,推动形成健康向上、科学理性的社会文明风尚。

(5)生态安全是生态文明建设的重要保障,它关系到人类社会的稳定和发展。保护生态环境、保障生态安全成为推进生态文明建设的基础任务之一。

(6)人与自然生命共同体是生态文明建设的最高层次,它强调了人与自然的共生关系。建设人与自然生命共同体需要树立人类命运共同体意识,推动全球范围内的生态保护和可持续发展,共同构建面向未来的生命圈理念,形成生命的共同发展。

综上所述,6 项专题是相互关联的一个整体,它们之间存在着紧密的内在逻辑关系。只有全面推动这 6 个方面的工作,才能实现生态文明建设的目标,促进人与经济、社会和环境的可持续发展。

第三章 生态文明主题研学设计

生态文明主题下的研究性学习是从可持续发展目标出发,依托生态文明主题资源内容开展的学习活动,是拓展学生视野、提升学生学习本领的实践性研究活动。研究性学习活动强调教师的带领作用,带领学生主动学习,通过发现学习与生活中的问题,确立研究主题,进行知识应用,采取科学方法解决问题,是进行学生核心素养培养的重要途径。在研究性学习活动中,学生是活动的主体,具有自主性、创新性、合作性和批判性的特征。学生能够通过研究性学习活动提升学习能力与综合素养。

第一节 生态文明主题研学路径的设定

一、指导思想

《义务教育课程方案和课程标准(2022 年版)》的发布,标志着新一轮课程改革工作的全面启动。《义务教育课程方案和课程标准(2022 年版)》确立了"目标、问题、创新"导向的修订标准,突出在"强化课程育人导向、优化课程内容结构、研制学业质量标准、增强指导性、加强学段衔接"5 个方面实施新举措,推动"立德树人"根本任务有效落实。在课程资源建设方面,提出以习近平新时代中国特色社会主义思想为统领,基于核心素养发展要求,遴选重要观念、主题内容和基础知识,设计课程内容,增强内容与育人目标的联系,优化内容组织形式的建设要求。研究性学习活动是新课程改革的主要实践模式之一,在加强学科间相互联系、引领课程综合化实施、强化学生主体性培养和课程引领方面发挥推动作用,为落实新时代人才培养目标奠定基础。

生态文明主题研学活动是研究性学习实践的积极拓展,是贯彻可持续发展理念,依托生态文明主题资源开展的学习活动,具有广泛性、参与性和实践性的特征,为研究性学习开辟科学视角。开展生态文明主题研学活动,需要坚持生态文明与可持续发展教育理念,落实党和国家教育方针,在新课程目标指引下推进学习方式创新,实现教育的高质量发展。生态文明主题研学活动的思想基础体现在以下4个方面。

(1)生态文明主题研学活动是党和国家教育方针的具体落实,是践行新时代人才培养目标的积极探索,是适应社会主义现代化发展的策略选择。

(2)生态文明主题研学活动是可持续发展理念的中国实践,是推进生态文明建设,落实"五位一体"总体布局的具体行动,重点在生态资源、生态环境、生态文化、生态经济与生态安全等方面展开探索。

(3)生态文明主题研学活动是促进学生生态文明素养养成的有效路径,是提升新时代人才质量的培养模式,引导学生塑造科学健康的世界观、人生观和价值观。

(4)生态文明主题研学活动是具体落实新课程改革任务、提升学校办学质量、推动教育现代化发展的科学策略,是实现教育教学全面改革的主动尝试。

二、工作原则

研学活动的设计应侧重于学生培养,突出实践能力和创新思维发展,引导学生在实践中提升自主、合作和探究能力。研学实践活动需要根据学生的学习认知和能力基础开发研学方案,选择研究主题和内容,由易到难、由近及远,合理推进研学任务稳步落实。

研学工作需要遵循的实践原则包括以下8个方面。

(1)思想性原则。研学活动设计要全面贯彻党的教育方针,遵循国家教育政策,落实立德树人根本任务,学习新课程改革要求,以教育强国为目标,全面提升人才培养质量,推进实践创新,办好人民满意的教育。

(2)理论性原则。推进生态文明主题研学活动,贯彻"五位一体"总体布局,落实生态文明建设总体要求,学习可持续发展基础理论,深化新课程改革,开展研学活动目标规划和主题实践,突出生态文明教育的思想性和理论性价值。

(3)实践性原则。实践性原则作为创造思维的工作基础,直接关系到研学目标的落实,是实践工作的主体。在中小学开展研学活动,要积极搭建社会实践平台,调动学生的学习主动性,激发并提升学生的问题意识和探究精神。从一定意义上讲,离开了开放性实践,学生思维的发展就失去了动力核心,创造就变成了空想。因此,强化研学活动中的实践探索是提升研学质量的核心内涵。

(4)融合性原则。研学活动的融合性是指研学实践应与学科内容相结合,要注重能力与素养的培养,实现课内外知识能力的交融。首先,要从研学目标展开融合性设计,实现目标主题与学科主题的内在交融。其次,从策略层面进行多种手段的选择,完成多元视角下的活动探索与开发。再次,进行研学任务与学科知识的交融,建立基于学科背景的研学模式。最后,推进研学活动的多视角评价,从知识、任务、策略等角度检测学习成效,实现成果积累和多元化培养。

(5)主体性原则。自主发展是研学活动的核心培养任务,是推进学生主体性养成的工作重心。在搭设研学平台的基础上,引导学生进行自主探究与合作学习,可以有效提升核心素养,培养学生可持续发展关键能力,实现人才质量培养目标。

(6)开放性原则。研学活动因其社会性、融合性和实践性特点,决定了研学实践具有显著的开放性特征。教师要基于学生已有经验和兴趣进行研学活动规划,创设开放式学习空间,实现学生的主动学习。要在传统文化、科学精神、学习策略、健康态度、责任意识等层面引导学生进行知识拓展和实践创新,关注个性特征与习惯养成,促进学校教育任务开放性的达成。

重点在研学活动的方式、过程、评价与结果等方面突出开放性原则,落实"四个开放":首先是活动内容的开放,营造研学内容和空间的选择性与多样性;其次是活动过程的开放,促进研学活动成为学生自主、动态、多元的学习体验;再次是评价方法的开放,采取多视角、多工具、多维度的形成性评价策略;最后是活动结果的开放,既梳理研学活动成果,也汇集活动发展收益,实现研学活动结果的全面、生动。

(7)安全性原则。研学活动要坚持安全性原则,做好两个方面的维护:一是研究内容的正向性。研究主题与研究内容的选取要做到积极健康,研究过程与学习策略要保证科学有序,研究发现和结论力求合理规范,建立科学、积极的价值体验。二是研究行动的安全性。在研学活动中,要提前预设安全保障机制,明确安全保障职责,落实安全保障措施,确保学生研学活动的行动安全,引导学生在健康的氛围中完成研学任务,实现健康成长。

(8)公益性原则。研究性学习是学校课程的重要内容,是落实教学目标的有效手段。开展研学活动,要突出公益属性,通过设立中小学研学活动专项经费,合理设计人员配备,建立项目支持保障制度,促进研学工作稳步运行。

三、路径规划

"路径规划"一词来源于运动规划。运动规划由路径规划和轨迹规划两部分组成,其中连接起点和终点位置的序列点或曲线称为路径,构成路径的策略称为路径规划。路径规划往往开展于活动的准备阶段,是实施活动的前端任务。路径规划是课程落实的重要基础,是目标达成的内容设计,是围绕工作主题、环节和过程展开的策略选择,是学生培养的行动指引。

做好研学活动的路径规划是实现研学目标下学生培养、开放实践的前提,它通过对受教育者个体施加影响,实现学生的个性发展,促进社会进步,有力提升人才质量。对研学活动进行路径规划,核心工作是做好整体规划,要总体把握教学目标和育人方向,明确研究思路,创设研究空间,为研学工作的稳步发展提供积极引导。

研学路径规划的重要性表现在 3 个方面。首先,路径规划是研学活动的策略基础。教育活动是教育者通过一定的教育途径将教育内容传递给受教育者并促使其发生积极变化的过程。没有教育路径,教育活动将无法体现其科学性目标,活动内容将无法系统性实施。所以,路径规划是教育活动不可或缺的构成要素。其次,路径规划是教育活动的基本保障。教育作为一种培养人的活动,是人类社会特有的现象。它是有目的、有计划、有组织地进行的学习活动。教育规划设计作为教育活动的行动基础,引领核心素养的培养与建立,实现完整教育目标。最后,路径规划是提升教育质量和育人效果的重要条件。同样的教育内容,采用不同的路径规划,任务效果存在一定差异性,而在研究性学习活动中的差异尤为显著。面对复杂多变的任务目标,必须提前做好路径规划,使路线设计与育人方向相匹配,达到最优化组合、满足教育质量提升的基本要求。

研学活动的路径规划一般包含 3 个步骤,即建模、决策和设计。

（1）建模：建立活动目标方向。研究方向是研学活动的核心，是推进研学工作的先决条件，是研究实践的指向性设定。研学方向的确立要紧密贯彻党和国家教育方针，整体把握研学任务，立足学生培养，制订科学规范的研学计划，引导学生主动探究和积极实践。

（2）决策：确定研究策略。研学活动的方法选择需要根据研究任务、目标和研究者现状进行综合研判，设计整体研究策略。研究策略的制定往往受到研究主体和研究经验的影响，在研究方法和结果上出现差异性。要选择研究者适宜的实践方法和研究手段推进研学实践，促进研学活动有序进行。

（3）设计：规划研学过程。研学过程是教育活动中通过创建学习情境，依托研究性学习活动，与教师、学生以及教学信息相互作用获得知识、技能和态度的过程。研学过程一般包括现状调研、目标确立、主题设定、策略选取、研究推进、案例分析、总结反思几个阶段，是完整的学习过程，构成学习任务路线图。研学活动路线图如图 3.1 所示。

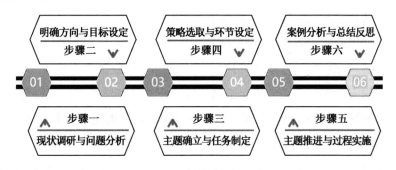

图 3.1　研学活动路线图

四、实施步骤

生态文明主题研究性学习的实施需要整体规划和系统设定，按照研学活动的基本环节和步骤展开实践探索，发挥学生的主体作用，实现"做中学"，具体步骤如下。

1.创设问题情境，引发学习思考

引导学生参与研学活动，首先要做好问题情境的创设。要围绕学科知识的获取和社会热点问题探索进行问题检索，搭建研究平台，创设研究空间，引发深度思考,提出研究假设,开展实践探索。

问题情境创设的核心理论最早源自美国哈佛大学戴维·麦克利兰教授提出的成就动机理论,他在对人的需求和动机研究中,把高层次需求归纳为对成就、权力和亲和的需求,由这 3 种需求提出了成就动机价值影响力问题。以成就动机理论为基础开展问题情境创设,需要做好核心要素的设定,以达成学习目标。第一,明确情境创设目标。以目标导向指导情境内容及策略设计,提升问题的准确性和系统性。第二,确立情境参与的主体。从学生视角进行问题设置,开展以学生为主的探究性活动,突出学生主体地位。第三,强化问题的社会化解决。建立知识探究与问题处理的社会情境转化,实现在社会化问题中解决方案的探索与实践。第四,关注全过程学习。研究性学习的核心任务是科学思维的培养,拓展学生学习参与的深度和广度,对学习力培养至关重要,能够奠定未来的学习基础。第五,突出学生生态文明素养养成。强化学科素养培养,提升学生的问题能力、参与能力和探究能力,培养学生参与社会发展及人类文明延续的活动实践,落实生态文明素养培养目标。

2.确立研究主题,明确研究任务

主题,一般理解为一个"方向",而主题研究是指聚焦一个方向的问题内容进行的探究性学习活动。研究主题的确立作为研究性学习的基础环节,对后续研究发挥导向作用。确立研究主题,要围绕研究问题进行深度分析,梳理研究背景,紧抓关键症结,进行问题探索。

研究主题的确立需要把握 5 项原则:一是准确性原则。要紧密围绕焦点内容进行主题选取,准确、全面覆盖问题原因,实现主题定位的科学性。二是实践性原则。主题内容要以问题为基础,通过实践探索进行内容优化,实现问题与现实生活的紧密联系并展开行动。三是反思性原则。研究主题要具有激发学生问题意识和反思精神的效用,引导学生在行动反思过程中实现任务探寻,提升学生自主学习能力。四是参与性原则。研究主题要具有参与价值,能够满足学生的自主探究与合作提升,在研究实践中完成研学任务,实现学生培养目标。五是多样化原则。研究主题的制定可以从目标、路径和策略等维度进行多元化设计,实现学科知识、研究方法与行动策略的多环节融入,完成课内外知识的相互交融,突破主题目标。

3.组建研学团队,明确任务分工

开展研学活动,需要组建一支强有力的研学团队。高效的研究群体是推进研学活动的基础,对落实研学目标发挥主力军作用。要进行研学团队的整体性选择和优化,推进机制、政策和策略的全方位培养,夯实研学力量基础。

(1)团队成员的遴选与组建。

研学团队的建设需要进行科学性设定,在人员结构、专业特长及研究兴趣上实施科学匹配,完成研学目标与学习任务的人员设置,实现研学团队人员结构的整体性优化。

(2)团队凝聚力的培养与提升。

团队管理的首要任务是凝聚力培养,从沟通入手,在新任务开始前就建立学习交流机制,以学促训,以学导行,明确职责和任务,激励团队成员的创新精神和学习热情。

(3)学习型团队的组织与建设。

生态文明主题资源下的研学活动需要加大团队学习力培养,紧密依托可持续发展教育主题开展问题研究,实施深度学习,实现教育问题的理解和认知,进行资源综合利用,提升团队合力与学习主动性。

(4)研究任务的分工与合作。

要落实研学活动中的任务,应做好工作梳理和模块划分,依据研学团队中每一名成员的专业优势和能力特长,合理进行工作分工与任务协作,促进目标落实,形成研究的主动性和积极性。

此外,要积极发挥教师在研学活动中的引领作用,加强研学活动中的导师指导,加大领袖型队员培养,打造核心骨干力量,实现研学活动中的人才培养和团队提升。

4.设计研学方案,规划研学行动

研学方案是指开展研究的计划,包括研究的背景分析、目标确立和过程推进等。研学方案是由主要研究者制订、由研究小组讨论并集体实施的活动计划。研学方案作为研学活动的行动基础,是研学工作顺利开展的必备条件,指导研究不断深入。

设计研学方案的基本框架包括：研究背景、研究主题、研究目标、主要内容、研究方法、实施步骤、活动安排、研究发现和反思实践等，是以行动研究为基础的工作计划。区别生态文明主题研学活动与传统研学的关键在于，生态文明主题研学活动强调了主题选择的开放性和方法的多样性，将社会性调研与数据分析作为主要环节展开研究实践，指导学生学习探索。

5. 开展研学行动，推进方案实施

研究性学习的核心任务是方案的实施，这是开展研学活动的主体环节，是研学目标达成的关键过程。实施研学方案要处理好政策与理念的指导性原则、目标与行动的一致性原则、过程与结果的连续性原则、实践与探索的主体性原则、能力与素养的发展性原则，实现研学活动的有序推进。研学活动原则的设计更关注学生成长、学习创新，倡导主体探究、素养提升，科学设定研学目标的全面落实。

研学活动方案实施的基本过程包含 6 个环节：第一，进行研学活动的理论学习，了解教育政策和学校发展规划，明确任务方向；第二，开展核心任务的问卷设计与调查，做好数据分析与整理，梳理基础现状，确立工作重点；第三，依托方案进行计划实施，推进研究实践，开展活动探究；第四，进行实证研究，培养典型案例，建设优秀团队；第五，设计评价量表，进行成效分析，做好工作反思；第六，整理实践成果，总结研学经验，开展案例分享与传播。

6. 制定评价指标，进行成果评价

评价指标是开展绩效评价的有效手段，是通过一定技术方法，对主题核心指标的评测活动，在检验活动的工作进展、绩效水平和目标达成方面发挥监督作用。

制定研学活动评价指标，要以研学目标为核心，关注主题中心任务，进行研学总结与效果分析，推进反思行动。评价指标制定的核心原则体现在以下 3 个方面。

一是指标内容的相关性。评价指标一般指操作层面的可度量、可感知的关键性要素。评价指标的设定要与主题相联系，并围绕研学目标与工作任务开展完成性、实效性评测。

二是指标评测的系统性。指标体系的建立要考虑研学活动全过程，要系统、全面地反映项目任务的总体情况,既能呈现显性收获,又能反映隐性成效,实现评价指标的全面性与客观性。

三是指标维度的可测性。评价指标内容要做到具体、准确,评价标准要具有可测量性,调查数据要便于整理和分析,直观呈现检测效果。采取定量指标与定性指标相结合的方法进行检验与评价是指标维度可测量性的科学手段。

7.开展成果梳理,进行案例分享

及时整理研究发现是研学活动进行成果提升的重要工作。可以采取质性评价和量化指标相结合的方式进行阶段成果评估,通过数据分析、案例报告等总结经验,梳理研究成果,固化实践路径,开展经验分享。

研学成果梳理的主要方式有以下3种。

一是总结研学活动的整体进展。依托研学目标及任务,进行研学方案推进情况的整体性分析,总结研究工作进展,梳理研究存在的问题。

二是关键性成果的总结梳理。从目标、过程和结果维度进行研究性学习成果梳理,以典型案例、标准数据、特色团队和优质报告等形式进行成果呈现,通过开展研讨会等活动,进行经验分享,实现交流反思。

三是研究数据的对比分析。量化评价活动中的一项重要任务是做好研究数据的分析和整理,进行研究成果的科学评判,通过总结发现和成果优化,体现研究价值,完成研究经验的分享与传播。

五、质量监控

研学活动的质量监控,是建立在定性与定量基础上的整体性评价,是按照研学活动质量标准,对活动规划、研究实践和进展收效等要素进行的专业性检测,是检验目标达成度的活动评估。研学质量监控的核心,是对影响教学质量形成因素的观察和检验。在效果评测过程中,往往通过巡查和检验获取真实情况,从而进行数据分析,开展科学判定,进行有效干预,为实现教学质量的稳步提升创造条件。

研学质量监控包括任务管理、研学过程和学习对象3方面内容。首先,对任务管理的监控,强调教学目标落实的重要性,突出教学质量要求和人才培养标准,深化研学目标达成。其次,对研学过程的监控,重点强调研学工作的整体性和有序性,突出学习实践的完整性和有效性,构建教学质量提升任务基础。最后,对学习对象的监控,突出研学活动中学生的主体作用,强化学习实践,强调兴趣培养,体现核心素养养成。

开展质量监控体系框架设计,包含以下5方面内容。

(1)质量监控的指导思想与理论基础。要贯彻党和国家教育方针,落实新课程改革方案,加强生态文明与可持续发展教育理论学习,强化学习活动思想的正确性和指导性。

(2)质量监控目标的设定。质量监控目标的设定要紧密依托研学目标任务,从任务完成、质量标准和成果特色等层面进行评价,突出监控评价的激励作用。

(3)监控内容的确立。监控内容主体要覆盖研学活动的主要方面,既要加强实践过程的完整性推进,又要突出特色案例的典型性分析,同时关注优秀团队经验的整理,强调研学活动过程评测的全面性和典型性。

(4)监控工具的选择。主要采取质性评价和量化评价的方法,通过问卷、访谈、调研等形式进行效度分析,可以采用 SPSSPRO、NVIVO、EXCEL 等软件工具进行数据处理,开展正态性、相关性和 T 检验,通过数据对比进行效果评测。

(5)监控报告的撰写。撰写研学活动质量监控报告的目标是客观反映教育教学活动过程,评测研究成效,总结研学经验。监控报告主要包括两个维度的内容:一是调查维度,二是研究维度。调查与研究作为研学活动的主体阶段,能够准确反映研学活动的客观事实,科学梳理研究成果,完整呈现研学发现,全面总结研究实效。监控报告注重事实,突出理论,强调简洁,具有全面性、科学性和公正性的显著特征。

第二节　研学案例的设计

一、案例的内涵

案例,又称个案、实例等,是人们在生产生活中所经历的典型而富有多种意义的事件陈述,是对经历事件进行的有意截取。案例对于人们的学习、研究和生活等具有很好的借鉴意义。案例的构成需要具备5个要素：真实而复杂的情境，典型且关键的情节勾画，多问题或矛盾的问题策略，经典而有效的解决途径，普遍且高价值的学习借鉴。基于案例的教育教学活动是向人们传递有针对性教育的有效载体。

研究性学习作为学习方式变革的主要形式，是立足问题解决环境下，以学生为中心，利用学生原有概念提出问题、主动探究和合作实践的归纳式学习过程。研究性学习案例的设计是建立于教育理论基础上，落实国家教育政策和课程改革方案，坚持育人为本、实践为先原则的学习推进，是深化教育改革创新的主题性探索。研学案例不同于方案设计，它的鲜明特点是展现研究性学习发现与结论，是对研究过程进行成果梳理的个性化整理，是进行研学成果分享的任务形式。

二、研学案例的结构

从环节视角分析，研学案例的结构设计包含以下几方面内容。

1. 研究背景

对研学案例的背景分析是问题梳理的首要任务，是案例研究的工作基础。案例背景需要厘清问题产生的过程和原因，确定问题的核心本质，梳理研究方向，借助核心概念及相关政策，开展研学目标的实践反思。

2. 研学目标

研学目标是案例研究的主题方向，是基于学习和实践任务的问题解决的方向设计。研学目标的设定要立足问题本身，关照研究者因素，以研究者知识经验和能力本领为基础，展开深度学习活动。研学目标的设计可以从知识层面、能力层面和情感态度与价值观层面进行综合考量，融入生态文明素养目标，实现教育活动的育人功能。

3. 主题内容

案例主题是研学活动要解决和探究的核心问题概括，是研究任务凝练与聚焦的重心。在进行主题确立时，要综合考虑研学问题的各个方面，突出教育视角和实践手段，为研究者提供明确的选题任务。

4.研究过程

研究过程是研学案例的主体部分,是记录研学活动的重点环节。研究过程梳理主要包括以下 3 个方面。

(1)对研究数据的整理。开展面向前、后测数据的研究和对比,直观呈现研究现状与成效,分析量化阶段成果,实现研究过程的科学性推进。

(2)对案例进展的梳理。重点进行研学任务的整体性分析,开展案例总结活动,梳理研究工作进展,固化研学经验,确立研究发现。

(3)对研究策略的评价。研究方法的效度监测是案例研究过程有效性的体现。在研究过程中,对研学案例推进手段、方法和策略进行有效性分析,可以更加科学、完整地梳理研究过程,直观呈现研究结果。

5.结论与发现

研究结论是基于研究进展和问题总结形成的实践类结果。研究结论的得出需要进行研究发现和成果分析,在研究目标的落实中,确定研究收获和实践成果。

6.工作建议

对案例成果的再确认,工作建议是不可缺少的重要环节。在研学活动中开展建议规划,可以为进一步深化研学活动提供有效性分析。工作建议可以从目标、任务、策略和环节等多个方面提出建设性意见,为实现研学活动反思、拓展研究发现、提升研究质量创造条件。

三、研学案例的设计原则

案例作为一个现实情境的描述,记录着一个或多个疑难问题的解决过程,包含了问题解决的具体策略与实施环节。教育教学案例以系统、生动的叙述形式,展示了教学实践中教师和学生的问题规划、策略设计和行动实践,是研究过程的完整记录。研学案例是研究性学习活动典型经验的梳理,是重点培养学生"知、情、意、行"行为习惯,养成可持续学习能力和生态文明素养的具体行动,可助力学生全面发展。

研学案例的设计主要遵循以下 5 个原则。

1. 真实性原则

研学案例的设计与整理需要贯彻真实性原则,在真实存在的情境中进行研学活动问题整理和实践,开展真实情况的总结和梳理,进行个案经验分享。研学案例是具有生命力的案例,其成果来自真实矛盾下的学习实践活动,是研学策略的现实探索。推进生态文明主题研学活动,主张关注学生学习认知,开展真实性数据分析,展现研究成果的客观性和成长性。虚拟的、失真的研学案例不能全面呈现研学活动的学习过程,会失去研学案例的教育价值和传播效用,需要调整和规范。

2. 典型性原则

研学案例的设计和梳理,应体现其典型性特征。从案例素材的选择、内容结构的设计到研究策略的实施,都要突出案例选题特征,突出研学目标的鲜明特色,落实学习任务。研学案例的梳理,要彰显由个别到一般、由特殊到普遍、由个性到共性的特点。案例成果的分享要体现其推广性和参考性价值,体现同类活动中的不同规律,突出示范作用。

3. 主体性原则

案例是对学习过程的典型化梳理,是记录实践成果的研究性范例,具有鲜明的主体性特征。研学案例的梳理要从学生认知出发,突出学生在案例研究中的核心地位,强调他们在研学活动中发挥的主体性、独立性和探究性作用。在观照整体的同时,加强研学活动领袖型学生的培养,加大对队员在案例实践中所想、所思和所获的全面梳理,开展小组讨论与研讨,形成典型经验,展现案例研究的主体性价值。

4. 启发性原则

高质量的研学案例不是简单地提供一篇知识类、方法类的实践材料给他人,而是要呈现一个源自真实问题下的,通过分析、规划、实施和总结的问题情境。这个情境不是直接解决问题,而是对解决问题的思想、路径和策略进行系统化梳理,可以让人得到思想启发,引导同伴学会学习,并独立分析问题、解决问题,掌握学习的方法和本领。

5. 开放性原则

生态文明主题视角下的研学活动更多选择社会化问题,具有开放性和时代性特征。研学案例的梳理和总结要注重加强理论知识与社会生活的联系,选择与社会发展密切相关的焦点性问题,进行典型问题分析和整理,总结经验和成果,为社会发展和人类进步建立具有研究价值的案例典范。

四、生态文明主题研学案例的特征

生态文明主题研学案例的设计,要紧密依托生态文明理论和可持续发展理念,落实"五位一体"总体布局中的生态文明建设要求,以可持续发展视角展开研学活动,关注社会热点和焦点问题,在生态环境、生态文化、生态经济与生态安全等领域积极实践,形成研究成果。生态文明主题研学案例要突出以下特征。

(1)主题的思想性。要积极贯彻生态文明建设目标,落实可持续发展教育理念,坚持案例的主题选择、目标设计与培养方向,从可持续发展视角出发,突出国际化、社会化人才培养原则,倡导主动性学习,确立生态文明建设思想目标。

(2)选题的广泛性。立足学生核心素养培养,开展大视角下的研究性学习活动,需要拓宽研究视野,将学习与实践相结合,实现课内外知识融合,引导学生更多关注国家建设和社会发展问题,实现理论与实践的相互联系,完成大视野、多视角的主题选取。

(3)案例的典型性。对生态文明主题研学活动开展案例梳理,要选择具有典型特征的实践活动进行个案整理,在主题思想、观点策略和行动推进上突出生态文明思想价值,引导学生养成生态文明习惯,突出研学案例的典型性和创新性特征。

(4)策略的借鉴性。生态文明主题研学案例要提供科学有效的学习路径,让学习者在选题、策略、成果等多个方面收获学习感受,建立结构化的学习路径,形成研学经验,为开展新的主题研究提供参考与借鉴。

(5)目标的发展性。研学活动的核心目标是促进学生成长,通过引导学生学习实践,实现学以致用,培养知行统一,在社会化问题解决中提升问题意识,建立思维方法,养成意志品质,点燃学生参与研究的学习热情,为研学活动的社会性价值发展助力,落实"立德树人"根本目标。

（6）过程的完整性。推进生态文明主题研学活动要建立完整的学习过程，形成全链条学习。学习过程主要由 6 个核心要素组成，从研学目标的制定、研学内容的确立、研究过程的推进、解决方案的开发、总结评价和反思等 6 个环节进行深入。过程的完整性在于强调学生的深度参与，需要全过程开展研学实践，在培养学生学习能力与实践本领过程中提供完整实践路径，实现生态文明主题研学活动的过程性育人。

下 篇
生态文明主题研学案例分析

生态文明主题研学活动不同于传统研学活动，专题内容具有鲜明的社会性、多元性和养成性特征，是新时代提升青少年核心素养、落实"五育并举"育人目标的学习实践。生态文明主题研学活动贯彻可持续发展理念，践行"立德树人"根本任务，推进中小学生"知、情、意、行"的综合性培养，突出人对环境、资源、经济、文化等的积极理解，通过研究实践，促进学生可持续发展关键能力的培养与提升。

下篇重点围绕六大专题方向进行生态文明主题研学案例的设计和分析，推动研学活动有效落实。

第四章 生态资源类专题研学活动设计与实践

生态资源类专题是指以自然资源、人文资源、社会资源等为核心内容的主题性学习,旨在培养学生的资源意识、资源保护和利用能力。生态资源类专题研学活动设计与实践是指根据生态资源类专题的特点和目标,采用研究性学习方法,结合实地考察、实验探究、数据分析等活动,让学生在实践中深入了解探究资源的价值、特征、利用和保护等问题,从而提升学生的生态文明素养和可持续发展关键能力。

《义务教育课程方案和课程标准(2022年版)》对生态资源类专题学习提出了明确任务,强调培养学生的资源意识、资源利用本领和资源创造能力,以适应未来社会的需求。生态资源类专题的实施途径包括3个特点:以资源为核心,突出资源的多样性、开放性和动态性,激发学生的学习兴趣和动机;以问题为导向,引导学生发现问题、分析问题、解决问题,培养学生的批判性思维和创新性思维;以探究为主要方式,鼓励学生主动探索、合作交流、反思评价,培养学生的自主学习能力和协作学习能力。

第一节 生态资源类专题简介

一、基本内涵

资源指一国或一定地区内拥有的物力、财力、人力等各种物质的总称,可以分为自然资源和社会资源两类,前者包括阳光、空气、水、土地、森林、草原、动物、矿藏等,后者包括人力资源、信息资源以及经过劳动创造的各种物质财富等。本书所讨论的生态资源保护问题,更多指向自然资源。《辞海》(第七版)对自然资源的定义为：指人类可直接从自然界获得，并用于生产和生活的物质资源。如土地、矿藏、气候、水利、生物、森林、海洋、太阳能等。具有有限性、区域性和整体性特点。联合国环境规划署对资源的定义为：在一定的时间和技术条件下，能够产生经济价值，提高人类当前和未来福利的自然环境因素的总称。

自然资源一般包括生物资源、农业资源、森林资源、国土资源、海洋资源、气象资源、能源资源、矿产资源、水资源等。按照可持续性特征，划分为 3 类，一是不可更新资源，需要经过漫长的地质年代才能形成，如各种金属和非金属矿物、化石燃料等；二是可更新资源，能在较短时间内再生产出来或循环再现，如生物、水、土地资源等；三是取之不尽的资源，被利用后不会导致贮存量减少，如风力、太阳能等。开展自然资源专题教育的中心任务是保护、增殖（指可更新资源）和合理利用，提升资源再生和继续利用的能力，全面实现环境效益、社会效益和经济效益的和谐统一。

当下，人类社会面临严重生态危机，自然资源遭到了前所未有的破坏。科学家们在大量调查与考察后指出：自 2019 年做出类似评估以来，与气候变化相关的灾难前所未有地增加，包括南美和东南亚的洪水、澳大利亚和美国打破纪录的热浪和野火，以及非洲和南亚的破坏性飓风。科学家用"生命体征"来衡量地球健康状况，这些指标包括砍伐森林、温室气体排放、冰川厚度、海冰范围等。他们发现，在 31 项指标中，有 18 项达到了创纪录的高点或低点。尤其令人警醒的是，人类正在逼近气候临界点的证据已经摆在那里，我们必须对此做出回应。2021 年 7 月，14 000 多名科学家在美国《生物科学》期刊上发出联名警告：等不到 21 世纪末，地球将很快逼近多个气候临界点，呼吁立即采取行动，应对气候紧急状态。与此同时，第 26 届联合国气候变化大会（COP26）主席阿洛克·夏尔马也警告称，如果现在不采取行动应对气候变化，将会给世界带来"灾难性"后果。夏尔马表示，"人类的行为正在惊人地加速全球变暖……我们不能再等两年、五年、十年了，此时就是那个时刻""我不认为我们没有时间了，但我认为我们正在危险地接近我们可能没有时间的那一刻……除非我们现在采取行动，否则我们将很不幸地耗尽时间"。

资源环境恶化到了最危险的时刻，亟待全世界各个国家响应号召，联合在一起，展开切实的生态资源保护行动。教育作为引领全体人类树立正确价值观的主导力量,在应对挑战中发挥着奠基作用。生态文明主题研学活动为学校教育提供新的发展动力,促进学生从小建立并养成资源保护意识,主动参与自然危机处理,掌握解除生态环境问题隐患的本领。

二、专题特征

生态资源类专题具有广泛的思想内涵,是生态文明主题教育的重点领域之一。在中小学开展生态资源类专题教育活动,专题视角需要选择面向资源保护、再生和利用 3 个方面,其中生态资源保护和利用是适应中小学生学习认知的教育关键。学校要重点开展节能减排与低碳生活方式养成教育、应对气候变化科技创新教育及现实资源的专题教育活动等,将资源意识、责任意识和生态本领融入教育实践,在研究性学习中提升学生生态本领。

生态资源类专题研学活动应注意贯彻以下 5 个特征。

(1)专题的鲜明性。要引导学生选取生态资源类专题内容展开研究,突出生态资源专题的鲜明性。要将生态资源专题的问题因素拓展相连,建立全面的问题解决框架。要在课程改革和课程标准要求中进行专题学习,采取项目式学习、开放式学习等方式实现素养培养与提升。

生态资源类专题研学活动是学校课程建设的重要方面,是提升学习认知、弥补能力空白的重要实践。在生态资源类专题研学活动中,通过对生态资源的历史、现状及未来的探究,更好地确定研究方向,引导学生主动实践,在了解地球资源现状、面临困难和迎接挑战的过程中,培养学生的资源意识,增强生态资源类专题研学活动的指向性和针对性。

(2)内容的适切性。教育专题的适切性是指教育专题符合教育目标、教育对象、教育环境和教育方法等方面的要求,能够有效地发挥教育的功能和效果。主要包括专题与教育目标的一致性、专题与教育对象的适应性、专题与教育环境的协调性、专题与教育方法的匹配性 4 个方面。生态资源类专题研学活动应加强对学生生活经验和兴趣本领的作用研究,利用中小学校现有环境和周边资源创设学习情境,引导学生通过观察现象、探究问题、实施策略等研学行动,完成问题解决策略的探究。

(3)研究的连续性。生态资源类专题研学活动的连续性是指在方案设计和实施过程中,保持专题的完整一致,使教学内容、教学方法、教学评价等各个环节相互衔接、相互支持,形成一个有机的整体。生态资源类专题研学活动应结合学生认知特点和个性差异,设计连续性的活动和内容,让学生在不同问题和场景中探究资源的重要性和完整意义。

(4)过程的实践性。生态资源类专题研学活动应该注重学生与自然、与他人、与社会关系的建立,推进学生主动参与实地走访和现场调研,通过亲自了解自然资源现状,提升学生的参与意识,培养学生的合作能力与实践本领,让学生在大自然中进行自主学习和主动探究,构建实践型、开放型的学习课堂。

(5)方法的融合性。研学活动的融合性表现在研学活动应与学科相结合,不能把它当成一个学科的教学,应该根据学生年龄特点和主题内容,设计融合式学习,在实践中探索,在探究中发现。生态资源类专题研学活动需要在内容、方法和策略上跨越多个学科领域,如地质学、环境科学、经济学、政治学等,运用STEAM学习、开放式学习、项目式学习等学习策略,进行社会调研和实践探究,优化学习方法,丰富学习策略,培养学生的社会实践能力与本领。

三、研发策略

生态资源类专题案例的研发,要紧贴专题内容,围绕学生认知,进行研学案例的整体设计,推进核心素养养成。在研学活动中,重点突出研究性实践和学习力培养,强调主体作用,在自主探究与合作活动中实现研学目标。

(1)关注资源热点,实现科学选题。生态资源类专题研学活动的选题规则要遵循适应性、参与性特征,注意选择生态资源类社会热点问题,围绕学生能力培养目标进行题目设定。重点从资源的保护和利用视角进行研学活动专题设计,引导学生参与实践。

(2)做好信息整理,拓展学习空间。生态资源类专题专业性强,内容广泛,与中小学教育存在一定距离。因此,开展生态资源类专题研学活动时,需要引导学生做好知识搜集与整理工作,了解自然资源的成因、现状和发展方向,在专业性内容修补中拓展学科知识,提升学习认知,帮助学生确立科学的研究方向和视野。

(3)突出社会实践,提升情感体验。开展生态资源类专题案例设计,研究重点应落在资源保护和再利用方面,重点围绕节能减排与低碳生活方式养成教育、应对气候变化科技创新教育及现实资源的主题等,进行教育宣传、社会实践和研究性学习活动,突破研究主题,实现学习过程的全方位体验,增强社会责任意识,提高问题解决能力。

(4)聚焦核心素养,培养文明习惯。生态资源类专题研学活动要关注学生的习惯养成,切实提升思想认知,加大生态文明素养培养力度,使学生养成节约资源、废物利用的好习惯。

四、案例设计要素分析

进行生态资源类专题案例的设计与开发,首要工作是建立清晰的设计思路,包括以下层面:以资源教育为理念,将自然环境和资源作为教学背景与媒介,让学生融入大自然,通过体验、探究、创造等方式,实现对自然资源信息的有效采集、整理、编织,形成社会生活问题应对本领;以项目式教学为方法,根据学生的兴趣和需求,设计以自然资源为专题的项目活动,引导学生提出专业化问题,参与科学探究和问题解决的过程,培养学生的批判性思维、创造力、合作精神和责任意识;以概念为本的课程为指导,通过关注一些与可持续发展相关的重要概念,如周期、变化、公平、社区、多样性和相互依赖等,帮助学生理解事物之间的联系和规律,建立对人类和自然生命周期、适应性和变化的理解;以服务学习为目标,鼓励学生发起社会实践学习活动,参与自然资源的保护和修复,展开对自然的关爱和行动,感受个人行动对世界的影响,培养资源保护本领和公民责任意识。

做好案例设计,还要注意以下关键要素的处理,整体设计案例结构。

(1)做好专题选择与设计。生态资源类专题的选择应具有一定的难度和挑战性,能够引发学生兴趣和好奇心,符合学生认知水平和实际能力。主题设定要与资源保护和利用建立紧密联系,贴近学生生活,引导学生实践,彰显生态资源类专题的教育属性。

(2)做好学习过程的组织和指导。教师应采用问题导向的学习模式,引导学生发现问题、提出问题、分析问题和解决问题,培养学生的创新思维和实践能力。要给予学生自主选择和创造空间,把握方向,鼓励他们进行探索和尝试。

引导学生利用多种信息资源和研究方法收集资料，如文献检索、问卷调查、专家访谈等，教会学生整理、分析和使用信息，做好案例设计的前期准备。

（3）及时进行学习成果展示和评价。学生要撰写详细的研究报告，进行交流和研讨，分享研究成果和学习体会。教师应对学生的研究性学习进行全面而公正的评价，既考虑过程也考虑结果，既注重知识也关注能力，并给予及时、有效的反馈。

第二节　典型案例评析

资源的保护和利用是生态文明的核心。通过资源专题教育，引导学生了解生态文明的基本知识和意义，理解生态文明的重要性及生态环境的脆弱性，培养学生珍惜和保护资源的意识，使其掌握相关的资源保护知识和技能，从而提升生态文明素养。

下面以两篇案例呈现学生在资源保护、利用与创新方面的研究性学习实践。

一、林业资源专题案例

林业资源是指森林、木材、木本植物等物质类资源，对于人类生存和地球发展具有非常重要的作用。相对于光、热等无形自然资源，林业资源是重要的有形自然资源，与生态系统中的水循环、碳循环、土壤保护等紧密相关并发挥着重要作用。林业资源不仅可以创造就业机会，而且可以提供休闲、研究和教育场所，对人类的文化和精神生活有着重要影响。

保护和利用林业资源，需要考虑以下几项措施：制订合理的管理计划，建立保护机制；推广可持续发展理念，开展科学研究；加强宣传教育，提高公众对林业资源的研究、利用和保护意识，激发社会责任感，形成全人类共同保护林业资源的良好氛围，实现经济、社会和环境的协调发展。

纸张与林业资源保护有着密切关系。造纸所用的主要原料是木材，每年全球砍伐大量的树木来生产纸张，这导致了森林资源的严重减少和生态环境的破坏。因此，保护林业资源需要我们建立节约用纸的制度，减少纸张的浪费，推广使用可再生纸和回收纸等环保方式，实现林业资源的可持续发展。

林业资源专题案例内容如下。

商品包装大"瘦身"

北京大学附属小学石景山学校

学生:程梁

指导教师:邓晶

摘要:过度包装,形容包装的耗材过多、分量过重、体积过大、成本过高、装饰过于华丽,而被包装的内装物体积却较小,产生包装上的浪费。在生活中,我们经常会买到这样过度包装的商品,不仅不具性价比,而且严重浪费林业资源,对环境造成二度污染。本案例立足于对市场上的商品开展过度包装调研活动,进行实际测量,得到不同类型商品外包装和内装物的比值,寻找过度包装商品的原因,提出合理包装的设计建议,以此降低资源浪费,增强学生的环保意识。

关键词:商品包装;合理瘦身;环保资源。

一、研究背景

周末,我和父母到商场购物,在购买牙膏时,看到一盒方方正正包装的牙膏,包装上标注内有两支牙膏,感觉两支牙膏的容量是一样的,可买到家打开后发现是一大一小,用来固定小牙膏的盒子留有很大的空隙;中秋节前,叔叔送来了月饼,开箱后发现月饼包装得奢华且复杂,甚至包装价值超过了月饼本身,这种包装既增加了消费者的负担,也平添了失望和懊恼,同时造成了资源的严重浪费。面对这种情况,在老师引导下我们确立了商品包装的研究选题,开启专题性、研究性学习活动。

二、研究目的

(1)学习过度包装的基本理论和相关知识。

(2)发现生活中过度包装的现象,分析月饼过度包装现状及原

案例点评

◀以"包装"视角推进林业资源的保护性行动,既贴近学生的学习生活,又实现了主题突破,可以为小学生开展资源专题研学活动提供平台。

◀引导学生从生活中发现身边资源的浪费现象,可以更深入提升学生对社会的观察能力与认知本领。

因,探索包装"瘦身"的必要性,开展案例化设计研究。

(3)培养学生的社会实践能力,建立资源意识,提升生态文明素养。

三、研究对象与内容

1.研究对象

对商场中的重点商品进行分类调查:

(1)食品类,主要包括零食、调料、饮品和日常食品等,其中特别对月饼礼盒进行包装调查。

(2)生活用品类,包括日用品和护肤品等产品。

(3)文具、玩具类,包括文具和玩具等商品。

2.研究内容

开展实地调研,对重点商品的包装进行测量和计算,找出过度包装商品的原因,开展商品包装的合理性设计,增强学生的动手和动脑能力,培养学生的生态文明素养。

四、研究方法

通过现场调查,对采集的数据进行整理,选择过度包装商品进行原因和问题分析,以此确立研究主题,通过提出问题、设计制作和修改实践等,进行科学包装的设计,总结研究经验。

五、研究过程

(一)理论学习

贯彻国务院办公厅《关于进一步加强商品过度包装治理的通知》(国办发〔2022〕29号)文件精神,学习领会《限制商品过度包装要求 食品和化妆品》(GB 23350—2021)国家标准(以下简称《新国标》),提升政策意识和标准意识。重点理解以下概念:

(1)包装空隙率是指包装内去除内装物占有的空间容积与包

◀从问题入手,进行相关理念的学习,可以科学确定研学目标,设计研究路线,展开实践行动,开展案例化研究,为深入推进研学活动明确方向。

◀开展文献研究,可以引导学生快速了解理论知识,掌握相关政策和国家标准,为下一步进行过装总容积的比率。

（2）过度包装是指超出正常的包装功能需求，其包装层数、包装空隙率、包装成本超过必要程度的包装。

（3）包装层数是指完全包裹商品的可物理拆分的包装的层数。《新国标》指出，食品和化妆品销售包装层数不得多于3层，包装空隙率不得大于60%。

（二）市场调研

◀设计市场调研环节，可以让学生亲身感受商品包装的重要性和价值，从而为确立适度包装思想提供直观认知。

研学活动的调研地点设在石景山区某大型生活超市，学生分成3个研究小组，每组学生同时对食品、生活用品和文具、玩具3类商品进行过度包装的测量取样，分析商品的包装现状（图4.1）。

图4.1 对过度包装的商品测量取样

以我们小组的取样数值为例，通过数据汇总、分类和计算，整理出以下数据（表4.1、表4.2、表4.3）。

表4.1 食品类

序号	分类	商品	商品包装规格/cm³	内装物净含(容)量/g	净含(容量)比/%	备注
1		小蛋糕	$28×15×6=2\ 520$	250	≈90	
2		饼干	$12.5×16.5×5=1\ 031.25$	80	≈92	
3	零食	坚果礼包	$46×10×35=16\ 100$	950	≈94	
4		麦片	$44×13×27=15\ 444$	1 600	≈90	
5		蛋黄派	$37.3×19.4×5.7≈4\ 125$	560	≈86	

度包装的科学判断提供指导。

◀运用学科知识，进行商品包装率计算，能够培养学生数据整理和分析能力，在对比中发现过度包装问题。

续表4.1

序号	分类	商品	商品包装规格/cm³	内装物净含(容)量/g	净含(容量)比/%	备注
6	饮品	奶粉	15×17×7＝1 785	900	≈50	
7		常温酸奶	27.3×19.4×5.7≈3 019	560	≈81	
8	调料	橄榄油	29.3×10×34＝9 962	1 500	≈85	
9	面食	速冻水饺	30.5×19.5×7≈4 163	600	≈86	
10		营养面	35×7.5×4＝1 050	300	≈71	
11		蝴蝶面	18×14×6.5＝1 638	192	≈88	

注:1.内装物体积以商品标注的净含量进行换算,1 mL 或 1 g 内装物换算为 1 000 mm³,即 1 cm³;

2.比值＝(包装规格－净含量)÷包装规格×100%。

表 4.2　生活用品类

序号	分类	商品	商品包装规格/cm³	内装物净含(容)量/g	净含(容量)比/%	备注
1	日用品	牙膏 1	22×16×8＝2 816	210	≈93	
2		牙膏 2	24.5×15×8＝2 940	210	≈93	
3		香皂	10×6×14＝840	460	≈45	
4		洗发水	21.5×4.5×6.5≈629	227	≈64	
5	护肤品	护肤品	28×15×22.5＝9 450	250	≈97	
6		润肤露	21.5×4.5×6.5≈629	227	≈64	
7		防晒霜	35×10×12＝4 200	45	≈99	

1.内装物体积以商品标注的净含量进行换算,1 mL 或 1 g 内装物换算为 1 000 mm³,即 1 cm³;

2.比值＝(包装规格－净含量)÷包装规格×100%。

表 4.3 文具、玩具类

序号	分类	商品	商品包装规格/cm³	内装物净含(容)量	净含(容量)比/%	备注
1	文具	墨水	12.5×5.5×3.5≈241	100 mL	≈59	没有净含量,但是过度包装明显
2		印台	3×5×1=15	1 000 枚	—	
3		订书机	13×13×6.5=1 098.5	1个	—	
4	玩具	乐高	79×16×5=6 320	1 928 块	—	
5		橡皮泥	11×7×40=3 080	36 mL	—	
6		拼装玩具	19.8×37.7×22≈16 422	159 个零件	—	

1. 内装物体积以商品标注的净含量进行换算,1 mL 或 1 g 内装物换算为 1 000 mm³,即 1 cm³;

2. 比值=(包装规格−净含量)÷包装规格×100%。

(三)包装空隙率计算与分析

通过基础计算和对比发现,食品类、生活用品类以及文具、玩具类商品都出现了过度包装现象。那么,过度包装的具体数值是多少呢? 带着问题,我们重新查找了国家标准,在 GB 23350—2021 中,包装空隙率的计算方法为

$$X = \frac{V_n - \sum (kV_0)}{V_n} \times 100\% \qquad (1)$$

式中 X——包装空隙率;

V_n——商品销售包装体积,单位为 mm³;

V_0——内装物体积,单位为 mm³,内装物体积以商品标注的净含量进行换算,1 mL 或 1 g 内装物换算为 1 000³ 计算;

k——商品必要空间系数,k 的取值依据产品而定,综合商品分别取值。

参照计算公式(1),按照《新国标》附录 A 中给出的商品必要空间系数 k,我们计算出了食品类、生活用品类商品包装的空隙

◀学习商品包装空隙率的计算方法,使学生掌握过度包装的判断依据,为研学实践提供标准。

率,数值见表4.4。

表4.4　食品类、生活用品类商品包装的空隙率

分项	序号	分类	商品	商品包装规格/cm³	内装物净含(容)量/g	k	空隙率(精确到0.01)/%
食品类	1	零食	小蛋糕	28×15×6＝2 520	250	12	≈−19
	2		饼干	12.5×16.5×5＝1 031.25	80	10	≈22
	3		坚果礼包	46×10×35＝16 100	950	5.5	≈68
	4		麦片	44×13×27＝15 444	1 600	9.5	≈2
	5		蛋黄派	37.3×19.4×5.7≈4 125	560	12	≈−63
	6	饮品	奶粉	15×17×7＝1 785	900	3	≈−51
	7		常温酸奶	27.3×19.4×5.7≈3 019	560	4.5	≈17
	8	调料	橄榄油	29.3×10×34＝9 962	1 500	4.5	≈32
	9		速冻水饺	30.5×19.5×7≈4 163	600	5	≈28
	10	面食	营养面	35×7.5×4＝1 050	300	3	≈14
	11		蝴蝶面	18×14×6.5＝1 638	192	4.5	≈47
生活用品类	1	日用品	牙膏1	22×16×8＝2 816	210	5	≈63
	2		牙膏2	24.5×15×8＝2 940	210	5	64
	3		香皂	10×6×14＝840	460	12	≈−557
	4		洗发水	21.5×4.5×6.5≈629	227	9	≈−225
	5	护肤品	护肤品	28×15×22.5＝9 450	250	9	≈76
	6		润肤露	21.5×4.5×6.5≈629	227	9	≈−225
	7		防晒霜	35×10×12＝4 200	45	9	≈90

◀利用前期市场调研数据,进行相关食品包装空隙率的计算,学习正确判别过度包装的方法。

《新国标》中食品、化妆品等商品包装限量指标如图4.2所示。

商品类别	限量指标	
	包装空隙率[1]	包装层数
饮料、酒	≤55%	3层及以下
糕点	≤60%	3层及以下
粮食[2]	≤10%	2层及以下
保健食品	≤50%	3层及以下
化妆品	≤50%	3层及以下
其他食品	≤45%	3层及以下
[注1] 当内装产品所有单件净含量均不大于30 mL或者30 g，其包装空隙率不应超过75%；当内装产品所有单件净含量均大于30 mL或者30 g，并不大于50 mL或者50 g，其包装空隙率不应超过60%。[注2] 粮食指原粮及初级加工品。		

图 4.2 食品、化妆品等商品包装限量指标

对比发现，坚果礼包、牙膏和护肤品等商品的空隙率超过《新国标》要求，属于过度包装，而其他商品样品的包装空隙率符合《新国标》要求，这表明在我们的生活中存在过度包装现象。

（四）月饼包装盒的设计研究

中秋节是重要的中国传统节日，自古便有赏月、吃月饼、看花灯等民俗。月饼是中秋节的传统食品，中秋节这天人们都要吃月饼以示"团圆"。近年来，随着月饼文化的不断延伸，出现了过度包装现象，导致资源浪费与环境污染。专项开展月饼包装礼盒的设计研究活动，可以有效解决月饼包装问题，科学传承商品文化，弘扬中华优秀传统文化。

围绕月饼包装盒进行合理化设计，可以划分4个研究阶段：第一，设计月饼包装的步骤，调查所需数据；第二，测量并依据数据设计包装盒模板；第三，初步制作包装盒；第四，对包装盒进行检验、调整和完善。具体研究步骤如下。

1. 月饼包装盒的设计思路与准备

（1）购买零散月饼，分析月饼合理包装需要考虑的因素。

（2）制订包装盒设计方案。

（3）参照数据设计月饼塑料壳及月饼单独包装盒（袋）。

（4）规划月饼的数量、摆放方式和间隔。

（5）计算月饼总体积，确定合适的包装大小及方式。

◀选择"月饼包装"作为合理包装方案的设计，是学生进行社会调研、响应社会热点和难点问题的主动实践，可以通过此研学活动培养学生的实践能力和解决问题的能力，以及可持续发展本领。

（6）通过计算空隙率判断包装的适切性。

（7）画出外包装展开图和三维模型图。

（8）做出包装盒。

（9）检验包装盒。

（10）进行调整和完善。

◀引导学生进行月饼包装盒设计思路的初步设定，为后续展开研学实践和学习厘清思路。

包装盒设计的重要依据如下。

（1）月饼的体积（根据月饼体积计算外包装袋的体积）。

（2）月饼的数量（初步定为 8 块）。

（3）月饼的总体积及外包装的体积（计算外包装体积并求空隙率，检查其是否是过度包装）。

（4）外包装表面积的计算。

2.设计规划，确立方案

购买 8 块月饼作为活动样本，测量月饼底面直径为 6 cm，高为 2.5 cm，体积大约为 70.65 cm^3，单块重量为 75 g（图 4.3）。遵循月饼的食品特性，注意食品卫生安全及运输安全，设计塑料内壳进行固定，设置塑料外包装（袋）进行密封保质。

图 4.3 月饼

以单独包装盒设计为例。在第一稿设计中，顶上有一个加长的盖子，盖子可以向下插在侧边，便于开合和存储（图 4.4）。

图 4.4 月饼单独包装盒设计

考虑到如果设计和月饼同样大的盒子，会出现月饼贴合较紧、

◀推进研究性

无法取放的情况，因此将长、宽、高分别增加 0.5 cm，方便使用。最终盒子的尺寸确定为长 6.5 cm、宽 6.5 cm、高 3 cm，独立包装盒的体积为 126.75 cm³。

　　按照预估尺寸，分别制作出 8 个单独的内包装盒，然后设计外包装盒。我们一致认为，外包装盒采取两层、每层 4 块的设计结构。开合方式是制作的难点，需要延长顶盖部分，用磁铁固定，建立开启式的月饼盒结构。经过组内讨论，发现空隙率太小，导致上下两层不好拿取，因此最终决定设计成篮子式隔断，可以直接把第一层月饼提起来，方便取放。

　　3.展开制作，完成修订

　　(1)第一稿。

　　作品名称：月饼包装盒。

　　设计图纸如图 4.5 所示。

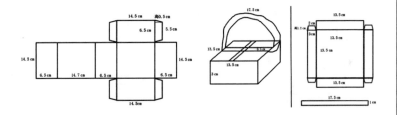

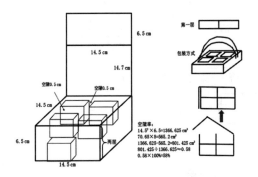

图 4.5　月饼包装盒设计图纸

学习活动，设计动手环节，可以更好地发挥学生在实践中的主体作用。

◀运用平面几何、立体几何相关知识，指导学生进行月饼盒的结构图设计(平面与立体)，提升学生的动手能力，实现学生全过程参与研学方案的制订。

月饼包装盒成品如图 4.6 所示。

◀学生通过实
物模型的制
作,开展适度
性分析,为方
案设计和修改
奠定基础。

图 4.6　月饼包装盒成品

　　我们在试用中发现以下几个问题:一是由于使用的是日常办公用的 A4 纸,导致包装没有支撑,不够坚固;二是设计的月饼单独的小包装盒之间有一定的空隙,但是月饼在盒子里没有固定的位置;三是包装没有进行装饰设计,不够美观。我们根据这些问题对月饼包装盒进行了一定的修改。图纸如图 4.7 所示。

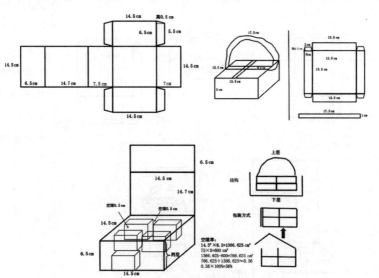

图 4.7　修改后的月饼包装盒图纸

修改后的月饼包装盒成品如图 4.8 所示。

图 4.8 修改后的月饼包装盒成品

月饼包装盒相关数据见表 4.5。

表 4.5 月饼包装盒相关数据

长	14.5 cm
宽	14.5 cm
高	6.5 cm
用料	素描纸 16 开,24 根牙签
表面积	外包装表面积: 上下两面面积:$14.5 \times 14.5 \times 2 = 420.5$ cm² 剩余五面面积(包括盒盖延伸):$14.5 \times 6.5 \times 5 = 471.25$ cm² 粘贴处面积:$(6.5 + 5.5) \times 3 \div 2 \times 4 = 72$ cm² 总面积:$420.5 + 471.25 + 72 = 963.75$ cm² 隔断表面积: 底面积:$13.5 \times 13.5 = 182.25$ cm² 剩余四边面积:$13.5 \times 3 \times 4 = 162$ cm² 粘贴处面积:$(2 + 3) \times 4 = 20$ cm² 提带面积:$30 \times 1.5 = 45$ cm² 总面积:$182.5 + 162 + 20 + 45 = 409.25$ cm² 包装盒总面积: $963.75 + 409.25 = 1\ 373$ cm²
体积	$14.5 \times 14.5 \times 6.5 = 1\ 366.625$ cm³

◀在操作过程中,引导学生发现问题,不断修正制作方法和策略,这是提升学生研学能力的必要过程。

◀运用数学学科基础知识进行面积计算,随后开展国标标准检验,实现了学生对过度包装的直观理解,使学生掌握了过度包装的判别方法,能够有效提升学生的资源意识。

续表4.5

空隙率	1块月饼的体积:3.14×(6/2)²×2.5=70.65 cm³
	8块月饼的体积:8×70.65=565.2 cm³
	空隙体积:1 366.625−565.2=801.425 cm³
	空隙率:801.425÷1 366.625×100%≈59%

对比看出,设计的月饼外包装在标准范围内。

(2)第二稿。

根据月饼圆柱形的形状,设计圆柱形包装结构,减少包装纸张用量,实现小包装、小体积和低成本目标。月饼外包装设计稿如图4.9所示。

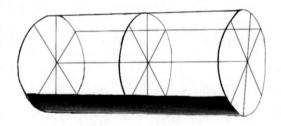

图4.9　月饼外包装设计稿

月饼外包装成品展示如图4.10所示。

图4.10　月饼外包装成品展示

月饼外包装相关数据见表4.6。

◀新方案的研发是建立在学生前期研究基础上的不断反思,是学生根据包装商品的形状和特性进行的环保型、便捷性包装设计,具有科学性、环保性特征,突出了商品的自身价值。

◀运用空隙率概念进行月饼包装方案的检测，有效培养了学生的科学观念和实践本领。

表 4.6　月饼外包装相关数据

直径	6.5 cm
高	24 cm
用料	素描纸，竹条
表面积	圆柱体的表面积公式是 $2\pi r^2 + 2\pi rh$，月饼外包装直径为 6.5 cm，高为 24 cm，那么月饼外包装的表面积 $S = 2 \times 3.14 \times (3.25)^2 + 2 \times 3.14 \times 3.25 \times 24 \approx 566.17 \text{ cm}^2$
体积	$V = 3.14 \times (3.25)^2 \times 24 = 795.99 \text{ cm}^3$
空隙率	1 块月饼体积：$3.14 \times (6/2)^2 \times 2.5 = 70.65 \text{ cm}^3$ 8 块月饼体积：$8 \times 70.65 = 565.2 \text{ cm}^3$ 空隙体积：$795.99 - 565.2 = 230.79 \text{ cm}^3$ 空隙率：$230.79 \div 795.99 \times 100\% \approx 29\%$

　　从以上数据可以看出，空隙率仅有 29%，表明包装方法符合国家标准；包装盒的表面积是 556.17 cm^2，体积是 795.99 cm^3，说明包装小巧，易携带。

　　以上两种包装规格虽然方法不同，但全部符合包装要求，实现了节省纸张和木材，降低生产成本，提升经济价值的目标。《新国标》中规定月饼包装的"必要空间系数"为 7，考虑此因素，厂家可以将礼盒设计得更加精美、实用，且不失简洁大方。将以上包装设计拿到市场和社区中进行调研和访谈，受到了 95% 以上居民的欢迎，说明经济性、实用性和环保性的统一是最佳包装方案。

六、研究发现与反思

(一)研究发现

　　第一，参照商品包装空隙率计算公式，结合市场调研，超市中大部分商品能够遵照商品包装的国家设计标准。但是，也存在一些商品过度包装现象，造成纸张等资源的浪费。

　　第二，通过亲自测量和设计制作，学生感受到商品包装盒的设计需要关注多种数据，包括包装物的体积、数量、重量，以及总包装的相关数据等。

第三，以设计月饼盒的包装来看，简单方便的包装形式受到了市民的欢迎，在降低成本的同时提升了商品价值，实现了对资源的保护。

（二）研究反思

参加"商品包装大'瘦身'"研学活动，实现了学生学习的多角度突破。作为生态资源类专题研学活动，需要进一步做好以下工作：一是要继续深入学习并领会可持续发展理念基本内涵，明确节约资源、保护环境的重要意义，培养社会责任意识；二是引导学生敢于对商品的过度包装说"不"，使每名学生知道如何利用包装空隙率判断商品包装过度程度，掌握设计合理性包装的方法和手段，实现动手能力的提升；三是积极建立绿色环保理念，养成低碳生活习惯，形成资源节约宣传教育能力，从我做起，用自身行动影响身边人，建立社会公民意识，为绿色星球建设做出个人贡献。

▲开展研学活动深度思考，能够培养学生的归纳意识和反思能力，使其形成积极的学习态度和习惯。

二、粮食资源专题案例

粮食资源是人类的重要财富，它的重要性不仅体现在满足人们的基本生存需要上，还体现在维护国家安全、促进人类发展、保护生态环境和传承社会文化等多个方面。因此，学校要加大培养学生对粮食资源的全面认知，让学生了解粮食资源的历史、现状和未来，理解粮食资源的作用和价值，明了保护粮食资源安全和可持续的迫切性，建立保障国家粮食安全和健康生活的责任意识。粮食资源专题案例内容如下。

倡导校园餐饮节约，实现餐厨"零减排"

北京市石景山区爱乐实验小学

学生：蒙希好　李惊墨　袁浩轩　高新玥

指导教师：董咏梅　孙雪

摘要：习近平总书记一直高度重视粮食安全，倡导"厉行节约，反对浪费"。作为五年级的小学生，我们从自身做起，从研究班级餐食浪费入手，调查分析浪费原因，开发 n 一分餐模式，形成" $n-20\%$ "配餐方案，找到解决方案，用实际行动参与校园垃圾"减排"活动。努力做到校园餐饮"零废弃"，达到"绿色校园"、无餐食垃圾的理想效果，树立人人都是"光盘行动"践行者，提升粮食节约意识。

关键词：粮食节约；垃圾零废弃；光盘行动；绿色校园

一、研究背景

自古至今，民以食为天。2019 年《中国的粮食安全》白皮书发布，标志着我国基本解决了 14 亿人口的吃饭问题，但到"十四五"期末，我国大概会出现 1.3 亿 t 粮食缺口。联合国粮食及农业组织规定的世界粮食安全标准为自给率 90%，中国在"世界粮食安全指标"的排行中位于所有 113 个国家中的第 40 位。

习近平总书记一直高度重视粮食安全，倡导"厉行节约，反对浪费"。针对部分学校存在的食物浪费和学生节俭意识缺乏的问题，明确要求加强引导和管理、培养学生勤俭节约的美德。因此，教育部办公厅印发了《教育系统"制止餐饮浪费 培养节约习惯"行动方案》，要求学校遵照执行。

据观察，中小学校每天都有食物浪费现象，许多剩下的饭菜被倒入垃圾桶。中国科学院地理科学与资源研究所发布的一份报告显示，中小学生的食物浪费明显高于城市餐饮浪费的平均水

案例点评

◀选题符合国家节约粮食、保障粮食安全的战略主题，体现了学生的责任意识和环保意识，具有研究价值。

◀引导学生查阅《中国的粮食安全》白皮书等文献资料，可以更深入了解中国粮食现状与问题，建立保护粮食安全的意识。

平,学生营养餐人均浪费 216 g,约占供应量的 1/3,一些高校食堂倒掉的残食,甚至一餐就超过了 1 000 kg。

我校食堂管理采取自助模式,师生自主打饭,少拿勤取。相对于别的学校的标准化配餐,浪费情况稍有好转,但浪费现象依旧难以杜绝。我们发现,浪费的主要原因是"挑食""不爱吃""辣""咬不动""不喜欢蔬菜"等,由此全校产生的餐厨垃圾每天都是以"桶"为单位,粮食浪费数量不容小觑,且在餐厨垃圾处理方面也没有相应的好方法,基本上是由社会餐厨垃圾车统一收走,不能做到校园化处理和再利用。因此,开展科学管控饭菜浪费数量,实现校园餐食"零废弃"成为我们的研究方向。

二、研究目标

(1)增强师生的节约意识,通过研学实践进行教育宣传、校园调研和社会实践等活动,培养学生的节约意识。

(2)引导学生关注资源的保护和利用,通过源头减量、垃圾分类、循环利用等方式,实现餐厨废弃物"零废弃"。

(3)提高食堂的管理水平和服务质量,通过创新供餐模式、优化菜品口味、强化现场监督等措施,减少食物的损耗和浪费。

(4)培养学生的研究性学习能力,提升学生的生态文明素养,培养学生的科学精神与实践本领。

三、研究内容

(1)统计学校每日食谱。

(2)针对食谱菜品设计调查量表,发给学生进行餐饮喜好调查;对数据进行整理与分析,制定学生最喜爱的餐饮食谱库。

(3)对餐食浪费情况进行调查和访谈,分析浪费原因,和学生、教师及专家一起讨论制订针对性策略和方案。

(4)对节约粮食活动进行宣传,学习合理的饮食习惯,增强食品健康意识。

◀观察、统计学校粮食浪费情况,可以更好地引导学生增加切身感受,了解身边的粮食浪费现象,建立节粮、护粮的责任感。

◀结合学生认知特点,确立研究活动目标,从思想、行动和习惯多个视角明确研究方向,展开研学活动,为提升学生的自主学习能力和探究精神提供方向。

◀结合学校实际情况,进行研学内容设定,制订行动策略,为开展研究奠定基础。

四、研究思路

开展学生餐饮喜好调查，从源头上改进餐饮种类和口味，让学生愿意吃、喜欢吃、不浪费。通过多种手段倡导节俭，从思想上让学生知道"一粥一饭，来之不易"，树立节约风尚和节俭意识，切实做到"光盘行动"，实现餐厨垃圾"零废弃"，建立绿色无废校园。

五、研究过程

（一）餐食减排行动方案的实施

第一，在用餐时间观察每日哪种菜品和主食浪费得最严重，并对重点学生进行访谈。访谈问题：你不喜欢吃这个菜的原因是什么？然后，对浪费的食物进行称重并记录。

围绕浪费现象，进行问卷调查，了解学生的浪费原因。每两周从浪费情况、人数、重量 3 个方面进行分类汇总，做好数据统计，将集中性问题反馈给食堂，便于食堂开展针对性调整，改善饭菜的种类与口感。

第二，培训午餐小助理（学生竞聘），调查学生的食量，根据每个类型学生的饭量借助 $n-$ 分餐模式，进行 $n-20\%$ 主食量核减，做到"首次少分、吃完再盛、杜绝浪费"，培养学生爱粮、护粮的责任意识，倡导"光盘"行动。

第三，开展知识学习。查找文献，查阅《中国居民膳食指南（2022）（科普版）》，学习青少年健康饮食知识。中国居民平衡膳食宝塔如图 4.11 所示。开展中小学生营养食品搭配设计竞赛活动、知识普及和辩论活动，增强学生对健康膳食标准的理解和认知。指导学生绘制食物成长路线图，懂得粮食的来之不易，感受饥饿的痛处，了解全球粮食欠缺的现实问题。组织"馒头的一生"课本剧演出活动，让学生了解从小麦到面粉，再到馒头，最后到餐桌的过程，感受农民劳作的辛苦，了解食品的加工工艺。

◀整体设计研究路线，可以更好地细化研究过程，推进研学行动，在关键环节培养学生的参与性和主体性以及实践本领。

◀进行现状调研，做好数据分析，引导研学小组进行活动过程的设计和参与，开展关键环节的调查与实践。

图 4.11　中国居民平衡膳食宝塔

◀通过文献查阅等方式,进行《中国居民膳食指南(2022)(科普版)》的学习,为节粮方案设计提供理论支撑。

引导学生了解餐厨垃圾的处理流程及相关知识,学习餐厨垃圾的分解程序,探究如何最大限度地利用餐厨垃圾,让它们变废为宝。

第四,进行节粮宣传,培养节约精神。研学小组制作、张贴和悬挂提示性标语,倡导"节俭光荣,浪费可耻"。通过讲座、公开课、影片等形式,进行粮食重要性宣传,让学生了解粮食危机现状以及节粮、护粮的重要性和紧迫性,寻找解决全球粮食问题的应对策略。

深化研学活动,构建校园节粮氛围,引导学生做好餐厨垃圾减量工作,实现无费粮、无费菜的绿色减排目标。

(二)数据分析与行动成果

根据同学们 11 天的观察日记,汇总了餐食浪费调查表(表4.7),研学小组根据浪费原因汇总表(表4.8)绘制成餐饮浪费现象统计图(图4.12),清晰掌握粮食浪费的原因与问题。

表 4.7　餐食浪费调查表

日期	对饭菜的建议	吃不了	其他
12 月 22 日	肉菜肥肉和油太多, 有的还比较辣	无	从小不爱吃肉
12 月 23 日	鱼排做得比较腥,木耳不好吃	2 人	无
12 月 24 日	洋葱很难吃,有花椒, 吃不下去,羊肉较辣	6 人	无
12 月 25 日	牛腩咬不动		不喜欢吃青椒
12 月 28 日	地三鲜不好吃,太油腻,较辣		
12 月 29 日		2 人	对蘑菇过敏
12 月 30 日	排骨上肥肉较多		
12 月 31 日	肥肉太多,蒜薹不好吃, 豆腐难吃	1 人	
1 月 4 日	肉菜太油腻	3 人	不爱吃素菜, 不爱吃胡萝卜
1 月 5 日	肉菜太油腻,肥肉太多	1 人	
1 月 6 日		2 人	

表 4.8　浪费原因汇总表

原因	人数	日均浪费量/kg
肉菜中肥肉多	5	3.5
饭菜过咸	3	2.1
饭菜太油腻	3	2.1
饭菜口味辣	2	1.5
饭菜偏硬	1	0.3
不喜欢蔬菜	2	0.3
对某种菜过敏	1	0.1

◀依托原始数据,进行整理与分析,绘制统计图表,分类呈现粮食浪费的主要原因。

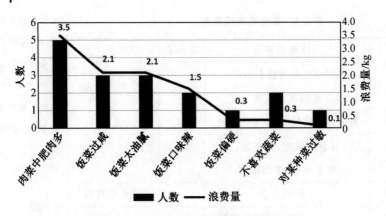

图 4.12　餐饮浪费现象统计图

◀引导学生借助图形策略,直观呈现浪费粮食的原因,鼓励学生进行数据发布,引发全体师生对校园粮食浪费现象的关注。

初步数据统计,爱乐实验小学月浪费食物的总量合计约 1 100 kg,浪费现象较严重。

$n-20\%$ 配餐方案实施前后浪费量统计对比见表 4.9。

表 4.9　$n-20\%$ 配餐方案实施前后浪费量统计对比

	日期	浪费量/kg
实施前	12 月 21 日	7.9
	12 月 22 日	7.5
	12 月 23 日	7.6
	12 月 24 日	7.3
	12 月 25 日	7.4
	12 月 28 日	7.1
	12 月 29 日	8.1
	12 月 30 日	7.5
	12 月 31 日	7.2
实施后	1 月 4 日	5.6
	1 月 5 日	5.2
	1 月 6 日	5.9
	1 月 7 日	6.3
	1 月 8 日	5.8
	1 月 11 日	6.5
	1 月 12 日	6.2
	1 月 13 日	6.5
	1 月 14 日	6.1
	1 月 15 日	6.7

$n-20\%$配餐方案实施前后浪费量对比图如图 4.13 所示。

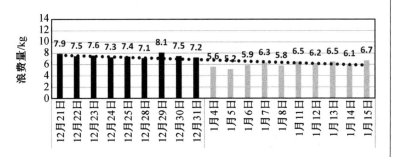

图 4.13　$n-20\%$配餐方案实施前后浪费量对比图

◀配餐方案实
施前后数据对
比,可以直观
呈现 $n-20\%$
配餐方案的科
学性和实效
性。

由数据对比可知,$n-20\%$配餐方案实施后浪费量呈现下降趋势,表明 $n-20\%$配餐方案科学、有效。

$n-20\%$配餐方案＋食堂餐谱建议实施前后对比见表 4.10。

表 4.10　$n-20\%$配餐方案＋食堂餐谱建议实施前后对比

◀进行 $n-20\%$配餐方案
和食堂餐谱调
整前后的数据
对比,直观检
验方案的实效
性。

	日期	浪费量/kg
$n-20\%$配餐方案实施前	12 月 21 日	7.9
	12 月 22 日	7.5
	12 月 23 日	7.6
	12 月 24 日	7.3
	12 月 25 日	7.4
	12 月 28 日	7.1
	12 月 29 日	8.1
	12 月 30 日	7.5
	12 月 31 日	7.2

续表4.10

	日期	浪费量/kg
$n-20\%$配餐方案实施后	1月4日	5.6
	1月5日	5.2
	1月6日	5.9
	1月7日	6.3
	1月8日	5.8
	1月11日	6.5
	1月12日	6.2
	1月13日	6.5
	1月14日	6.1
	1月15日	6.7
$n-20\%$配餐方案＋食堂餐谱建议实施后	1月18日	1.5
	1月19日	2.4
	1月20日	2.2
	1月21日	3.1
	1月22日	1.8
	1月25日	2.2
	1月26日	2.4
	1月27日	1.9
	1月28日	3.2
	1月29日	2.1

$n-20\%$配餐方案＋食堂餐谱建议实施前后浪费量对比图如图4.14所示。

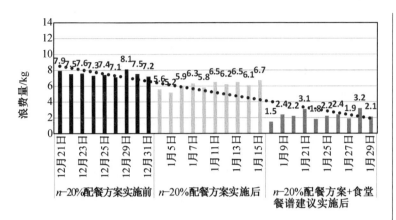

图 4.14　$n-20\%$配餐方案＋食堂餐谱建议实施前后浪费量对比图

与原来的浪费现象对比,研学小组在实施 $n-20\%$ 配餐方案与食堂餐谱建议后,学生校园粮食的浪费总量呈显著下降趋势,节粮护粮效果明显。

六、研究结论分析

在本次活动中,研学小组进行了 3 个阶段的调查与研究:第一阶段,对浪费现状进行调查;第二阶段,实施 $n-20\%$ 配餐方案后进行对比研究;第三阶段,在 $n-20\%$ 配餐方案基础上,对食堂餐谱提出研究建议。在活动过程中,进行校园节粮宣传活动,提升全体师生的节粮意识,培养节约本领,取得显著成果。梳理 3 个阶段研究进展,收获如下。

第一阶段,对浪费现状进行调查。研究发现,校园粮食浪费现象十分严重,每天全校师生浪费总量 7.5 kg,每周浪费总量达到 37.5 kg。通过分析调查数据可知,学生浪费粮食的主要原因是食堂饭菜不合口味,部分学生存在挑食现象。

第二阶段,实施 $n-20\%$ 配餐方案。通过对每日餐厨垃圾称重计量,进行前后数据对比分析,发现师生的粮食浪费总量由实施之前的每天 7.5 kg 降至 6.1 kg,表明实施 $n-20\%$ 配餐方案的成效初步显现。

◀进行研学活动全过程梳理,形成研究结论,能够有效引导学生做好研学方案的总体分析,总结研究经验,形成研究本领。

第三阶段,在 $n-20\%$ 配餐方案的基础上进行食堂餐谱改进。研学小组对食品的采买和加工提出研究建议,落实《中国居民膳食指南(2022)(科普版)》标准,围绕学生饮食需求,进行食材配置调整,深化节粮护粮宣传活动。通过后期数据对比分析,学生餐食浪费量明显减少,浪费总量比活动初期降低了 2/3,有效减少了学校餐食浪费现象,实现了节粮护粮习惯的培养。

总之,在研学活动中,同学们经过大量调研与分析,制订并实施 $n-20\%$ 配餐方案,提出了餐食口味、品种改善建议,在落实膳食平衡原则的基础上,让同学们喜欢吃、愿意吃,养成少拿多取的良好习惯,从源头上遏制了粮食浪费,培养了勤俭节约的良好习惯。

七、研究反思

我国是世界人口大国,粮食问题是头等大事。如果全国每人每餐浪费 1 粒米,三餐浪费 3 粒米,14 亿国民一年就会浪费 30 630 t 大米,价值 15 315 万元,数据让人触目惊心。根据 2019 年联合国粮农组织公布的全球人均粮食消费量 400 kg 标准(其中谷物占 80%)计算,这些粮食是 95 656 人一年的消费量。如果每个人每天节约一点点,全国人民就能节约数以百万吨的食品。

中小学生是祖国的未来,现阶段正处于良好行为习惯的培育期。在中小学开展节粮护粮研学活动,可以更好地引导学生了解全球粮食危机问题,学习合理膳食标准和相关知识,培养健康的饮食习惯,建立节粮护粮的责任意识,发挥个体影响力,为宣传和推广粮食保护贡献个人力量。

一粒米虽小,但意义重大、影响显著。采取 $n-$ 配餐方案,可以通过简单有效的方法,让人们减少浪费、健康饮食,保护来之不易的粮食资源。在研学实践中,引导学生从我做起,从一粒米省起,可以带动整个学校,辐射全部家庭,引领社会风气,实现全社会爱惜粮食、光盘行动的低碳生活目标,为自然资源的可持续发展及国家生态文明建设贡献力量。

◀研究反思对学生学习能力培养发挥重要作用,是对研学活动实施成效的全面总结,可以有效探究研究方案的可行性,为提升学生自主反思能力创造机会。

第三节　生态资源类专题研学案例评价

生态资源类专题研学案例评价是对生态资源类专题活动的研学过程以及涉及案例开展的总结梳理和效果评测。这个过程可以使用多种方法来检测,如定量分析、结构化、材料回溯和综合评价等。生态资源类专题研学案例评价的核心意义在于,可以更好地把握研学活动特征,获得学习能力和解决问题本领,为实践反思和方案改进提供可能。

评价生态资源类专题研学案例的设计与实施效果,可以从以下两个方面进行。

首先,理解生态资源类专题研学案例评价的目的和意义。生态资源类专题研学案例评价的目的和意义是检验研学活动的实施效果,发现存在的问题和不足,提出改进和优化的建议,提升研学方向的准确性和内容的规范性。

其次,掌握生态资源类专题研学案例评价方法和原则。生态资源类专题研学案例的评价方法主要有以下几种:文献分析法,通过查阅相关文献资料,了解研学活动的理论基础和实践经验;问卷调查法,通过设计调查问卷,收集参与学生的意见和建议;观察法,通过现场观察,记录研学的过程和结果;访谈法,通过与相关人员进行深入交流,获取一手资料,了解学习收获等。

生态资源类专题研学案例评价的基本原则在于提高研学活动的教育质量,促进学生全面发展,通过主题资源的开发与利用,保护与传承自然文化遗产,推动研学活动的创新发展,形成学校课程特色。生态资源类专题研学案例效果评价量表见表 4.11。

表 4.11　生态资源类专题研学案例效果评价量表

评价要素	说明	完成度
主题设置	是否选择生态资源类专题内容,是否具有鲜明性、操作性和推广性	
学习目标	目标是否明确、合理、可实现	
研学方法	是否科学、适宜,具有启发性	

续表4.11

评价要素	说明	完成度
研学环节	是否全面、丰富,具有互动性、体验性和探究性	
思维能力	是否能够培养学生的观察、分析、判断、推理等思维能力	
知识体系	是否能够围绕研学主题构建知识体系,提高学生的知识水平	
团队合作	能否促进学生的团队合作能力	
评估反思	是否及时、科学、客观、有效	
教学资源	是否丰富、多样、真实、可获取	
学生素养	是否提升学生综合素养,建立探究精神与可持续发展能力	

注:完成度评价用★表示,最高等级为★★★★★,最低为★,自高向低依次递减。

生态资源类专题研学案例在新课程改革中发挥助力作用,对它的评价可以从主题设置、学习目标、研学方法、学生素养等 10 个要素出发,开展结构性、整体性评估,深化专题研究。开展生态资源类专题研学案例是生态文明教育的创新实践,是深化自然资源保护与利用的实际行动。将可持续发展理念融入研学全过程,可以帮助教师、学生设计高质量研学方案,能够有效引导学生参与研学活动全过程,为培养学生的生态文明素养、推动人与自然的和谐共生搭建舞台。

第五章 生态环境类专题研学活动设计与实践

生态环境类专题研学活动是一种以环境问题解决为主要内容,结合学生兴趣和能力开展的跨学科、跨领域、跨地域的综合性学习。生态环境类专题研学活动的主要任务是培养学生的环境意识、环境责任和环境行动力,促进学生全面发展,建立人与环境的和谐关系。生态环境类专题研学依据《国家中长期教育改革和发展规划纲要(2010—2020 年)》和教育部《中小学综合实践活动课程指导纲要》等文件要求,将生态环境类专题研学工作纳入中小学生综合实践活动课程体系,鼓励各地各校因地制宜、自主创新开展生态环境专题学习实践。生态环境类专题的学习包括多种形式,其中以研究性学习活动为主体策略的学习方式带领学生围绕一个或多个生态环境问题进行调查、分析、解决、评价和反思,形成学习观点与见解,展现学生实践、收获与研究成果。

第一节 生态环境类专题简介

一、基本内涵

环境是指人类及其他生物所处的自然和社会条件的总和。按环境的属性划分,可分为自然环境和人文环境两类,前者指自然界的物质和生命形式,后者指人类创造的物质的、非物质的成果总和。生态环境建立于自然环境概念基础上,是自然环境的一种,只有具有一定生态关系构成的系统整体才能称为生态环境。生态环境的概念专指与人类密切相关的,影响人类生活和生产活动的各种自然(包括人工干预下形成的第二自然)力量(物质和能量)或作用的总称。生态环境是关系社会和经济持续发展的复合生态系统,生态环境问题直接影响人类自身的生存与发展,是自然环境遭到破坏和污染所产生的危害人类生存的各种负反馈效应,包括水污染、土地荒废、生物灭绝以及气候异常等造成的生态环境问题。保护和改善生态环境,避免其遭受破坏,是为了防止人类生活环境的恶化。因此,《中华人民共和国环境保护法》把保护和改善生态环境作为主要任务之一。环境教育是一种环境保护方式,是通过各种途径和手段,向公众传播环境保护知识、理念与技能,培养公众环境意识、责任感和参与能力,促进生态文明建设与可持续发展的教育活动。环境教育在中国具有一定的发展历史,同时也有着广阔的发展空间,是推进生态文明建设的核心内容之一。

从课程视角推进环境教育,生态环境类专题研学活动是主要推进形式,它以环境问题为切入点,是对学生进行自然与社会认知、情感、意识和行为培养的综合性教育,帮助学生树立正确的环境观、价值观,形成环境保护能力与责任意识。生态环境类专题研学活动能够培养学生分析问题、解决问题的能力,促进人与自然和谐共生,实现学习方式跨越式发展。

生态环境类专题研学活动是一种跨学科的教育,它涉及自然科学、社会科学、人文科学等多个领域,要求教师在教学中采用多元化的策略和手段,开展多样化的实践活动,激发学生的主动性和创造性,培养其综合素养和探究精神。

生态环境类专题研学活动是一种以问题为导向的教育,它要求教师根据学生兴趣点,选择适合自身能力认知的环境问题作为教学内容,引导学生从多个角度和层面探究并解决问题,激励学生在实际情境中获取知识、技能和体验,提高学生的创新能力。

生态环境类专题研学活动是一种以行动为目标的教育,它要求教师在教学中不仅注重知识传授,更重视学生态度和行为的培养。它引导学生在探究环境问题原因、影响和对策的基础上,积极参与环境保护活动,体验保护环境的乐趣和意义,养成环保习惯,建立生态观念。

二、专题特征

生态环境类专题研学活动是指向自然生态现状开展的学习实践,是引导学生通过亲身体验和探究活动,提升自然环境认知,培养环保素养和学习能力的探究实践。生态环境类专题研学的基本特征可以从活动内容、行动策略等层面进行分析,突出环境教育的专题特色,可以概括为"五个突出",具体如下。

(1)突出以自然生态为主要内容,注重对自然环境的观察、体验、探索和反思。这是生态环境类专题研学活动的核心内容,目的是让学生通过亲身接触和感受,了解环境的现状、结构和功能,发现自然界的奥秘和美丽,思考生态环境的变化和问题,培养环境保护和利用本领。

(2)突出以学生为研学活动主体,注重培养学生的环保意识、探究能力和实践本领。突出学生的主体性是生态环境类专题研学活动的核心内涵,目的是让学生在研学活动中发挥主动性和创造性,通过参与和体验,提高对环境问题的敏感度和责任感,引发主动探究与行动发现,形成环境保护策略与技能。

(3)突出以区域特色为依托,开展在地化自然环境和社会环境的探寻。在地化研究是生态环境类专题研学活动的核心条件,引导学生在研学活动中关注身边环境问题,借助地区生态资源,开展实践类研究,形成区域教育探究特点和优势,使学生增强对本土文化、历史的了解和认知,建立爱祖国、爱家乡的文化情感与家国情怀。

(4)突出以课程目标为导向,注重依托国家课程,有机结合学校课程,运用研学实践,拓展深化学习主题。在课程体系框架下开展研学实践是生态环境类专题研学活动的核心要求,是让学生在研学活动中实现课程目标的具体落实。根据不同年级和学科的教学要求,设计适合学生认知规律和知识基础的生态环境类专题,实现研学活动与课堂教学内容的相互补充,完成对学生的全方位培养。

(5)突出以活动设计为中心,采用多种途径和方法,激发学生的学习兴趣,强化研学实践的过程性培养。作为生态环境类专题研学活动的核心技术策略,设计过程性培养目标是让学生在研学活动中深入学习的必要准备。根据不同研学主题及其内容,选择合适的活动与方法进行学习探究,可以有效提升学生的学习力,挖掘学生情感、认知、行为等多方面潜能,提升学习参与度和满意度。

三、研发策略

生态环境类专题研学活动的案例研发需要做好关键环节的确认,重点关注整体规划、调查研究、主题确立、方案设计、实施推进和评估反思等要素。其中,前3个要素是案例的设计准备内容,后3个要素是实践提升的关键。在研学活动中,生态环境类专题研学案例的研发可以从以下几个方面考虑。

(1)目标定位。明确生态环境类专题研学活动的参与对象、目标群体等基本信息,确定主题目标与核心内容。

(2)资源整合。整合主题研究相关领域的人力、物力及技术类资源,强化与科研机构、企事业部门、公益组织等的联系,实施全机构建设,协同做好活动策划、研发与任务实施。

(3)创新设计。针对不同学段的学生,根据他们的认知水平和兴趣特点,采取多种形式进行研学活动的开发设计,如文献查阅、课堂研讨、社会调研、实地探究和科普讲座等。

(4)实践应用。开展互动体验、案例分析、模拟演练等实践活动,进行环境保护技能和策略的应用检验,培养学生的环保意识和绿色行动本领。

(5)综合评估。面向学生参与者进行效果评估,检验方案的可行性,进行活动内容的设计优化,提高案例成果质量。

开展生态环境类专题研学活动,要遵守行业标准和法律规范,确保活动内容科学、准确、安全、健康,突出活动的社会效益和可持续发展价值,促进学生建立合理的生态意识和环保责任。

四、生态环境类专题案例设计的要素分析

在研究性学习活动中,生态环境类专题案例要素的确立占据重要地位,需要科学把控、整体建构,重点关注6个方面的核心要素,确保生态环境类专题研学活动的有效性和教育价值。

(1)案例目标制定的科学性。教育目标应与学生的实际需求和发展水平相匹配,如提高学生的环保意识、培养环境保护的责任感、提高环境问题解决能力等。制定科学、明确的案例目标有助于提高学生的学习兴趣和研学积极性。

(2)主题选择的准确性。案例主题的确立,建议选择地域性、针对性强的环境问题作为研究专题,如地区水资源管理、气候变化和环境对生物多样性的影响等。引导学生进行区域环境实践研究,提升环保能力,使学生更好地关注和参与环保活动。

(3)任务设计的挑战性。生态环境类专题研学活动设计需要根据所选主

题,设计具有挑战性和可操作性的学习任务。任务内容具有一定的难度,目的是激发学生的求知欲和探究精神。同时,任务应具有可操作性,让学生能够通过行动和探究解决问题。

(4)行动方式的多样性。要想使学生建立全面、系统的环境知识体系,除了搭建必备的学习平台和空间外,还要引导学生开展文献查阅、调查访谈和实地考察等活动,突出实践探究过程,准确把握环境问题,确立解决方案,实现学习能力的全面提升。

(5)指导方法的贴合性。在研学活动中,教师应采用启发式、探究式的学习方法,搭建学习实践平台,鼓励学生主动思考和积极实践,培养学生的创新能力与协作精神,形成积极主动的学习氛围。

(6)评价方式的多元性。研学案例成果的评价需要具有多元性特色,注意做好主客观评价。突出做好形成性评价,关注学生在研学活动中的参与程度、合作精神、问题解决能力等方面的表现,客观、全面地评价学生的学习效果与实践收获,提升案例研究的主动性和成果性。

综上所述,生态环境类专题案例设计应遵循目标科学、主题准确、方式多样和评价多元等要素特征,通过这些要素的融合,确保研学活动的有效性和教育价值,为学生提供富有挑战性和实践性的学习空间。

第二节　典型案例评析

中小学研学是一种以学生为主体、以问题为导向、以探究为过程、以解决问题为目标的学习活动。生态环境类专题是中小学研学活动中常见的一个领域,它涉及自然科学、社会科学、人文科学等多个学科的知识与方法。生态环境类专题案例设计的重要性及其意义在于,可以激发学生的环境意识和责任感,培养他们关注、保护环境的态度和行为;可以拓展学生的视野和思维,促进其形成跨学科、跨领域、跨文化的综合素养;可以提高学生的研究能力和创新能力,锻炼他们观察、分析、解决问题的能力和方法;可以提高学生的合作能力和交流能力,培养学生与他人协作、沟通的技巧和本领。

以下通过两个案例来呈现学生在环境保护和利用方面的研学实践,展现学生的生态文明素养。

一、空气污染专题案例

空气污染对人类健康产生严重影响。据世界卫生组织估计,每年大约有700万人因接触到污染空气中可渗透到肺部和心血管系统的细微颗粒而死亡,中风、心脏病、肺癌、慢性阻塞性肺疾病等疾病以及包括肺炎在内的呼吸道感染,感染者数量惊人。此外,空气污染还会对生物和气候造成影响,形成酸雨、"温室效应"等现象,甚至出现严重、持久的空气污染事件,如洛杉矶光化学烟雾事件、比利时马斯河谷烟雾事件、伦敦烟雾事件等。空气污染物的产生大致可以分成两大类:一类是自然原因形成的,如火山爆发、沙尘暴、森林火灾等。另一类是人为形成的,一部分来自能源的燃烧,包括工业、交通、农林业及人类生活方面的,尤其是工业和交通;另一部分来自废弃物的不当处理,如垃圾露天焚烧等。这些问题的产生对人与自然造成严重威胁。

关于八大处寺庙燃香污染的研究

北京大学附属中学石景山学校

学生:李明远 聂子耀 苑倬珲

指导教师:任晓庆

一、研究背景

在亚洲许多国家和地区,人们经常通过燃香来敬祖拜佛,或通过燃香为室内增香。

近年来,随着旅游业的发展,各地寺庙的燃香活动愈加兴盛,香的销量也呈倍数级增长,燃香的种类和成分也越来越复杂。为降低成本,大量工业香在社会上流通,这种香点燃后会释放许多有害物质,引发健康问题。部分以锯木屑、工业树脂、香精、色素为原料的工业香流向了寺庙。因燃烧不符合国家标准的香引起的可吸入颗粒物和化学性污染,以及由此对人体健康产生的危害

案例点评

◀学生在游玩过程中发现身边的社会问题,将空气质量改善问题确立为研学主题,以此展开调查研究。此研究可培养学生的实践能力和环保本领。

已经引起广大学者和科研人员的关注。2009 至 2011 年,国家《关于进一步规范全国宗教旅游场所燃香活动的意见》(旅发〔2009〕30 号)和《关于贯彻实施〈燃香类产品安全通用技术条件〉等 3 项国家标准的通知》(国标委服务联〔2011〕58 号)先后发布,全面规范了宗教旅游场所燃香活动,倡导文明敬香,优化寺庙环境。本案例重点开展燃香甲醛浓度和可吸入颗粒物浓度的检测与分析。

八大处公园,国家 AAAA 级旅游景区,北京市精品公园,位于北京市西山风景区南麓,享誉海内外。八大处公园距学校 1 km,是学生日常休闲游学的场所。在多次参观中,学生发现这里的寺庙燃香散发着刺鼻的浓烟。面对这种现象,学生选择对八大处公园寺庙燃香空气污染程度开展调查,分别对普通日和朝拜日两个时段内燃香的甲醛平均浓度和可吸入颗粒物平均浓度(每 100 mL 颗粒数)进行检测,对市面上售卖的燃香成分产生的颗粒物和化学污染进行数据分析,全面了解八大处公园燃香污染的现状和问题,并对北京市燃香管理提出可行性建议。

二、研究依据

1. 燃香的健康危害

学习《关于贯彻实施〈燃香类产品安全通用技术条件〉等 3 项国家标准的通知》(国标委服务联〔2011〕58 号)发现,燃香会污染环境。燃香释放可吸入颗粒物、甲醛、苯系物及多环芳烃(PAHs)等多种空气污染物,对人体健康有负面影响。对于暴露于燃香烟雾中的寺庙工作人员,燃香增加了鼻、咽喉刺激等在内的潜在健康风险。吸入燃香烟雾会引起呼吸系统功能障碍及接触性过敏性皮炎,触发与癌症相关的病症,产生导致病情突变的诱发作用等。

2. 国家相关法律法规

近年来,国家出台了一系列法律法规规范寺庙燃香,其中《中华人民共和国环境保护法》《宗教事务条例》《中华人民共和国文物保护法》等明确提出加强对进香群众和信教群众的引导,《关于

◀通过查阅文献,寻找空气污染治理问题的相关依据,进行核心概念和法律法规的学习,为学生下一步进行研究实践奠定基础。

进一步规范全国宗教旅游场所燃香活动的意见》(旅发〔2009〕30号)发布规范燃香地点、敬香数量、敬香规格和敬香形式等内容，倡导游客和进香群众选用符合安全、环保规格要求的香类产品，树立文明燃香风气。国家相关部门制定香类产品质量及宗教活动场所燃香安全要求的国家标准，规范了燃香安全，为燃香活动提供技术标准。《关于贯彻实施〈燃香类产品安全通用技术条件〉等3项国家标准的通知》(国标委服务联〔2011〕58号)中强调加强生产环节的监管，组织对宗教旅游场所用香产品生产企业执行香类产品质量及燃香安全国家标准情况的检查，督促生产企业根据国家有关法律法规和标准要求进行产品生产。加强对销售宗教旅游场所用香经营者的监管，依法查处销售假冒伪劣宗教旅游场所用香的违法违规行为，维护消费者的合法权益。

我们看到，国家出台的系列政策及法律法规文件对燃香问题给予了高标准约束，但现实中部分寺庙的燃香管理仍存在较大问题，工业香仍在市场流通，给寺庙及周边环境造成了较大污染，危害游客及僧人的身体健康。

三、研究目标

本案例的研究目标是通过调查八大处公园燃香空气污染情况，了解寺庙燃香空气污染问题及程度，分析造成空气污染的燃香成分，并对北京市公园的燃香管理提出建议。

四、研究内容

本研究的重点是调查八大处寺庙燃香对空气质量的影响，调查寺内燃香的主要污染成分，提出公园燃香管理的可行性建议。

(1)通过文献查阅确定燃香造成的空气污染物的种类、国家对相关污染物的排放标准及污染物的检测方法，为研究实践提供理论基础。

(2)调查八大处寺庙燃香对空气的影响。通过检测寺庙庭内、庭外、香炉处空气中可吸入颗粒物平均浓度和甲醛平均浓度，经过对比分析，确定香客拜佛燃香是否会引起可吸入颗粒物和化

◀在前期充分调研的基础上，确立研究目标，分解研究内容，为即将开展的研学活动指明方向。

学性污染以及引起污染的程度如何。

（3）调查造成污染的燃香成分。调查燃香的污染指标及其成分，分析燃香造成空气污染的化学原因。

（4）提出公园燃香管理建议。根据研究结果，确定造成寺庙内空气污染的原因，对公园管理提出改进建议，为香客和僧人创建健康舒适的朝拜环境。

五、研究方法

1. 检测对象与安排

为使检测结果具有代表性，在对寺庙地理位置、燃香状况及周围环境的影响进行综合评价后，选择北京知名古刹八大处作为研究地点，将僧人、工作人员和朝拜者聚集的寺庙朝拜点庭内、庭外及香炉处确定为检测地点，将空气可吸入颗粒物（PM10 和 PM2.5）平均浓度和甲醛平均浓度作为主要检测物，进行数据检测和分析。

选择两个检测时段，分别为 9 月 3 日（周六）和 9 月 9 日（周五）9：00—12：00 的普通日检测，9 月 10 日（中秋节）和 9 月 26 日（初一）9：00—12：00 的朝拜日检测，进行数据记录和整理。

2. 检测方法

每个朝拜殿内外相通，朝拜殿的正前方有一处香炉，香炉用于插放朝拜者的燃香。根据朝拜者的朝拜流程，从燃香处燃香后到持香处，再到香炉插香处，最后到庭内朝拜的顺序设定检测地点，由外到内依次进行，分别为庭外、香炉和庭内。检测时根据寺庙朝拜殿与香炉的位置，统一设定庭内采样点距跪拜处 3 m 处，香炉处采样点距香炉 1.5～2 m 处，庭外采样点距香炉 7～8 m 处，采样点离地面高度 1.5 m 等指标进行数据采集。

3. 检测设备

（1）甲醛检测仪：深圳天美意科技公司空气质量 WP6918 检测仪［图 5.1(a)］。

（2）可吸入颗粒物检测仪：美国 M5 尘埃粒子激光 PM2.5 检测仪［图 5.1(b)］。

◀开展空气污染问题的具体化研究，增强空气质量监测及指标的专业性与科学性学习，为后续进行燃香污染问题调查奠定基础。

◀购置专业性空气检测设备，开展污染物指标检测，可以获取关键性指标，为监测活动提供科学依据。

(a) 甲醛检测仪   (b) 可吸入颗粒物检测仪

图 5.1   甲醛检测仪和可吸入颗粒物检测仪

4.取值标准

对寺庙每个朝拜殿的庭外、香炉处及庭内 3 个采样点位进行甲醛和可吸入颗粒物检测,对同一采样点位选取检测指标浓度的平均值进行该采样点浓度值分析。

六、研究过程

(1)组建研究小组,确立研究主题,制订行动方案,购买研究用仪器设备。

(2)查阅文献资料,学习检测方法,进行活动准备。

(3)小组成员进行实地考察,做好数据记录(图 5.2)。

图 5.2   实地数据检测

(4)整理数据,展开小组讨论,进行问题分析。

检测后的原始数据如图 5.3 所示。

◀制订详细研究计划,开展调查活动,学生按步骤实施。

◀带领学生走进八大处公园,进行现场检测,完成基础性数据记录,对空气污染物成分及污染程度展开对比和分析建立基础数据库。

甲醛/可吸入颗粒物数据

甲醛mg/m³
1庭院0.148 0.196 0.038(平均:0.094)
1庭内0.031 0.012 0.039(平均:0.027)
1香炉0.176 0.108 0.643(平均:0.309)
2香炉0.066 1.649 0.059(平均:0.591)
2庭内0.292 0.081 0.067(平均0.147)
2庭外0.011 0.435 0.060(平均:0.169)
3庭内0.058 0.058 0.121(平均:0.076)
3香炉1.266 0.640 1.753(平均:1.220)
3庭外0.027 0.011 0.018(平均:0.019)
阴性对照组:0.013mg/m³

1庭内(µm)
0.3-0.5µm: 21429 31323 54855
0.5-1.0µm: 6120 9027 16295
1.0-2.5µm: 1259 1923 4307
2.5-5.0µm: 107 133 351
5.0-10.0µm: 10 26 31
>10.0µm: 6 16 6

1香炉
0.3-0.5µm: 40905 65535 65535
0.5-1.0µm: 11909 23795 23586
1.0-2.5µm: 2791 8977 10095
2.5-5.0µm: 231 906 1235
5.0-10.0µm: 24 72 177
>10.0µm: 18 35 10

1庭外
0.3-0.5µm: 17589 16095 22212
0.5-1.0µm: 4963 4549 6385
1.0-2.5µm: 1130 1100 1645
2.5-5.0µm: 92 89 105
5.0-10.0µm: 12 6 6
>10.0µm: 6 4 4

2庭内
0.3-0.5µm: 43284 49065 45849
0.5-1.0µm: 12722 14488 13398
1.0-2.5µm: 3201 3749 3403
2.5-5.0µm: 209 289 278
5.0-10.0µm: 22 24 39
>10.0µm: 10 12 19

2香炉
0.3-0.5µm: 35844 65535 51036
0.5-1.0µm: 10471 29330 15378
1.0-2.5µm: 2347 11578 4334
2.5-5.0µm: 186 800 239
5.0-10.0µm: 14 93 25
>10.0µm: 6 45 8

2庭外
0.3-0.5µm: 34995 65535 52782
0.5-1.0µm: 10159 21680 15526
1.0-2.5µm: 2595 7101 4342
2.5-5.0µm: 206 678 320
5.0-10.0µm: 30 44 33
>10.0µm: 14 14 22

3庭外
0.3-0.5µm: 16830 14052 49452
0.5-1.0µm: 4810 4047 14686
1.0-2.5µm: 1029 941 4421
2.5-5.0µm: 68 87 443
5.0-10.0µm: 4 6 59
>10.0µm: 2 0 22

3香炉
0.3-0.5µm: 68851 60606 63441
0.5-1.0µm: 17963 18211 19074
1.0-2.5µm: 6066 5186 5295
2.5-5.0µm: 550 380 406
5.0-10.0µm: 61 26 30
>10.0µm: 25 14 18

3庭内
0.3-0.5µm: 47670 26565 52230
0.5-1.0µm: 14159 7657 15361
1.0-2.5µm: 4282 1779 4185
2.5-5.0µm: 447 206 408
5.0-10.0µm: 43 10 43
>10.0µm: 16 6 12

图 5.3　检测后的原始数据

(5)汇总研究结果,总结研究发现(图 5.4)。

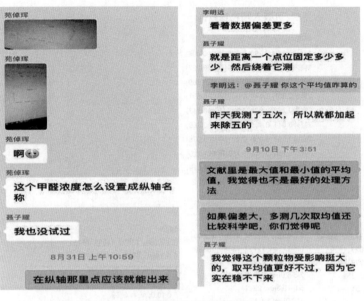

图 5.4   团队内部开展研究讨论

(6)进行成果展示，听取专家意见(图 5.5)，交流探讨改进，完善研究结论(图 5.6)。

图 5.5   与专家交流对话

图 5.6   研究团队合作研讨

(7)形成研究报告,提交相关建议,进行成果转化。

七、研究发现

(一)八大处寺庙不同点位、时间段的甲醛、可吸入颗粒物平均浓度

八大处寺庙普通日和朝拜日各点位甲醛与可吸入颗粒物平均浓度测试结果见表5.1、表5.2。

表5.1　八大处寺庙普通日和朝拜日各点位甲醛平均浓度

时间	位置	甲醛平均浓度/($mg \cdot m^{-3}$)
普通日	香炉1	0.146
	香炉2	0.878
	香炉3	1.962
	庭内1	0.023
	庭内2	0.016
	庭内3	0.056
	庭外1	0.006
	庭外2	0.012
	庭外3	0.018
朝拜日	香炉1	0.309
	香炉2	0.591
	香炉3	1.22
	庭内1	0.027
	庭内2	0.147
	庭内3	0.076
	庭外1	0.094
	庭外2	0.169
	庭外3	0.019

表 5.2　八大处寺庙普通日和朝拜日各点位可吸入颗粒物平均浓度

时间	可吸入颗粒物 粒径/μm	位置	每 100 mL 颗粒数/个
普通日	0.3～0.5	香炉 1	28 450
		香炉 2	19 781.4
		香炉 3	24 115.7
		庭内 1	8 608
		庭内 2	8 181
		庭内 3	7 297.8
		庭外 1	5 956
		庭外 2	5 335.8
		庭外 3	4 112.4
	0.5～1.0	香炉 1	8 300
		香炉 2	5 746.2
		香炉 3	7 023.1
		庭内 1	2 478
		庭内 2	2 327.5
		庭内 3	2 044.6
		庭外 1	1 719
		庭外 2	1 482.2
		庭外 3	1 189.6
	1.0～2.0	香炉 1	2 231
		香炉 2	1 642.2
		香炉 3	1 936.6
		庭内 1	490
		庭内 2	474.4
		庭内 3	457.2
		庭外 1	335
		庭外 2	351.4
		庭外 3	287.4

续表5.2

时间	可吸入颗粒物 粒径/μm	位置	每 100 mL 颗粒数/个
普通日	2.0～5.0	香炉 1	234
		香炉 2	178.2
		香炉 3	206.1
		庭内 1	53
		庭内 2	48.6
		庭内 3	44.2
		庭外 1	59
		庭外 2	44.8
		庭外 3	29.6
	5.0～10.0	香炉 1	21
		香炉 2	56.6
		香炉 3	38.8
		庭内 1	9
		庭内 2	3.2
		庭内 3	5.2
		庭外 1	8
		庭外 2	3.2
		庭外 3	2.8
	>10.0	香炉 1	7
		香炉 2	10.4
		香炉 3	8.7
		庭内 1	4
		庭内 2	0.4
		庭内 3	0.4
		庭外 1	5
		庭外 2	1.6
		庭外 3	2

续表5.2

时间	可吸入颗粒物 粒径/μm	位置	每100 mL 颗粒数/个
朝拜日	0.3~0.5	香炉1	42 361
		香炉2	50 805
		香炉3	64 299
		庭内1	35 869
		庭内2	46 066
		庭内3	52 230
		庭外1	18 632
		庭外2	51 104
		庭外3	26 778
	0.5~1.0	香炉1	13 872
		香炉2	18 393
		香炉3	18 416
		庭内1	10 480
		庭内2	13 536
		庭内3	15 361
		庭外1	5 299
		庭外2	15 788
		庭外3	7 847
	1.0~2.0	香炉1	2 496
		香炉2	5 789
		香炉3	5 515
		庭内1	2 496
		庭内2	3 451
		庭内3	4 185
		庭外1	1 291
		庭外2	4 679
		庭外3	2 130

续表5.2

时间	可吸入颗粒物 粒径/μm	位置	每 100 mL 颗粒数/个
朝拜日	2.0～5.0	香炉 1	197
		香炉 2	408
		香炉 3	421
		庭内 1	197
		庭内 2	258
		庭内 3	408
		庭外 1	95
		庭外 2	401
		庭外 3	205
	5.0～10.0	香炉 1	22
		香炉 2	44
		香炉 3	39
		庭内 1	22
		庭内 2	28
		庭内 3	43
		庭外 1	8
		庭外 2	35
		庭外 3	23
	>10.0	香炉 1	9
		香炉 2	19
		香炉 3	19
		庭内 1	9
		庭内 2	13
		庭内 3	12
		庭外 1	4
		庭外 2	16
		庭外 3	8

八大处寺庙普通日和朝拜日各点位甲醛平均浓度柱状图如图 5.7 所示。

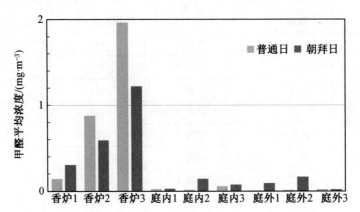

图 5.7　八大处寺庙普通日和朝拜日各点位甲醛平均浓度柱状图

无论是普通日还是朝拜日,各点位的甲醛平均浓度都远超国家标准要求的甲醛正常范围(每立方米不超过 0.08 mg),朝拜日主朝拜殿 2 处的庭内及主朝拜殿 1、2 处庭外的平均甲醛浓度也略高于国家标准要求。除香炉 2 处和香炉 3 处以外,其他点位的甲醛平均浓度在朝拜日明显高于普通日,且香炉处高于庭内及庭外,说明越靠近香炉,空气污染越严重。这些数据表明,燃香会引起寺庙内甲醛浓度升高,并成为影响空气质量的关键因素。

八大处寺庙普通日和朝拜日各点位可吸入颗粒物平均浓度柱状图如图 5.8 所示。

◀学生运用统计学知识,进行柱状图设计,形象地呈现了甲醛和可吸入颗粒物的浓度与分布情况,通过对比普通日和朝拜日的污染物数值,为科学制订解决方案奠定基础。

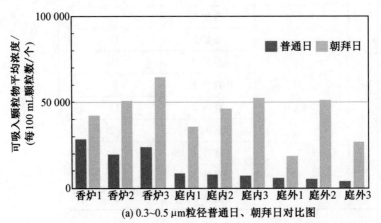

(a) 0.3~0.5 μm粒径普通日、朝拜日对比图

图 5.8　八大处寺庙普通日和朝拜日各点位可吸入颗粒物平均浓度柱状图

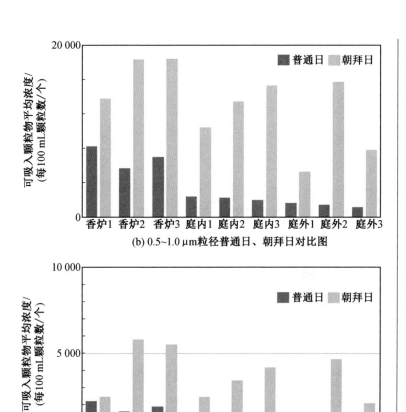

(b) 0.5~1.0 μm 粒径普通日、朝拜日对比图

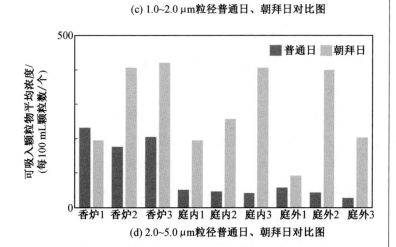

(c) 1.0~2.0 μm 粒径普通日、朝拜日对比图

(d) 2.0~5.0 μm 粒径普通日、朝拜日对比图

续图 5.8

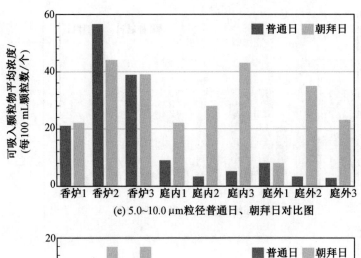

(e) 5.0~10.0 μm粒径普通日、朝拜日对比图

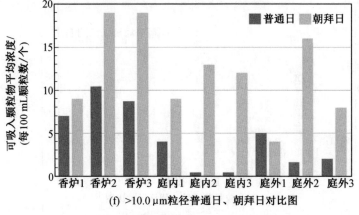

(f) >10.0 μm粒径普通日、朝拜日对比图

续图 5.8

  以上数据表明,无论是朝拜日还是普通日,3 处大殿朝拜处的可吸入颗粒物分布较为集中,香炉处浓度最高,庭内次之,庭外最低。在普通日,庭内、庭外的可吸入颗粒物平均浓度接近于阴性对照点位(远离香炉的主干道处)的浓度;但是在朝拜日,这 3 个点位的可吸入颗粒物平均浓度相差并不大,表明在燃香人流量大的情况下,燃香产生的可吸入颗粒物明显增加,随空气扩散而稀释的幅度很小,导致庭内外可吸入颗粒物的平均浓度较高,对人体产生危害。同时,我们比较了普通日和朝拜日的数据,发现朝拜日的可吸入颗粒物平均浓度显著高于普通日,表明人流集中的情况下,燃香产生的可吸入颗粒物、化学物质在寺庙内扩散效果不

明显,且对寺庙空气造成了较为严重的污染。

(二)燃香成分对污染物产生的影响

1.燃香的成分分析

天然香由植物性天然香料制作而成,由于天然香的制作成本较高,为降低成本,许多工业香流入了市场。工业香多数由木屑染色加上化学香料做成,含有醛类、酮类和酯类化合物,加工过程中往往使用以甲醛为主要成分的脲醛树脂胶粘剂,这些物质燃烧时会释放甲醛及其他有害物。

我们对寺庙提供香燃烧后产生的甲醛和可吸入颗粒物的浓度进行了检测,结果见表5.3。

表5.3　寺庙提供香燃烧后产生的甲醛和可吸入颗粒物的浓度

指标	甲醛	可吸入颗粒物					
		$0.3\sim$ $0.5~\mu m$	$0.5\sim$ $1.0~\mu m$	$1.0\sim$ $2.0~\mu m$	$2.0\sim$ $5.0~\mu m$	$5\sim10~\mu m$	$>10~\mu m$
平均浓度	0.001 mg/m^3	8 086 个 /100 mL	2 176 个 /100 mL	472 个 /100 mL	76 个 /100 mL	10 个 /100 mL	4 个 /100 mL

数据表明,寺庙提供的燃香基本不产生甲醛及可吸入颗粒物,对环境污染较小,由此推断寺庙中的燃香污染主要来自外来香。

据管理人员提供的数据,寺庙内的燃香中天然香与工业香的比例约为3∶2。根据现场调研,寺庙内售卖的天然香主要有5种,从形态上看属于签香。按香品的香气特征划分,可分为檀香型、柏香型,香的成分为柏木粉、檀香粉、水麻皮、竹签、天然植物粘粉等天然有机材料。

从调查结果来看,与外来人员自带香相比,寺庙提供的天然香燃烧产生的甲醛浓度低于国家标准,可吸入颗粒物也较少。化学香料主要使用从石油中提炼出来的化学苯,黏合剂成分多是甲醛,助燃使用的火硝使燃香体验大大增强,加工方式则以机械化

◀从燃香的成分入手进行污染成分分析,使学生全面了解燃香质量及工艺对空气质量的影响,为下一步推广使用天然香提供科学依据。

◀在现场调研和实地走访中了解燃香使用的真实情况,使学生更加直观地观测寺庙燃香造成的污染问题,为研学策略的制定提供依据。

流水线进行大生产,所以工业香价格低廉,市场占有率高。而以天然香料为主的传统香则需要采用修制、提纯、精炼、药煮、辅色、火炮、烘焙、辅味、水飞等工艺,制作流程严谨,使得生产成本增加,提高了香的价格,因此香客大多购买工业香,其产生的可吸入颗粒物和甲醛对空气造成较大影响。

2. 香炉的设计结构分析

根据实地考察和图片分析,香炉大多数为敞口型,多为长方形的缸体,容量大、四面透风,制作成本低,有利于香的充分燃烧。但此种结构的香炉污染力强,烟雾未经处理而四处扩散,对僧人和香客的健康造成极大影响。

定向型香炉制造成本相对较高,但烟气定向挥发,不会四处扩散,对僧人和香客的直接危害度较小。

(三)其他寺庙燃香情况调查

八大处寺庙的燃香污染是否能代表北京市寺庙的整体情况呢?为了更好地了解北京市寺庙燃香污染情况,我们搜索了全市相对知名的46所寺庙,按照名气和人流量排序,抽取了前10名、中间10名和后10名寺庙的燃香等相关数据,情况如下。

1. 前10名寺庙燃香情况

(1)寺庙日人流量:人流量大,如雍和宫每天接待人数约25 000人。

(2)寺庙香的价格:价格普遍偏高,如雍和宫香的价格为50~300元。

(3)燃香管理:均不允许携带工业香进入寺庙(即使带入也禁止燃烧),大部分寺庙内提供免费香,如雍和宫购买门票送的香足够使用。

(4)替代香的产品:大部分寺庙提供了鲜花、蜡烛、水果、电子香等物品进行替代,与燃香并存;而少部分寺庙直接取消了传统燃香方式,如大觉寺内禁止燃香,采用鲜花等物品进行替代。

◀开展香炉结构的现状调查,可以更加全面地了解空气污染汇集的原因,为改善寺庙燃香问题提供设施改进建议。

◀带领学生放开视野,进行全市寺庙燃香污染问题的调查分析,可以通过更多案例分析燃香污染的原因,为研究方案的科学设计提供依据。

（5）寺庙污染程度：虽然前10名寺庙人流量大，但寺庙内严格落实燃香管理规定，采用不同技术和手段有效阻止了燃香的污染，使得寺庙内污染程度较低。

2.排名居中的10个寺庙燃香情况

（1）寺庙日人流量：人流量普遍偏少，部分较多（如普渡寺每天接待人数约8 000人）。

（2）寺庙香的价格：大部分不提供香，小部分提供，香的价格便宜，如北京柏林寺最便宜的香价格仅5元。

（3）燃香管理：管理不严格，工业香可以携带入寺庙。

（4）替代香的产品：少部分寺庙采用供物、福牌、功德箱等形式进行燃香替代，与燃香形式并存，但大部分仍以燃香为主。

（5）寺庙污染程度：由于寺庙对工业香控制得相对松散，大量燃烧工业香使得污染增加。但受到寺庙人流量偏少、地理位置相对偏僻因素的影响，污染总体程度处于中等水平。

3.排名靠后的10个寺庙燃香情况

（1）寺庙日人流量：日人流量均偏少。

（2）寺庙香的价格：基本不售卖香，小部分售卖，价格适中，如大慧寺香的价格为5～30元，很少部分寺庙提供免费香。

（3）燃香管理：对工业香没有限制，可以直接带进寺庙，管理松散且不严格。

（4）替代香的产品：没有替代物。

（5）寺庙污染程度：虽然人流量较小，寺庙整体污染程度不高，但由于工业香质量差，寺内香炉处污染程度较高，对僧人和朝拜者造成直接影响。

以上调查结果表明，规模较大、知名度高的寺庙能够执行相关法律法规，严格落实国家标准，尽管人流量大，但燃香造成的空气污染程度呈现可控状态。与此相反，一些地理位置较为偏僻、人流较少的寺庙，对国家燃香政策落实不到位，因此亟须加强对这部分寺庙的燃香管理,建立全市寺庙常态化燃香监控机制,落实国家相关政策,提升首都寺庙管理的科学性和规范性。

八、研究结论与建议

(一)研究结论

通过对八大处寺庙朝拜日和普通日庭外、香炉处及庭内甲醛平均浓度、可吸入颗粒物平均浓度的检测与分析,得出以下结论。

(1)朝拜日和普通日寺庙庭外、香炉处及庭内的甲醛平均浓度几乎都超过了 0.07 mg/m³ 标准,其中香炉处最高,最高值达到了 1.962 mg/m³。在朝拜日,庭外、香炉处及庭内的甲醛平均浓度均超过了 0.02 mg/m³,说明燃香释放的甲醛浓度已达到并超过人体健康的限值。

(2)朝拜日的可吸入颗粒物平均浓度高于普通日,香炉处可吸入颗粒物平均浓度高于庭外和庭内,说明朝拜者聚集会提升污染程度。可吸入颗粒物是燃香产生的主要污染物之一。

(3)比较寺庙内售卖香与参拜者自带工业香燃烧释放的甲醛浓度及可吸入颗粒物浓度,可见寺庙售卖香的甲醛和可吸入颗粒物浓度远远低于工业香。全市其他类型寺庙燃香状况表明燃香量不一定是寺庙甲醛浓度高的主要因素,香料成分、加工方法或燃烧方式是寺庙空气污染的主要因素。

(二)研究建议

通过上述研究结论,我们提出以下建议。

(1)为降低燃香可吸入颗粒物及其他污染物暴露浓度并减少有害物对人体健康的危害,需要进一步落实《关于进一步规范全国宗教旅游场所燃香活动的意见》(旅发〔2009〕30 号)精神,对寺庙燃香进行规范管理,建议八大处公园管理部门依据国家相关规定,严格管理制度,限制工业香入寺,统一使用寺内质量过关的天然香,增加空气污染监测力度,进一步保护寺庙僧人、工作人员和

◀在充分调查和全面分析的基础上,进行不同类别寺庙燃香污染的问题分析,为学生建立全面认知、形成完整结论提供保障。这个环节实现了学生研学活动对策及方案的完整性设计,培养了学生的实践本领,为激发学生的参与意识和探究精神提供了条件。

香客的健康。

（2）建议进行寺内香炉的结构改造，增设三面封闭和排烟、降尘装置，引导烟雾快速排放，减少横向排放物，减轻对香客和工作人员的危害。

（3）降低寺庙香售价，以成本销售；也可在提高票价的基础上赠送天然香，让游客更多使用寺庙内质量过关的天然香。

（4）倡导环保朝拜理念，鼓励以鲜花、电子香等无污染的祭拜物品替代传统燃香进行朝拜。

（5）根据污染现状，建议北京市环保部门及其他企事业单位深入研究化学成分香的危害，建立天燃香制作、监督和售卖制度与标准。

（6）加强寺庙空气污染的监督与巡查，建立通报制度，严格指导寺庙遵守国家燃香的管理规定，为空气质量的改善展开行动。

附件

给八大处公园管理处的一封信

尊敬的八大处公园管理处的叔叔、阿姨：

我们是一群热爱环保和生态文明建设的中学生，在近期开展空气污染研究性学习活动中，发现八大处公园寺庙存在着燃香污染的问题。在此提出以下建议，希望能对提升八大处公园的空气质量和环境水平有所帮助。

首先，建议对寺庙燃香进行规范管理并增大监测力度。应依据国家相关规定，严格管理制度，限制工业香入庙，统一使用寺庙内质量过关的天然香；增加空气污染监测和处理设备，降低燃香可吸入颗粒物及其他污染物暴露浓度并减少有害气体对人体健康的危害，维护寺庙僧人、工作人员和香客的健康。

其次，建议对寺内香炉的结构进行改造。建议增设三面封闭和排烟、降尘装置，引导烟雾快速排放，减少横向排放物，减轻对

▲本环节鼓励学生将研学成果进行建议转化，通过建言献策等方式，实现课内外的知识连接，实现个人与社会的联系，全面提升学生的生态文明素养。

香客和工作人员的危害。这种改造方式可以节约能源，降低寺庙燃香对空气的污染。

再次，提倡环保朝拜理念，建议以鲜花、电子蜡烛、电子香等无污染的祭拜物品替代传统燃香进行朝拜。通过倡导全新的朝拜方式带动朝拜者的环保意识，为八大处公园营造更具活力且更符合新时代主题的文化环境。

最后，为了让广大游客更多地使用寺庙内质量过关的天然香，建议八大处公园降低天然香售价，以成本价销售；也可在提高票价的基础上赠送天然香，引导游客购买和使用。

期待我们的建议能够得到您的认可和支持！希望在我们的共同努力下，让八大处公园成为首都文化环境的样板和典范。

此致

敬礼！

北京大学附属中学石景山学校"空气质量"研究性学习小组

2022 年 12 月

二、城市水环境调查专题案例

水是人类生存和发展的基础资源，也是生态系统的重要组成部分。随着人口增长、城市化进程加速和工业化发展，水环境面临着严峻的挑战。水污染、水生态系统退化、水资源短缺等问题已经成为制约经济社会可持续发展的重要因素。

在生态文明建设过程中，加大水资源的保护和管理，实现统筹水资源的可持续利用，已成为一个重要任务。因此，以水环境为题开展研究性学习活动，对于提升学生的环境意识、环保能力具有创新意义和实践价值。

城市水环境调查专题案例如下。

冬奥首钢园群明湖水环境检测
及其影响研究

学校：人大附中石景山学校

学生：梁浩 滑小钺 林陈茗琪 郭智怡 冼天业 李峥

指导教师：张晓玉 李晓玲

一、研究背景

《北京 2022 年冬奥会和冬残奥会可持续性计划》提出了"可持续·向未来"的北京冬奥会可持续性愿景，确立了"环境正影响""区域新发展""生活更美好"的发展方向。北京冬奥会可持续性工作坚持生态优先、资源节约、环境友好的发展思路，提出 12 项行动，其中稳步提升生态环境质量，开展大气污染防治、风沙治理、水源保护和治理等工作为冬奥教育勾勒出绿色发展道路。

群明湖坐落于首钢园区内，由原首钢工业系统的冷却晾水池修葺而成，北京冬奥组委因地制宜，将群明湖改造成风景优美的人工湖。湖水环境的质量影响着周边动植物的安全，特别是水生动物的生存与健康。研究首钢园群明湖的水环境问题，主要是研究水质及其对生物的影响，在全社会倡导水环境保护的理念，帮助学生增强社会责任感和实践本领，为生态文明建设献计献策。

二、文献综述

水质，是水在环境作用下表现出来的综合特征，即水的物理性质和化学成分。自然界中的水，是由各种物质，包括溶解性和非溶解性物质所组成的极其复杂的综合体。水中含有的溶解物质，直接影响天然水的性质，使水质有优劣之分。水中含有的物质种类很多，有溶解于水中的 O_2、N_2、CO_2、H_2S 气体，Cl^-、Na^+、K^+、Ca^{2+}、Mg^{2+}、CO_3^{2-}、HCO^- 和 SO_3^{2-} 等离子；有 Br、I、F 等微量元素；有含量极少的 Ra、Rn 等放射性元素；还有大部分呈胶体状态的有机物及悬浮固态颗粒,它们在不同的环境条件下,含量也不同,受其影响的水体水质也不相同。当进入水体的污染物质超过了水体的环境容量或水体的自净能力时,水质变坏,破坏了水体的原有成分、价值和作用,被称为水体污染。

水体污染的原因有两类:一是自然的,二是非自然的。因特殊的地质条件使某种化学元素大量富集、天然植物在腐烂时产生某些有害物质、雨水降到地面后挟带各种物质流入水体等造成的水体污染,都属于自然污染。而我们通常所说的水体污染主要是指人为因素造成的污染,包括工业排放的废水、生活污水、农业污水、降雨淋洗化学污染物以及堆积在大地上的垃圾经降雨淋洗流入水体等造成的污染。

三、研究思路与创新点

(一)总体思路

践行"绿色冬奥"理念,将环境保护与可持续发展放在重要位置,以群明湖水质及其对生物的影响为研究重点,提出水环境可持续性对策,提高学生的合作能力与实践本领,实现生态文明素养的全面培养。

(二)研学活动创新点

(1)研究选题贴近可持续发展。围绕北京冬奥首钢园群明湖水质及其对生物影响问题开展研究性学习,进行实践考察与测量,探索水环境的可持续性保护,培养学生的实践能力。

(2)定性与定量相结合的研究方式。在研究实践中,运用感性直观的观察法和客观科学的实验法,深度探析群明湖水质及其对生物的影响。

(3)进行跨学科主题融合。研学活动涉及多学科知识,特别是地理学科和生物学科中的环境问题、生物多样性问题等,通过实验访谈与现场调研,促进学科知识融合,实现学生学习素养的提升。

四、研究目标与内容

(一)研究目标

(1)提高从资料中提取信息的能力和分析问题的能力。

(2)学会进行实地考察,提高问卷设计和数据整理能力。

(3)学会与同学交流合作,提高组织沟通能力。

(4)树立水资源保护意识,建立人与自然和谐相处的理念和科学精神。

(二)研究内容

(1)了解首钢园群明湖的地理位置及环境特征。

(2)在实验中学习检测首钢园群明湖水质的方法。

(3)实地考察、探究群明湖水质对生物的影响。

(4)展开群明湖水质数据分析,判断其对生物的影响,提出群明湖水环境可持续发展建议。

五、研究计划

(一)确定研究方案(2021 年 6—7 月)

组建研学小组,小组成员围绕"绿色冬奥"主题研究性学习活动进行讨论,确定课题研究方向与内容。

(二)进行实地考察(2021 年 8—9 月)

(1)到首钢园群明湖进行实地考察,了解水体污染情况,进行水样采集,做好调研记录。

(2)制作、设计群明湖中央水体采样船,做好实验工具准备。

(3)进行群明湖不同位置水样的采集和运输。

(三)实验和资料整理(2021 年 10—11 月)

(1)通过化学试剂和测量仪器,对采集水样本的 TDS(溶解性

◀研学小组在充分研讨的基础上,围绕研学主题,确立研究目标,制定研究内容,为推进研学活动做好准备。本环节的精确设计,为学生深入研学实践提供了明确任务与目标。

◀做好研学实验材料的准备工作,可以更好地培养学生的科学习惯,为开展下一步实验奠定基础。

固体总量)、pH 值、剩余氯、钙镁离子等指标进行检测。

(2)设计制作鱼缸环境,检测群明湖水质对孔雀鱼的影响。

(3)设计制作雨林缸环境,测试水质对生物的影响。

(4)对实验数据进行总结分析。

(四)研究成果汇报(2021 年 12 月)

(1)撰写研究报告,形成研究成果。

(2)对鱼缸、雨林缸样本进行展示。

六、研究过程

首钢园于 1919 年建厂,经过百年发展,成为全国代表性支柱产业,也是北京西部的主要污染源之一。随着人们对环境要求的提升,2010 年底首钢完成了污染性项目的搬迁。与此同时,首钢人对区域环境进行了全面修复和治理。群明湖总面积 23 万 m^2,坐落于首钢园区核心地带,是原首钢工业系统的冷却晾水池,现在成为石景山区最大的人工湖,也是首钢园区中最为集中且完整的城市水系。

为了检验群明湖的生态现状,我们利用暑期时间开展了对群明湖水质的监测。通过采集群明湖水样本,对样本水质进行测量,分析对比水质情况与《渔业水质标准》(GB 11607—89)的差异,了解群明湖水质基本情况。

为进一步验证群明湖的水体质量,我们设计了探究性实验,通过群明湖水养孔雀鱼、群明湖水养雨林缸来观察动植物生存情况,对比分析群明湖水和纯净水哪个更适合生物生存。

(一)取样

1.取样位置

根据群明湖的地图信息,我们预设了 10 个测量点(图 5.9)。经现场走访发现,由于工程施工影响,2 号和 10 号位置无法取样,于是确认 8 个最终取样点位。群明湖取水点位坐标见表 5.4。为减小实验误差,同一点位取水多次,结果选取 8 个点位水样的平均值。

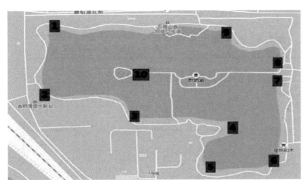

图 5.9　群明湖取水点位示意图

表 5.4　群明湖取水点位坐标

取样点位置	北纬	东经	海拔/m
1	39°54′46″	116°8′41″	90
2	施工影响		
3	39°54′38″	116°8′49″	90
4	39°54′37″	116°8′58″	90
5	39°54′33″	116°8′57″	90
6	39°54′33″	116°9′3″	90
7	39°54′41″	116°9′3″	90
8	39°54′43″	116°9′3″	90
9	39°54′46″	116°8′56″	90
10	施工影响		

◀学生进行群明湖水的取样位置、时间、工具及方法的设计,可以提高实验过程的科学性,为数据获取提供科学依据。

2. 取样时间

群明湖属于淡水生态系统,其中的生物因素有动物、水生植物、微生物等,非生物因素有阳光、水、泥土、空气等。由于生物的存在,会让水质产生变化,特别是在光的照射下,水中的一些植物可进行光合作用,此段时间水中的 CO_2 含量减少,O_2 含量增多。因此,不同时间段水的指标会有一定的变化。综合以上因素,我们设置 25 h 里的 4 个时间段(表 5.5),分别对最终确定的 8 个点位的湖水进行取样。取样日期为 2021 年 10 月 23—24 日,天气晴,气温 3~18 ℃。

表 5.5　群明湖水取样时间

	T1	T2	T3	T4
日期		10 月 23 日		10 月 24 日
时间	7:00—8:00	15:00—16:00	19:00—20:00	8:00—9:00

3.取样工具及方法

(1)工具。

采样前,我们用长木棍和 200 mL 聚乙烯塑料瓶制作了采样器,用来采集离岸边较近位置的水样;用遥控器、薄木条、200 mL 聚乙烯塑料瓶加上电线、发动机等制作遥控采样船,用来采集较远及湖心位置的水样。所有聚乙烯塑料瓶均用洗洁剂清洗,用自来水和蒸馏水冲刷干净,晾干后使用。

(2)方法。

采样前用所取的水样冲洗采样器 2~3 次,采样时将采样器瓶口统一置于水面下方 20~30 cm 处。采样后,水样被收集到500 mL 带盖聚乙烯塑料瓶中,之后立即进行溶解氧的检测。每个时间段的水样收集完毕后,立即送至实验室对其进行数据分析。群明湖水现场采集如图 5.10 所示。

◀根据研究需求,学生进行实验设备的制作,培养了学生的动手能力,实现了学用结合,有效提升了学生解决问题的实践本领。

图 5.10　群明湖水现场采集

(二)水质检测

我们对群明湖水的水质进行了化学检测(图 5.11)。根据实验室条件,重点检测了 TDS、pH 值、剩余氯、钙镁离子、锌元素、活性水、小分子、硬度、氨氮、亚硝酸盐、溶解氧等指标。

图 5.11　实验室水质检测

(三)群明湖水养孔雀鱼实验

孔雀鱼是一种容易养殖的淡水观赏鱼类,我们通过观察、对比群明湖水质与纯净水质环境下孔雀鱼的生存状况,检验群明湖水质量。

1. 实验原理

水质对鱼类生长的影响因素主要包括:

(1)水温。水温过高和过低均会影响鱼类的正常生长,不同鱼类要求不同的水温。

(2)溶氧量。一般鱼类适宜的溶氧量为 3 mg/L 以上,当水中溶氧量小于 3 mg/L 时,容易引起鱼类不摄食,停止生长;溶氧量小于 2 mg/L 时,鱼类就会浮头;溶氧量为 0.6～0.8 mg/L 时,鱼类就开始死亡。水体溶氧量过高容易诱发鱼类的气泡病。

(3)酸碱度。水的酸碱度既影响鱼类生长,又影响水中营养元素的含量。

(4)水体中 CO_2 含量。水体中的 CO_2 含量一般应在 80 mg/L 以

▸学生进行孔雀鱼养殖实验,是实践验证群明湖水质量的科学方法。在实验中,引导学生进行实验环节、步骤和标准的确定,可以有效检测实验结果,培养学生的科学素养。

下。CO₂ 含量过高，易引起鱼类血毒症，有时还会引起水质恶化。

(5)水体中的营养盐类含量。水体中营养盐类含量的高低与鱼类能否健康生长密切相关。若水体中的硝酸盐含量超过 3 mg/L，就容易造成水体缺氧而导致鱼类死亡。

2. 实验材料

鱼缸、增氧泵、温度计、捞网、孔雀鱼、加热棒、群明湖水、纯净水、照明灯等。

3. 实验步骤

(1)准备 2 个规格为 30 cm×18 cm×20 cm 的鱼缸，另配备小型增氧泵、温度计和加热棒。

(2)在 2 个鱼缸中分别放入 7 L 的群明湖水和纯净水，放入群明湖水的鱼缸为实验组，放入纯净水的鱼缸为对照组。

(3)准备大小相等的 5～6 个月成年公鱼 20 条、母鱼 20 条，分别在实验组和对照组的鱼缸中放入 10 条公鱼、10 条母鱼，剩余的孔雀鱼备用。

(4)2 个鱼缸保持如下环境：水温为 24～28 ℃，光照时间为每日 16 h。

(5)每天 13:00 分别喂食鱼饵 3 g。

(6)每 3 d 换水 1/5，实验组和对照组的替换水分别是群明湖水和纯净水。

(7)进行每日观察和记录，清洁鱼缸，及时处理死鱼和杂质。

孔雀鱼养殖对比实验如图 5.12 所示。

◀学生在研学过程中，设计实验组和对照组，为实验结果提供了科学的研究策略，增强实验结果的准确性。

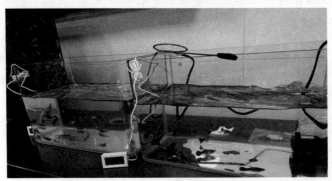

图 5.12　孔雀鱼养殖对比实验

(四)群明湖水养雨林缸实验

为了进一步探究群明湖水质对生物的影响,我们继续进行群明湖水养雨林缸的养殖实验,通过观察缸内苔藓和角蛙的生长情况,研究群明湖水是否适合生物生存。

1.实验原理

(1)苔藓对水质的需求。苔藓的生长依靠从水分中获取无机盐,若水分中无机盐含量不足,则会导致苔藓生长不良等问题;苔藓对水质污染较为敏感,若水分中氯含量过高,则会抑制苔藓的生长或导致苔藓死亡;水分中的重金属含量多少会影响苔藓能否存活。

(2)角蛙对水质的需求。水中氯含量、氨氮含量、亚硝酸盐含量过多,会伤及角蛙的皮肤和内脏器官等。

2.实验材料

雨林缸裸缸、起泡胶、喷壶、苔藓、角蛙幼蛙、石头、空气凤梨、群明湖水、纯净水、温度计等。

3.实验步骤

(1)准备 2 个 30 cm×30 cm×35 cm 的雨林缸,用起泡胶打底,并移植上苔藓,中间用隔板隔开,形成 4 个隔间,配备温度计。

(2)在 2 个雨林缸中分别倒入同等质量的群明湖水与纯净水,设定群名湖水为实验组,纯净水为对照组。

(3)准备体重相近的角蛙幼蛙 4 只,分别放入 4 个隔间并标上号码。

(4)2 个雨林缸保持以下环境:温度 20~25 ℃,每日光照 9~12 h。

(5)每 2 d 喂食 1 次,每次喂食量为幼蛙体重的 1/3。

(6)每天多次喷水,每 2 d 换 1 次水,实验组和对照组的替换水分别是群明湖水和纯净水。

(7)观察、记录苔藓的生长情况,对比角蛙的体重变化,注意做好温度、湿度、清洁度的记录和污水分析。

◀进行群明湖水养雨林缸实验,是对湖水生物性特征的具体检测,是检验湖水质量的第二级实验,为学生提供了深入研究的方法和策略。

◀角蛙的饲养标准控制是检测水质质量的重要条件,让学生设定科学饲养的标准,能够提升学生的实验能力。

水养雨林缸对比实验如图 5.13 所示。

图 5.13　水养雨林缸对比实验

七、研究成果

(一)群明湖水质检测结果

1. 实验数据

群明湖水质检测实验结果数据见表 5.6。

▶对水质检测结果的数据进行分析,为湖水质量监测提供了基础性数据。

表 5.6　群明湖水质检测实验结果数据

TDS	472.125 mg/L
pH 值	7.762 5
钙镁离子	含有
锌	含有
活性水	是
小分子	低
硬度	22.75
氨氮	0.012 5 mg/L
亚硝酸盐	0.005 5 mg/L
溶解氧	7.875～10.25 mg/L

2. 数据分析

《生活饮用水卫生标准》(GB 5749—2022)是中华人民共和国

国家标准,它规定了生活饮用水水质卫生要求、生活饮用水水源水质卫生要求、集中式供水单位卫生要求、二次供水卫生要求、涉及生活饮用水卫生安全产品卫生要求、水质监测和水质检验方法等。对比《生活饮用水卫生标准》数据可知,饮用自来水的TDS限量为溶解性总固体≤1 000 mg/L,而群明湖作为人工湖,TDS偏高属于正常情况。《渔业水质标准》(GB 11607—89)中规定了养殖水体pH值的范围为6.5～8.5,这是鱼类生长的安全范围,检测水样的水质情况符合淡水养殖标准,呈弱碱性状态。德国度是衡量水的硬度的重要指标,群明湖水19～30的德国度说明了湖水属于硬水范畴。《渔业水质标准》规定,一般水中氨氮的含量应控制在0.2 mg/L以下,经检测,取样水体的氨氮值低于0.2 mg/L,符合标准。淡水中亚硝酸盐的正常范围是0.1～0.5 mg/L,而渔业养殖水体则控制在0.1 mg/L以下,样本水中亚硝酸盐含量是0.005 5 mg/L,符合标准。养殖水体中溶解氧含量一般控制在5～8 mg/L,即连续24 h数据监测中,16 h以上的溶解氧含量需大于5 mg/L,小于8 h的溶解氧含量不低于3 mg/L。经检验,样本水体溶解氧含量为7.875～10.25 mg/L,符合标准,且含氧量较高。

通过以上分析,我们清晰地得到了首钢园群明湖水质的TDS、pH值、剩余氯、钙镁离子、锌元素、工业污染剂、活性水、小分子、硬度、氨氮、溶解氧、亚硝酸盐等指标,这些指标均能达到《渔业水质标准》,适合淡水水生动物生存。

(二)群明湖水养孔雀鱼实验结果

孔雀鱼养殖实验数据见表5.7。

◀参照国家专业标准,进行水质质量数据的对比和分析,可以科学判定湖水质量情况,检验湖水生物性特征,为质量检测提供规范性研究过程。

表 5.7 孔雀鱼养殖实验数据

养殖天数	实验组死亡数/条		对照组死亡数/条	
	公鱼	母鱼	公鱼	母鱼
1	0	1	0	0
2	1	0	1	1
3	1	0	1	0
4	0	1	0	1
5	0	1	0	1
6	0	0	0	0
7	0	0	0	0
8	0	0	0	0
9	0	0	0	0
10	0	0	0	0
11	0	0	0	0
12	0	0	0	0
13	0	0	0	0
14	0	0	0	0
总数	2	3	2	3
	5		5	

◀学生进行孔雀鱼养殖数量的观测,可以直观检验湖水质量对鱼类生长的适应性,显性呈现湖水质量情况。

　　对比数据可知,实验组和对照组孔雀鱼的死亡数大致相等,在鱼的性别上没有明显区别。由于孔雀鱼对水质极其敏感,若水质较差,体质差的鱼将因不能适应而逐渐死亡。

　　分析实验过程,考虑到实验中的孔雀鱼全部从网上购买,在邮寄过程中受到了温度、氧气含量和平稳性等因素的影响,因此孔雀鱼均在水族箱中放置了 3 d 后才进行实验。孔雀鱼在进入实验组和对照组新环境后,前 5 天出现了死亡现象,而且两组环境的孔雀鱼死亡数量相等,而鱼的性别没有明显区别。第 5 天后,孔雀鱼逐渐适应了新环境,从第 6 天到第 14 天不再有孔雀鱼死亡,1

个月后孔雀鱼均正常生存,说明孔雀鱼能够适应群明湖水和纯净水的养殖,这表明两种水质对鱼类来说没有明显区别。此实验验证了群明湖水质符合《渔业水质标准》的要求,表明群明湖水污染的治理是成功的,适合水生鱼类长期生存。

(三)群明湖水养雨林缸实验结果

群明湖水养雨林缸实验结果见表5.8。

表 5.8　群明湖水养雨林缸实验结果

角蛙体重记录/g				
	群明湖水		纯净水	
养殖天数	1 号体重	4 号体重	2 号体重	3 号体重
1	5.40	6.10	4.10	6.00
42	11.57	14.97	16.05	10.30
体重增长百分比	1 057%	1 397%	1 505%	930%
平均值	1 227%		1 218%	

苔藓生长记录				
	群明湖水		纯净水	
	1 号箱体	4 号箱体	2 号箱体	3 号箱体
第 42 天成活率	70%		60%	

◀对角蛙体重和苔藓成活率进行观察记录,可以直观验证湖水的质量情况,展现群明湖地区生物适宜性特征,为落实学习目标提供实践依据。

群明湖水养雨林缸实验结果表明,角蛙在环境适宜时,进食等生理活动正常,体重逐渐增长。通过对比,群明湖水养殖的角蛙比纯净水养殖的角蛙的体重平均值高,说明群明湖水更适合角蛙养殖。

苔藓对生存的环境要求较高,只有在良好的环境中才能存活,特别是对水质有较高要求。经过 42 d 培养,苔藓在群明湖水中比在纯净水中的存活率稍高,说明群明湖水质适合苔藓生长。

(四)结果分析

历经多年,群明湖经过水生态修复、四级驳岸设计、空间布局调整、湖岸植被绿化等各方面改造提升,已成为集风格、美感为一体的滨河景观带。鱼类是常见的水生动物类群，其在水中完成呼吸、摄食、生殖等生理活动，因此水质对鱼类的生活影响巨大。除了鱼类，水中还有藻类、水草等水生植物，虾、蟹、贝类等软体动物，蛙、蟾蜍等两栖动物，喇叭虫、草履虫和细菌等微生物，它们与周围的环境一起构成了淡水生态系统。淡水生态系统不仅为人类提供饮用、灌溉及工业用水的水源，在调节气候方面也发挥着重要作用。

为了检验群明湖"转型"是否成功，我们设计了一系列实验活动，开展群明湖水体质量调查研究。通过水质检测实验，获取了检测水样的 TDS、pH 值、剩余氯、钙镁离子、锌元素、工业污染剂、活性水、小分子、硬度、氨氮、溶解氧、亚硝酸盐指标等数据，对比《生活饮用水卫生标准》和《渔业水质标准》，有效监测群明湖水质质量和环境情况。通过水养孔雀鱼和水养雨林缸实验，可知群明湖水适合孔雀鱼、角蛙和苔藓的生长，验证了群明湖水质符合《渔业水质标准》，对水生生物具有积极作用。以上实验结果表明，群明湖从晾水池转变为人工湖，水污染治理取得了成功，并成为北京冬奥会首钢园区重要的生物群落聚集地。

2021 年 10 月 30 日，在二十国集团（G20）领导人第十六次峰会上，习近平总书记再次强调了要"推动构建人类命运共同体"的理念，走绿色、低碳、可持续发展之路是人类必然的选择。我国坚持重视环境保护问题，积极致力于处理经济发展同人口、资源和环境的关系问题。举世瞩目的 2022 年北京冬奥会召开，群明湖作为北京冬奥主题公园内最大的人工湖，以优美的环境和丰富的生态为冬奥会做出贡献。其中，群明湖水环境的治理是重要基础，也是老工业园区践行北京冬奥可持续发展理念的成功典范，实现了环境促进人类文明的持久延续。

本次研学活动使我们科学、全面地认识了群明湖水质治理的实效性，感受到环境对社会发展的重要作用。治理后的群明湖水质符合国家《渔业水质标准》，适合淡水水生生物生存，是良好的

◀在全部数据和实验对比的基础上，学生进行研学活动结果分析，可以更加科学地总结实验成果，为推进科学研究基础上的研学活动做好经验梳理，全面实现对学生实践能力的培养。

湿地生态系统。

此外，经过认真讨论，我们建议群明湖中增加一定数量和品种的生物养殖，增强生物结构的立体化设计，特别是淡水鱼类的结构性养殖。我们认为多种多样的生物种类在给环境带来美的享受的同时，也会增加地区生物的多样性，进一步提升生态系统的稳定性，有利于群明湖乃至整个首钢园区环境的进一步改善，助力城市发展的生态性更新。

第三节　生态环境类专题研学案例评价

中小学生态环境类专题案例是落实可持续发展 17 项目标，围绕环境保护、生物多样性、节能减排、垃圾分类等生态文明资源主题，进行的社会化问题研究，是研学活动的成果积累。进行中小学生态环境类专题案例评价，重在检验研学活动设计与实施效果，培养学生的生态环境意识，提高社会责任感，促进学生养成生态文明素养。

中小学生态环境类专题案例的评价应遵循 5 项原则：第一，评价要贯彻党的十八大"五位一体"总体布局，学习习近平生态文明思想，落实教育部、国务院办公厅等发布的相关文件精神，完成地区生态文明教育目标要求；第二，评价要以促进学生的核心素养为导向，关注价值观培养，推进每个学生形成绿色环保意识和研学能力，养成良好的行为习惯与道德品质；第三，评价要兼顾知识学习和实践应用，检测学生研学活动中的跨学科能力，突出学习方法与策略运用的多样性；第四，评价要符合学生认知特点，倡导主动实践，引导学生优先开展当地生态环境问题探寻；第五，评价要体现研学的活动过程，将学生的参与力、思考力和创造力作为核心指标，关注每个学生的成长。

中小学生态环境类专题案例评价要素主要包括目标、内容、设计、过程和成果 5 个方面，其评价量表见表 5.9。

表 5.9　中小学生态环境类专题案例效果评价量表

评价方向	评价指标	权重	分值范围
目标	目标是否明确、符合生态文明教育要求,是否具有可操作性和可测量性	20	0～20
内容	内容是否科学丰富、与目标相一致、与学科知识和实践应用相结合、具有地域特色和创新性	25	0～25
设计	设计是否合适有效、与目标和内容相匹配、适应各年龄阶段学生的特点,能否激发学生的学习兴趣和参与度	15	0～15
过程	过程是否规范科学、有明确的步骤和方法,能否充分指导和支持,是否具有有效的沟通和反馈	25	0～25
成果	成果是否可验证和可评价、与目标相一致、能体现学生的学习成效和发展变化、能展示学生的创造力和表达能力	15	0～15

注:90～100 分:优秀。案例目标明确,内容和设计科学合理,实施过程有序规范,成果显著,达到预期目标。80～89 分:良好。案例目标较为明确,内容和设计较为科学合理,实施过程较为有序规范,成果较为显著,仍有改进提升空间。60～79 分:一般。案例缺乏明确的目标,内容和设计还需要进一步改进,实施过程有些欠缺,成果较少,需进一步完善。40～59 分:较差。案例存在明显的问题,目标不明确,内容和设计缺乏科学性和丰富度,实施过程几乎不能实现,成果不可信。0～39 分:不合理。案例存在致命的问题,无法实现预期目标。

中小学生态环境类专题案例评价对研究性学习活动具有重要意义,它不仅实现了教育教学质量的有效提升,还促进了学生综合素养的全面发展,推动社会发展与环境保护。通过案例评价,可以帮助教师反思教育教学工作,为教育教学改善和提升提供指导。同时,能够进一步激发学生的学习兴趣,增强他们的学习能力和实践本领,为学生成长打下良好基础。中小学生态环境类专题案例为教育教学研究提供了案例参考和启示,有效推动了课程改革的不断深化与完善,助力培养学生的环保意识和实践能力,促进学生成长为一名合格的生态型公民。

第六章 生态经济类专题研学活动设计与实践

经济(economy)在中国古代,有"经邦"(《尚书·周官》)、"济民"(《尚书·武成》)之意。"经济"两字连用,始见于隋王通《文中子·礼乐》:"皆有经济之道。"在印欧语系中,此词源于希腊语 oikonomia,原意是家庭管理术,见古希腊色诺芬的《经济论》。后亚里士多德又赋予该词以谋生手段的含义。

19 世纪后半期,日本学者借用古汉语中原有词汇,把此词译作"经济",一是指与一定社会生产力发展状况相适应的生产关系或生产关系的总和,即社会经济制度;二是指物质资料的生产、分配、交换或消费的活动。现代社会的经济(学)通常是指社会物质生产和再生产的活动。

我们现在提到的经济模式,通常指的就是生态经济。生态经济是党的十八大后倡导的新型经济发展模式,是在保证生态系统稳定、良性运转前提下,实现经济的持续、平衡和高质量增长,是落实社会福利不断提升,最终实现人与自然协同发展的良性循环。生态经济与生态资源和生态环境有着紧密联系,它是建立在环境保护意识普遍觉醒的基础上,将生态学和经济学有机结合,实现生态建设与经济发展相互协调,构建起的人与自然生命共同体发展形态。

具体来说,生态经济是指要在经济活动中充分考虑生态环境的价值和成本,遵循生态理念和经济规律,实现资源集约型利用,提高能源效率和清洁能源的比重,促进经济和产业的绿色发展。生态经济要求在生态文化保护中充分发挥经济机制的助力作用,建立健全生态补偿制度,激发各方参与生态修复与管理,提升生态服务功能和生态产品供给,改善人民群众生活。生态经济决策者在国际合作中展现出责任担当,为参与全球气候治理、推动共建地球生命共同体、实现人与地球的可持续发展贡献力量。

教育在生态经济发展中发挥基础性培养作用。2022 年,教育部印发《义务教育课程方案和课程标准(2022 年版)》,其中道德与法治、历史、科学等多个学科提出了经济类专题学习的任务要求,为教育引导学生进行生态经济理解与建设生态经济提供学习指引。义务教育学科建设中的经济专题内涵与目标见表6.1。

表6.1 义务教育学科建设中的经济专题内涵与目标

学科	经济类专题学习的内容	经济类专题学习的目标
道德与法治	社会主义市场经济的基本制度和运行规律,基本的经济知识和技能	遵守法律、尊重合同、讲信用、公平竞争、自主创业等法治意识;珍惜物质财富、节约使用资源、保护生态环境等道德品质
历史	中国古代、近代和现代的经济发展历程;中国特色社会主义经济建设的成就和特点	热爱祖国、热爱人民、热爱社会主义的爱国情怀;积极参与国家建设、为实现中华民族伟大复兴而奋斗的时代担当
地理	自然资源的分布、开发利用和保护;地理信息技术的应用	地理思维和地理探究能力;尊重自然、保护自然、合理利用自然资源的责任感
科学	科技创新对经济社会发展的影响	科学方法和科学精神;科学素养和创新意识
英语	通过英语教育,使学生了解不同国家和地区的经济文化背景;掌握基本的跨文化交际技能;培养国际视野和跨文化意识	了解不同国家和地区的经济文化背景,掌握基本的跨文化交际技能,培养国际视野和跨文化意识

不难看出,《义务教育课程方案和课程标准(2022 年版)》为中小学推进生态经济类专题学习活动明确了方向,设计了实施路线和主题任务,促进学校教育中生态经济类专题的生态拓展。

第一节　生态经济类专题简介

一、基本内涵

生态经济类专题通常指与经济有关的话题,包括宏观经济政策、市场规律、商业文化、国际贸易、金融投资等内容。这些专题涉及经济运作中的各个方面，是现代社会中一个非常重要的领域。研学视角下的生态经济类专题是一种以生态经济发展为主线，围绕学科知识、地方经济和现状问题开展的有目的、有内容的研究性学习活动。它立足于教育本身，活动目标是促进学生对生态经济的理解与认知，培养经济思维，学习经济本领，实现学生核心素养和创新能力的全面培养。

从联合国可持续发展目标视角分析，生态经济类专题研学建立在 SDG_{12} "负责任消费和生产"目标的基础上，在保护自然环境和推进社会公正的前提下，促进全球经济公平、开放、可持续增长，实现经济发展对社会发展和人类进步的惠及与助力。从这一视角理解，生态经济类专题必须关注以下研究热点：一是消除贫困，通过有效的政策和措施减少并最终消除极端贫困的现象，确保所有人都能享有充足的食物、住房、医疗等基本需求。二是促进全球经济增长，加强各国之间的合作与交流，推进对外开放，降低贸易壁垒，促进跨国投资和技术创新。三是促进就业和经济活力，鼓励、支持企业发展创新，提高生产效率与竞争力，增加就业机会，实现经济的价值性和就业的可持续性。四是落实经济平等和包容，采取切实有效的措施，确保经济成果公正分配，减少社会和财富的不平等现象。五是加强基础设施的建设，构建高效、可靠、安全、低碳的基础设施体系，激发经济活力，提升各行业的生产力。六是推动可持续工业化和技术创新，通过改进生产方式和技术迭代实现经济发展的持续性，减少环境破坏，推动绿色发展。七是促进区域经济合作，积极开展贸易和投资的分工合作，加强沟通，提高整个地区经济的竞争力，为促进企业成长和扩大市场建立积极准备。

依据联合国《可持续发展目标：学习目标》进行中小学生态经济类专题研究性学习，需要全面开展研究性学习设计，重点从知识、能力、素养和品德等层面加深生态经济类专题研学对学生成长的影响，实现社会型人才培养。生态经济类专题研学活动的主题确立与研究视角如下。

（1）经济概念和知识类专题。通过文献梳理和实践调查等研学活动，引导学生了解、掌握基础经济学概念，如供求关系、市场机制、经济体制等，实现学生对经济现象和问题的认识与理解。

（2）经济活动运行类专题。引导学生了解和掌握经济活动的运行机制（如生产、分配、交换等)以及市场机制和政府调控下的经济运行规律与原则,建立生态经济的初步准则。

(3)经济问题和挑战类专题。探究当前经济发展面临的问题,如贫富差距、环境污染、资源短缺等,开展经济问题的解决策略与方法研究。

(4)创新和创业类专题。确立创业方向,引导学生掌握经济创新和科学创业的基本方法,尝试筹建小型经济项目和团队运营建设,引导学生参与经济运营的主要过程。

(5)经济实践和社会责任类专题。在研学活动中,引导学生理解生态经济面临的挑战,研讨解决方案,培养学生的社会责任感,推进生态经济、社会与可持续发展的相互关系。

在中小学研究性学习活动中,生态经济类专题为促进学生了解经济概念、参与经济活动、形成经济素养搭建学习平台,为培养学生经济思维和实践能力,学习解决经济发展中的矛盾问题提供思维通道和方法基础,提高学生的可持续发展关键能力与生态文明素养。

二、主题特征

中小学生态经济类专题研学活动主题要素的选择具有鲜明的特征,要从学习视角出发,体现教育价值,促进研学活动有序进行。

(1)课程内容的融合性。生态经济类专题的选题应建立在学生学科知识的基础上,与经济学、生态学相联系,让学生通过单一学科或跨学科学习进行经济类知识学习、运用和巩固,提升学生对生态经济的兴趣和理解。

(2)日常生活的密切性。生态经济类专题的选取要与社会生活中的经济现象相关联,使学生了解经济活动规律,激发学生的求知欲,培养探究精神,提升社会责任意识。

(3)社会热点的选择性。结合地区性社会热点和经济问题建立研究主题,帮助学生更好地了解地区经济发展现状,感受社会经济变化对生活的影响,增强社会经济改造意识,培养生态经济观。

(4)主题资源的开放性。选取适合不同年段、不同专题的经济选题,进行多学科的知识融通,提升学生的认知能力与水平,拓展学生的学习视野。

在生态经济类专题的选题过程中,还要考虑经济规律和可持续发展的协同作用,积极落实几方面关系:第一,坚持生态优先。引导学生注重生态环境的保护,实现生态需求与经济增长的协调互助,保证生态系统的可持续发展。第二,坚持效益主导。带领学生关注并提升经济产业的生产效率与竞争优势,关注并推动生态资源的高效利用,降低污染排放,实现能源节约,促进绿色发展。第三,坚持共同发展。引导学生关注不同地区和不同行业经济主体间的协同共生,通过多层次、多领域的经济合作,推进经济协调发展。第四,坚持创新引领。引导学生理解经济技术创新的重要性,探索资源再利用和环境保护策略,建立经济增长的生态路径。

三、研发策略

(1)设定选题范围。生态经济类专题活动包含面广,需要根据不同年龄段的学生特点和认知规律,确定适合的选题范围。例如,小学生可以从生活中的消费、储蓄、理财等方面入手;中学生可以涉及市场经济、企业管理、国际贸易等方面。

(2)确定研学形式。生态经济类研学活动可以采取多种形式开展学习活动,如文献研究、问卷调查、社会考察、实地调研等,可以通过组织模拟市场、模拟经营等实践活动进行经济探究,深入学习主题。

(3)明确选题内容。生态经济类专题活动的内容需要在学生认知水平和学科知识基础上进行设定,同时要贴近社会现实,突出实践性和互动性。例如,可以关注当前社会经济的热点话题,如共享经济、电子商务、带货直播、金融科技等。

(4)制定主题目标。生态经济类专题活动的目标设定不仅要考虑知识维度,更重要的是建立目标与方向,突出在生态经济类专题研学中培养学生的创新思维、实践能力与合作精神,注重学习体验和价值观塑造。

(5)评价标准设计。生态经济类专题活动案例的评价需要综合考虑学生的知识掌握、能力培养、实践参与、团队合作和创新能力,通过量化评价与质性分析,确定研学主题对学生的积极影响,促进学生经济素养的养成。

综上所述,专题研究中要注意体现研学活动的实效性、创新性和开放性,选择与学生生活、社会发展密切相关的生态经济类专题,激发学生的研学动机,引导学生探究经济发展的新趋势与新问题,鼓励学生从生态视角思考经济发展路径与策略,提升研究主题的可持续性,实现学生在研学活动中的个性培养和专业发展,建立生态文明价值观念。

四、案例设计的要素分析

生态经济类专题研学在中小学案例设计中要整体把控 7 方面要素,实现活动案例的高效实用。

(1)主题选取与问题设计。主题选取与问题设计是研学活动的核心环节,它决定了研学活动的方向和目标,应遵循以下原则:①主题的选取应符合国家教育政策,且与学生的年龄及知识背景相匹配,能够激发学生对经济学知识的渴望和兴趣;②问题的设计需要关注现实社会经济类问题,突出实践应用,能够引导学生思考解决经济难题的理念和模式,形成启发性和创新性;③问题的设计需要具有开放空间,鼓励学生多角度思考、探索具体问题,在主题研学活动中梳理生态经济类专题方案的多视角和可行性。

(2)参与活动设计过程。参与活动设计过程是研学活动的重要部分,它能够让学生直观感受、了解经济类专题的发展现状,拓展经济概念认知边界,凝练学科知识,掌握相关技能。可以通过参观企业、访问企业家、收集经济数据等方式进行实地体验,引导学生运用所学知识,分析经济现象和解决经济问题,培养学生的实践能力和创新能力,促进学生的情感体验,让学生感受经济活动的意义和价值,培养学生可持续发展理念下的经济发展意识。

(3)学习经济理论知识。理论知识学习是研学活动的基础,它能够让学生在掌握经济学基本概念、思想、机制的基础上,为研学实践提供理论支撑和方法指导,培养学生的问题解决能力和社会参与本领。

(4)开展研学活动推进。研学活动的主题推进,是指以某一主题为导向,通过多种实践和体验活动,让学生在参与过程中不断发现、探究和交流,从而达到学习目标的活动。它是研学活动过程的核心环节,是引导学生运用理论知识,分析、解决实际问题,提高学生应用能力和创新精神的具体过程。主题推进的系统性和科学性是保障研学活动任务落实的关键因素,在主题、任务、资源、参与、思考和反思中,落实学习目标,实现研学活动的具体化推动。

（5）经验总结与学习反思。对生态经济类专题案例的效果分析,需要加强学习过程的总结和反思,增加学生的学习收获。要及时梳理阶段成果和研究经验,总结失败教训,开展互动交流,进行自我反思,规范研学探究过程。

（6）培养团队合作能力。团队合作能力培养是研学活动的主要育人方向,能够让学生在团队协作中发挥个人优势,树立团队精神,提升个人领导力,促进个人综合素养和协作能力的提升。

（7）建立评价改进机制。监督评价是研学活动的保障机制,是让学生了解个人表现和进步的阶梯,是实现学习收获和研究反思的主要环节。要科学设定生态经济类专题案例的评价标准,考核学生在活动中的知识获取、能力养成和素养提升,从多元化视角形成客观性评价,建立激励机制,鼓励学生参与,形成学生学习品质与习惯养成的监督保障机制。

第二节　典型案例评析

经济建设是国家发展、强大的基础,因此经济类主题教育具有重要意义,它是全民经济意识提升的教育行动,是培养经济发展创新人才的起点,在引导人们关注产业升级、优化经济政策、构建配套保障政策和缩小城乡差距方面发挥教育引导作用。

开展生态经济类专题研学活动在中小学教育中占据重要地位。生态经济类专题研学活动是学校课程体系的拓展与延伸,是提升学生经济素养和创新能力的主题实践,培养社会主义合格公民的基本素质养成,为构建全民共同富裕观、全面建成社会主义现代化强国,搭建符合学生认知的生态经济发展平台。

下面以两篇案例呈现中小学教育如何引领学生关注国家经济建设,如何处理经济发展与资源开发利用的关系,如何推进生产方式和技术创新,发挥教育改革的引领推动作用。

一、传统产业的经济转型专题案例

传统产业是以传统技术和模式为主导的产业,如制造业、农业、建筑业等。

科技进步和环境资源的挑战使传统产业需要进行经济转型,以适应新时代的发展要求。经济转型有 4 个主要趋向,包括绿色转型、数字化转型、服务化转型和国际化转型,体现了传统产业在技术、环境、市场和竞争方面的改造与提升。为了应对转型挑战,需要为传统产业提供更好的技术支撑、人才保障、政策环境和市场秩序,促进传统产业高质量发展。

传统产业的经济转型专题案例如下。

百年首钢的经济转型与创新
——工业遗迹与生态经济和谐发展的研究
北京市石景山区红旗小学

学生:胡熙玥 琴智乔

指导教师:徐鹤 李晓如

摘要:首钢,成立于 1919 年,是一家拥有百年历史的钢铁企业,是我国钢铁工业的缩影。中华人民共和国成立后,作为国家经济发展的重要支撑,首钢参与和见证了中国钢铁从无到有、从小到大、从大到强的过程。它用自己史诗般的发展与创造,镌刻了中国经济从古老走向现代的成长历史,成为改革开放的一面旗帜。

要推动经济高质量发展,必须在推动产业结构转型升级方面找突破点。高污染、粗放型的企业逐渐被淘汰,首钢作为首都高污染企业也面临困局,亟待企业的全面调整和转型。

关键词:百年首钢;工业遗迹;生态经济;产业创新。

一、研究背景

首钢成立于 1919 年,1994 年钢铁总产量达到 824 万 t,位居全国第一,成为中国最大的钢铁生产企业。2006 年,第一卷热轧卷板的生产实现了首钢由低端产品向中高端产品的历史性跨越……首钢的发展历史展现了我国工业的起步、发展与辉煌。但是,成就背后是高能耗、高污染带来的危害,是给首都环境、资源

案例点评

◀研学题目立足首钢工业园区的建设与发展问题,聚焦百年首钢的经济转型与产业调整,通过探寻工业遗迹的可持续利用,实现主题研究的拓展与深入,为培养学生对可持续经济的理解和认知提供研学平台。

◀开展首钢百年发展史的历史探究,旨在通过挖掘这一工业巨头的成长路径,加深

和人们健康带来的巨大影响。为了还首都一片蓝天,2010年底,石景山地区的涉钢产业全部停产,开启了转型发展之路。以绿色发展、低碳发展、循环发展为理念,首钢进入了全新发展阶段。新首钢的全面转型具有划时代的意义,是人与自然和谐发展的成功典范,可以从国际、国内背景两个层面展开分析。

1.国际背景

生态文明建设是应对气候变化威胁,实现地球资源共同治理的迫切需要。近百年来,地球环境状况令人担忧,工业大生产引发的环境问题解决迫在眉睫。为了应对工业生产带来的气候变化对人类的威胁,197个国家于2015年12月12日巴黎召开的缔约方会议第二十一届会议上通过了《巴黎协议》,为全球应对气候变化做出行动安排,展示出国际社会应对气候变化的决心。我国政府也做出积极响应,2016年9月3日,十二届全国人大常委会第二十二次会议表决通过了全国人大常委会关于批准《巴黎协定》的决定。

2.国内背景

(1)生态文明是建设美丽中国的必然要求。2017年,习近平总书记在党的十九大报告中指出"加快生态文明体制改革,建设美丽中国"的美好愿景。2020年9月,习近平主席在第七十五届联合国大会一般性辩论上表示,"中国将提高国家自主贡献力度,采取更加有力的政策和措施,二氧化碳的碳排放力争于2030年前达到峰值,努力争取2060年前实现碳中和"。

(2)产业调整是实现循环经济的必由之路。近年来,国家重视循环经济的发展,将"大力发展循环经济"上升为国家战略。资源枯竭、环境污染已经成为制约首都北京乃至全国经济发展的首要因素。为了缓解京津冀城市的生态压力,解决空气污染和城市拥堵等诸多问题,同时也为服务保障2008年北京奥运会,国务院决定首钢等重污染企业搬迁到首都周边地区,通过调整产业结构,助力京津冀经济的协同发展。

▲学生对我国工业发展的了解,在对首钢过去与现在的对比中,真切感受历史变迁,激发学生对国家工业发展的热爱与敬仰。

◀聚焦"五位一体"总体布局,深化生态文明建设目标,在产业调整与规划设计中,实现生态经济建设,引导学生关注高污染企业发展的可持续性。

（3）党的十八大在"五位一体"总体布局中提出生态文明建设的明确要求，成为指引中华民族永续发展的千年大计。要树立和践行"绿水青山就是金山银山"的理念，坚持节约资源和保护环境的基本国策，像对待生命一样对待生态环境，统筹山水林田湖草沙系统治理，实行最严格的生态环境保护制度，形成绿色发展方式和生活方式，坚定走生产发展、生活富裕、生态良好的文明发展道路，为人民幸福创造良好的经济环境，为全球生态产业发展做出贡献。

◀经济建设作为"五位一体"总体布局的重要方面，与生态文明建设存在紧密关系。经济建设是根本，生态文明建设是基础，二者相互依存、相互促进，共同推进生态文明社会的全面发展。

（4）落实首都中小学生态文明教育规定。生态文明教育功在当代、利在千秋。北京市教育委员会发布《北京市中小学生态文明宣传教育实施方案》，启动生态文明主题教育，将资源国情、生态环境、生态经济、生态安全、生态文化等五大方面作为生态文明教育的主要内容，从宣传、课程、活动、实践、管理 5 个途径提出 15 条具体工作任务，以此加大中小学生对生态文明知、情、意、行的全链条培养，初步构建生态文明教育基本育人体系。

综上所述，百年首钢的经济变迁是顺应时代发展要求和生态文明发展的必然，是社会主义生态文明观的体现，它为构建生态经济，形成人与自然和谐共生的现代发展格局做出了积极实践。

二、研究目标

通过对首钢工业园区的参观考察与资料收集，了解工业园区的历史变迁、经济贡献、环境影响、转型现状及未来规划，学习借鉴工业遗迹的再利用经验，认识工业遗迹再利用与可持续发展的价值关系，提出首钢工业园区转型建议，培养学生关注社会经济的生态转型，形成主动探究和积极解决问题的科学能力。

◀制定研究目标，在首钢历史探寻中，探究产业转型的设计与规划，有效推进了研学活动。

三、研究内容

（1）通过文献和调研，引导学生了解首钢工业园区的历史变迁、经济贡献、环境影响、转型发展及园区生态建设现状等。通过访谈活动,认知人民群众对"首钢转型"的态度,培养学生关注社会、关注自然,提高可持续发展的意识和能力。

(2)对比首钢园等老工业园区建设经验,深入了解工业遗迹的再利用与可持续发展问题,认识生态经济转型的重要性,指导学生提出发展首钢工业园区的建议,写出研究报告,为高污染产业的生态转型提供示范。

(3)通过科学、全面的考察活动,培养学生观察和检测的能力,学会现状调查、数据处理及分析等方法,掌握问卷设计、数据处理和图表制作等技能,形成严谨、主动、积极的科学素养。

(4)开展首钢工业园转型方案的宣传推广,通过宣传手册、宣传栏及公众号等,向市民宣传老工业基地的转型经验,倡导绿色发展理念,助力首钢工业园区的生态发展。

四、研究思路

(1)学习生态文明理论、政策及相关知识。

(2)调查首钢发展历史及变迁情况。

(3)搜集、了解国内外工业遗迹的再利用范例,借鉴成功经验。

(4)开展首钢园区经济转型的深度探索,提出发展建议,进行报告设计,提交企业参考。

(5)规划首钢园绿色发展之路,培养学生的生态经济观,增强其生态文明意识。

(6)对方案进行宣传与推广,引发社会关注。

五、研究团队与分工

在红旗小学五年级学生中,根据学生兴趣特长,设立研学专题,开展百年首钢的探寻工作。研究主题包括历史探寻、园区体验和转型再生3个方面。组建研究团队并制定目标,分工合作,实现深度探究。

(1)历史探寻。上网查找资料,查阅图书,搜集首钢老照片和

◀从主题目标和研学策略视角确定研究内容,设计社会实践活动类型,可以更好地实现学生的全面发展,培养学生的可持续学习能力。

◀3个研究小组的设立基于3个主题内容,通过研学队员间的相互合作

发展历史,开展相关活动,探寻首钢园的百年辉煌和文化精神。

(2)园区体验。以家庭为单位走进首钢园区,搜集整理首钢园区的发展历史,探寻2022年北京冬奥会中的靓丽风景,体验园区建设成就。

(3)转型再生。采访工业、环保和城市规划专家,学习世界工业遗产改造成功案例,研讨首钢未来发展建议;深入首都城市社区,利用微信和问卷星开展"我对生态首钢建一言"活动,通过社会调查与宣传,收集整理相关数据并建言献策。

在活动中,教师发挥引导作用,通过指导设计方案,调控研学进度,进行报告设计,为形成研究成果提供指导。

和任务分工,聚焦主题目标,实施内容探究,形成多专题研究成果。

六、研究过程

专题一:百年首钢的历史探寻

研究目标:探究首钢百年发展史,梳理钢铁文化精神。

研究团队:历史探寻小队成员。

研究时限:6~8月。

活动一:搜集资料,今昔对比,感受变迁。

首钢是首都重要产业支柱,也是学生了解家乡的一扇门。学生通过网络搜索、图书查阅等形式搜集首钢历史资料,学习首钢发展历程。研究重点为以下几个。

(1)首钢的建设年代、历史及成因。

(2)中华人民共和国成立后首钢的发展历程。

(3)首钢创造的经济价值和社会影响。

(4)首钢面临的困局与出路。

通过文献调查和资料查询,学生了解了首钢的历史,感受到首钢在我国改革开放过程中起到的重要作用。从首钢历史变迁上分析,首钢发展的历史就是中国近现代的发展史,是中华人民共和国成立后的奋斗拼搏史,浸满了一代代首钢人辛勤的汗水。

◀对百年首钢开启历史探寻,实现了对首钢风貌的全面还原,感受首钢创建之初的艰苦奋斗,品味改革开放的快速发展,思考新时代转型升级下的挑战与困难,为深入研究厘清历史脉络。

首钢面临的发展之困，不仅停留在资源和环境层面，更多体现在生态经济发展层面，体现人与地球可持续发展的基本要求。新首钢的发展是我国粗放型经济转型的必然之路，是我国深化产业之路的重要选择。在可持续发展理念指导下，首钢园逐步成为高端、绿色、生态的城市复兴新地标。

活动二：梳理历史脉络，讲解首钢故事。

利用前期搜集的资料，引导学生深入了解首钢的建厂历史、发展历程、经济贡献和社会影响，感受老一辈工人的火红青春与工作热情。引导同伴进行小组内的资料分享，展开研讨和转化，形成生动的首钢故事，故事主题如下。

首钢人的故事：中华人民共和国成立后，首钢自主创业时期，老一辈首钢人吃苦耐劳、艰苦奋斗的精神感染着每一个人。李志明爷爷是三高炉的一名普通工人……

新征程上的自主革新：近年来，随着首钢转型发展的不断提速，新一代首钢人不等不靠，积极学知识、求真经、长本领，实现凤凰涅槃。他们从炼钢炉旁的炉前工到滑冰赛场上的"打点师"，从静静的凉水塔检修到喧闹的滑雪跳台赛场服务，开启了首钢园区建设的新征程。首钢滑雪大跳台是……

传承首钢精神：首钢人向来有着顽强拼搏、追求卓越的精神，从每一颗螺丝钉，到每一块建筑模板，总是井井有条、整整齐齐，令人回想起那喧闹的建设场景……

通过举办讲故事比赛，开展首钢发展的历史回顾，调动学生学习的积极性，培养探究精神，既发展了学生的组织能力和语言能力，又弥补了首钢历史文化知识，为知首钢、学首钢、颂首钢、传承首钢精神搭建学习的舞台。学生创作的首钢发展图如图6.1所示。

◀首钢的发展始终紧密跟随着国家政策的步伐，为我国工业进步做出了巨大贡献，这与首钢的钢铁精神与文化紧密相通，成为国家工业发展的一面旗帜。

◀研学队员结合学习理解，创作了首钢发展图，通过今昔对比，实现了对首钢文化的理解与认知。

图 6.1　学生创作的首钢发展图

专题二：工业园区的深度体验

研究目标：走进工业遗迹，体验园区建设。

研究团队：园区体验小队成员。

研究时限：6～8 月。

活动目标：实地探访，感受生态首钢的整体变化，探索工业遗迹全面焕新。

◀在专题二活动中，引导学生走进首钢园区，亲身体验首钢发展的悠久历史与建设成就，在观察、体验和思考中，完成今昔首钢的对比和认知。

面对新首钢的转型发展，依托可持续发展理念，重点探索首钢园区经济、文化、社会和环境层面的具体变化，了解首钢工业遗迹的全面焕新。

学生根据认知特点与兴趣特征，自主选择生态环境、工业文化、生态经济和资源节约等专题内容，进行实地探究。

1. 生态环境

重点调查新首钢的生态状况，了解环境现状，从空气、土壤、水质等方面感受新首钢园区的环境变化，梳理首钢园区环境转型的困难与可能。

借助前期调研资料，进行实地走访，开展园区环境的情况对

比,绘制规划图并进行小组研讨,提出对首钢园区的规划建议。研讨话题包括:

(1)老首钢为我国经济发展做出了巨大贡献,但同时也对厂区环境产生了负面影响,进而对石景山区乃至首都北京的生态建设造成直接影响。请说出你在走访中了解的情况及其产生的影响,可以用数据或图例呈现。

(2)首钢面临转型难题,遗留下来的工业园区是废弃、拆除,还是被转型、利用,进行老工业元素与新发展方向的改造?请结合以上内容谈谈你看到的、想到的,并说出你的规划。

2.工业文化

首钢工业文化是首钢企业和员工中形成的有独特价值、行为准则、组织精神和良好习惯的文化风景,主要包括红色文化、钢铁意识、企业家精神、创新能力和共享责任意识等。

学生在实地探访和专题访谈中,了解、交流首钢发展进程中的文化传承,在改革与创新中,思考如何建立责任意识,关注生态环保,学习与传颂首钢精神。可以重点对工业园区中的三高炉、筒仓、热风炉、精煤车间、群明湖、石景山及其古建筑群等原有景观进行文化历史探究,了解其功能,设计新规划,展现工业遗迹的遗存与新生。

3.生态经济

生态经济作为首钢转型的核心内容,是学生开展首钢工业遗产再生的主要方面。重点引导学生从以下视角开展研讨和探究。

(1)首钢园区的资源保护与循环利用。探讨加强自然资源保护与管理的具体措施,推进绿色生产方式,进行废弃物品综合利用与探寻,"变废为宝",实现资源的循环利用与再生。

(2)老工业园区的清洁能源建设。通过已经开工建设的污水处理系统和垃圾处理系统,探索园区环境美化的整治、修复和改善措施,规划设计生态产业公园发展模式,进行工业遗迹与宜居社区的深度融合。

◀从生态环境、工业文化、生态经济和资源节约角度开启首钢园的主题探访,实现了研学任务的有效落实。

◀生态经济建设作为首钢发展的核心问题,是研学活动的重点。案例中的设计,加大了学生对产业转型的理

（3）建设绿色低碳经济示范区。发挥首钢园区的传统优势和基础设施优势，研讨对遗存保护、产业调整、经济拓展和旅游带动的具体策略以及发展后冬奥时代的园区建设规划，打造绿色休闲空间，实现经济发展的绿色生态园区建设。

4.资源节约

老工业园区的生态再生，进行新园区建设中的资源节约设计与规划，重点学习以下内容。

（1）节约能源。首钢园区已成为国内首个 C40 正气候项目，实现了园区内能源、水、废弃物等方面的低碳循环利用。引领学生学习海绵城市、绿色交通、智慧园区等园区规划的相关知识，了解首钢集团积极参与碳排放权交易的行动，研讨老工业产业碳资产管理的新途径。

（2）节约水资源。带领学生了解首钢园区利用原有的工业水网和雨水收集系统，建设先进的雨洪管理系统，实现了雨水的收集、净化、利用和渗透，增加了地下水补给，降低了城市内涝风险的经验做法；学习利用原有工业冷却塔和蓄冰池，建设集中型供冷系统，实现了冬季制冷、夏季供冷的节能模式。开展资源节约与再利用的方案设计，实现图纸再现（图6.2）。

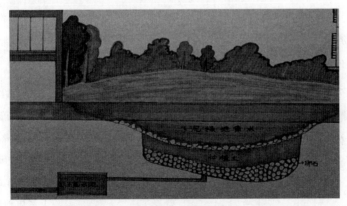

图6.2　资源节约与再利用方案设计

（3）节约土地资源。研学小组了解首钢园区在保留工业遗址的基础上进行的适应性再利用和织补式开发的举措，了解工业遗

解和分析，学通、读懂核心概念，为提出改革型建议、推进生态转型厘清经济学概念。

◀资源节约是企业转型的重要指标，是推进生态经济建设的主要参考。引导学生进行水、电、气等各类资源的节约与循环式利用，为推进首钢生态园区建设奠定基础。

存与冬奥场馆、科技创新平台、生态景观等的有机结合,提高土地利用效率和价值。探索利用首钢园区地铁线路和站点,建设3个TOD(以公共交通为导向的城市空间开发模式)核心区,实现高密度商业和公共化办公、文化会议等多元业态的交通线路规划设计,形成园区土地资源利用新模式。

立体化空间设计与智慧停车场设计如图6.3所示。

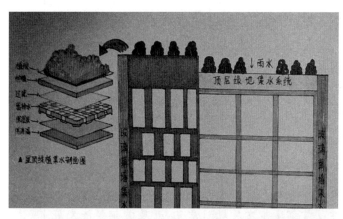

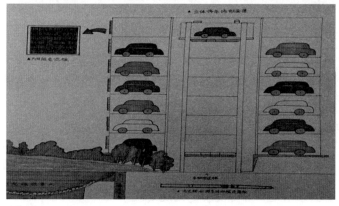

图6.3　立体化空间设计与智慧停车场设计

资源的合理利用在首钢规划和建筑中得到广泛运用。学生学习到在2022年北京冬奥会建设中,首钢工业遗址公园的改造坚持"封存旧,拆除余,织补新,尽量保持首钢的素颜值"的理念,2022年北京冬奥会办公区由五号、六号筒仓改造而成,冰上中心利用了原有厂房结构设计而成,首钢滑雪大跳台的镏金玻璃幕墙

◀首钢工业园的土地规划与再利用,是实现经济发展的重要方面,为新业态下的园区建设提供基础保障与合理设计。学生在此环节,充分利用环保低碳理念,进行立体化空间设计、智慧型停车场设计等,开启了园区建设的创新实践。

采用国内部分回收钢铁制作等,充分体现了资源的科学利用。在实际使用中,设计并利用节能环保技术,如光伏发电、太阳能光纤照明等,让学生在探究和研讨中感受节能环保技术的使用,感受科技给人们生活带来的改变,渗透节能环保新理念。

专题三:首钢经济的转型再生

同学们发现,首钢竭尽所能为建设天蓝、地绿、水净的美丽中国贡献力量。2005年2月,国家发展改革委正式批复了首钢搬迁曹妃甸的方案,同意首钢实施压产、搬迁、结构调整和环境整治。为了还首都一片蓝天,首钢将污染企业退出北京,来到河北曹妃甸,以钢铁般的毅力开启企业的绿色发展,开启首都大型污染企业全面转型的新征程。老厂区留下的高高的烟囱、清清的湖水和斑驳的厂房记录了曾经的辉煌。

活动一:学习首都城市规划,开展政策理论认知。

研究目标:学习首都城市发展规划意见,开展首钢经济发展转型设计。

研究团队:转型再生小队成员。

研究时限:6～8月。

1. 政策学习

查询《北京城市总体规划(2004年—2020年)》和《北京城市总体规划(2016年—2035年)》,了解北京市贯彻落实《国务院办公厅关于推进城区老工业区搬迁改造的指导意见》(国办发〔2014〕9号)的规定,准确定位首都发展建设规划。

通过组织开展首都城市发展政策研讨活动,鼓励研学队员展开讨论,提升政策认知水平。

2. 规划理解

学习2011年北京市规划和自然资源委员会对《新首钢高端产业综合服务区控制性详细规划》的批复意见,理解该规划中空间结构与用地功能布局、文物保护与工业资源保留再利用、生态环

◀本研究小组在首钢产业的转型与再生主题研究中,进行了广泛的政策查询与数据分析,通过各领域专家访谈,逐渐厘清转型思路,为形成研学方案创造条件。

境治理与修复、城市开放空间体系、支撑体系、规划控制与引导、规划实施与管理等内容,进行首钢园区建设的学习与思考。

组织新首钢产业转型辩论会,在讨论与争辩中,统一发展思路,理解转型方案,为深化企业改革达成共识。

3.专家访谈

借助学校、家长、社区等资源,采访城市建设、环境保护和经济发展等类型专家,走访首钢老员工,搜集首钢转型的发展建议,记录可行意见,形成科学建议(图6.4)。

图6.4　采访专家、走访首钢老员工

活动二:整理研学小组收获,提出首钢发展建议。

研究目标:汇总3个小组的研学意见,开展研讨活动,进行首钢经济转型的意见设计,提出可行方案。

研究团队:历史探寻、园区体验及转型再生3个小队的全体成员。

研究时限:9～10月。

1.案例学习

总结3组队员的研究经验,查阅文献资料,走近行业专家和首钢职工进行访谈,在实地考察首钢工业园区的基础上,传承首钢红色传统、产业布局和企业精神,学习经济转型成功案例,为首钢工业基地的转型提供借鉴。新首钢经济转型发展可以考虑以下几个方面。

(1)优化传统产业结构。将原首钢产业化整为零,拆分出房地产、金融和环保等板块,在传统行业领域基础上拓展经济板块,

◀提出首钢转型发展的新建议,是3个研究小队的共同任务。在前期调研、走访的基础上,进行数据分析与整

促进经济发展的专业化和精细化。

（2）加快新兴业态布局。加大新兴产业的布局，包括金融、文化、旅游、体育产业等多个领域，实现多元化发展。

（3）推进绿色环保。加强绿色生产、节能减排、循环经济等方面的投入，大力推广清洁能源，规划建设氢能源城市，促进低碳理念在企业经营中的创新性发展。

（4）提升科技创新力。积极推进人工智能、工业互联网等先进技术的加速升级，提高自主创新力，增强核心竞争力。

（5）拓展国内外市场。逐步拓展国内外市场并与多国品牌深化合作，提升竞争力和知名度，利用自身优势，加强区块链的整合与国际化布局，深化企业全球战略。

2. 研讨规划

学生围绕传统产业结构优化和布局成功案例，进行首钢新兴业态布局设计，在绿色环保、科技创新和国际化融合等方面加速投入，实现经济发展的可持续性目标。

在教师的带领下，走进石景山、门头沟、丰台等地部分社区开展"生态首钢，畅想未来"的社会调查，利用微信及问卷星向更多人群发放调查问卷，对收集的数据进行分类归纳与整理，形成方案和建议，为首钢转型发展建言献策。

3. 路线图设计

汇集多方建议，设计首钢工业园区产业结构路线图（图 6.5）。

理，实现了多方意见的有效整合，并提出总体建议。这个环节的设计，培养了学生解决问题的能力，提升了可持续经济意识，形成了生态文明素养。

◀借助多种手段，开展调查研究，可以更快实现意见收集，为形成研学活动建议方案提供策略支持。

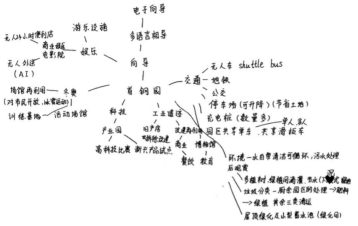

图6.5 首钢工业园区产业结构路线图

4.提出建议方案

结合学习收获,从学生视角为首钢企业转型提出合理化建议,聚焦首钢工业园区的发展,以"给百年首钢园的一封信"形式呈现,并提交首钢集团战略发展部办公室。

给百年首钢园的一封信

亲爱的百年首钢园:

您好! 我们是一群小学生,是与首钢发展有着紧密联系的三代、四代首钢子弟,对首钢发展极具兴趣,也十分关注。为了全面了解首钢产业发展的前世今生,我们开展了"百年首钢的经济转型与创新"研学活动,进行了大量走访和调研,收获了很多学习感受,想和您谈谈我们的思考。

众所周知,首钢作为我国工业发展的天之骄子,对国家建设发挥着重要作用。首钢人的钢铁精神与悠久文化,是中华民族精神的延续与发展。面对新时代全面建成社会主义现代化强国的目标,调整发展方向,进行企业转型,为首钢经济的再度腾飞插上翔翔的翅膀成为新的发展契机。此时此刻,我们经过多次研讨,

◀产业结构路线图完整记录了学生的学习过程,体现了学习收获的直观成果,为学生开展研学活动成果梳理提供了有效形式。

◀以书信形式提出学生对首钢产业转型和经济发展方向的建议,可以更好地表达学生的研学收获,将所思所想直观呈现,体现学生的直接参与,拉近双方间的对话距离。

形成了自己的思考与建议,想对您说:

首先,建议借助国家和首都建设整体战略,破解首钢发展的系列难题,推动老工业区的企业转型与产业升级,让首钢更好地适应时代发展的需要,为国家建设贡献更大的力量。

其次,建议加大工业遗产的保护和升级,完善城市功能,统筹区域发展重心,创新发展理念、技术标准和产业结构,从政策视角解决老工业园区的整体改造难题,将传统工业园区变身为一个现代化、智慧型、具有生态特色的新园区,成为集会议、旅游、运动、休闲为一体的新型场所,形成绿色生态、城市特色、传统风貌、地下空间、市政交通为一体的生态功能空间。

再次,建议利用 2022 年北京冬奥会举办契机,将工业资源活化为以冰雪运动为主的体育休闲区,助推国际赛事承办,服务冰雪运动训练,打造国家体育产业示范园。

最后,以"打造新时代首都城市复兴新地标"为目标,突出创新、修补、活力、生态理念,遵循"以人为本"内涵,推动首钢园区成为老工业区全面复兴的国际典范。

期盼首钢的美好未来!相信在国家政策的支持下,在生态文明建设理念指引下,首钢园区一定能够实现老工业区的全面复兴和创新发展,成为全球瞩目的城市更新示范样板。

谢谢您阅读我们的来信!祝园区越办越好!

北京市石景山区红旗小学六年级学生

2021 年 12 月

七、研究结论与分析

本次研究性学习历时半年,是贯彻生态文明建设总体目标,落实《北京城市总体规划(2016 年—2035 年)》和《国务院办公厅关于推进城区老工业区搬迁改造的指导意见》(国办发〔2014〕9号)规定,围绕首钢老工业园区建设进行的社会调查类研学活动。学生聚焦首钢文化的传承和梳理,立足企业经济转型策略,进行深入探究与实践,在学习中促进社会公民意识的培养。主要收获表现在以下 5 个方面。

1. 主题目标源于生活

研学主题来源于学生生活,是社会热点话题。以首钢历史探寻为基础,开展未来首钢经济的转型与规划,培养了学生的参与意识和实践热情,建立了科学、规范的研学路径。

2. 研学活动形式多样

研学活动聚焦主题目标,设计了丰富多样的形式,调动了学生的积极性,让队员们通过文献查阅、问卷设计、数据整理、现场采访、研究讨论等手段,借助摄影、绘画、手抄报、规划图设计、PPT制作、建言献策书(信)等形式,发挥学生的积极性,培养学习特长,深入学习实践,提升学生的参与性和实践性。

3. 培养合作实践能力

研学活动以 3 个研究小组的分工合作形式展开,先分工,再合作,使学生真正参与进来,成为学习的主人。注意发挥骨干队员的引领作用,在资料整理和问卷分析中,培养学生的思维力和判断力,形成实践本领,为每一名学生建立起学习意识和文化自信。

4. 主题反思建言献策

引导学生全面梳理数据、文献和政策,开展问题研讨,提出对首钢园产业发展的未来规划建议,培养学生参政议政的意识,为深化社会实践奠定基础。

5. 研学活动拓展推动

将学习课堂搬出校园,搬向社会,是新课程方案提出的改革要求。研学活动能够拓宽学习通道,培养学生的参与热情,有效引导全体学生持续关注社会问题,提出研究建议,达成理念共识,实现活动舞台的拓展与延伸,促进师生共同成长。

◀ 全面梳理研学活动的实践成果,可以更好地总结经验,分析成功案例,为学生形成学习本领、培养可持续发展关键能力创造条件。

八、研究反思

在"百年首钢的经济转型与创新"研学活动中,学生深入了解首钢的发展历程,感受首钢在国家建设中的重要地位,感悟首钢精神与文化,从而确立建设祖国的志向。研学活动为拓展学生知识视野、实现育人方式变革奠定了基础,搭建了课堂教学中学生参与社会问题研究的舞台,以学生视角抓住首钢文化传承与产业复兴研究两个重点问题,引导学生在调查与实践中推进课程改革创新,培养了学生的学习能力,促进了生态文明素养的养成,为学校育人质量的提升奠定了基础。

◀开启研究反思,梳理实践过程,有效落实了学习目标,实现了学生培养,为提升研学活动的规范性、科学性进行深入思考。

改进计划:

(1)深化学生主题学习的深度,搭建与企业家面对面的交流平台,促进学生学思结合。

(2)紧密结合国家课程改革要求进行跨学科主题选择,有效推进课程知识的在地化研究,实现课程内容的细化、拓展与延伸,落实课程改革总体目标。

二、林业经济保护专题案例

据调查,我国目前是世界上第一大纸消费国,年需求量达1亿 t 以上。然而地球森林资源是有限的,这使得我国的造纸业面临着纸浆供应严重不足的情况,每年都需要大量进口,付出了大量的外汇。将用过的废纸合理地回收、有效地利用起来,进行再生纸的生产,既实现了资源节约、保护环境的目的,又节约了生产价值,完成了经济性与环保性的统一,促进了生态经济的循环发展。本案例从中小学现状出发,采用文献、访谈与研讨等形式,对中小学再生纸使用情况进行调查与分析,提出研究性学习建议,为培养学生的社会实践能力、建立生态文明素养创造条件。

林业经济保护专题案例内容如下。

校园再生纸的现状及经济价值研究

北京市海淀区翠微小学

学生：李沐泽　刘允熙　张丹睿熙

指导教师：王莉

摘要：纸张作为中小学校日常工作中不可缺少的物品，承载着传递知识、信息，记录学习收获和成果的作用。然而，纸张的生产消耗了大量的资源与能源，造成了严重的环境污染。为了保护我们赖以生存的地球，应该选择一种更环保、节约、实惠的用纸方式，那就是再生纸，提升经济价值和环保价值。本文聚焦中小学再生纸的现状调查和价值研究，通过问卷、访谈和文献等手段，开展定性与定量研究，实现学生对主题学习的深入理解，促进学生生态文明素养的养成。

关键词：中小学校；再生纸问题；现状调查；经济价值。

一、研究背景

在可持续发展理念推动下，利用废弃纸张加工生产形成的再生纸已成为全球绿色经济的标志之一。它符合生态环保和可持续发展的要求，具有显著的市场潜力，受到了越来越多的关注。

在中国，中小学校的数量和规模庞大，产生的废纸量也十分可观。由于学生的年龄较小，对环境保护和可持续发展的认识程度相对较低，造成了大量的纸张浪费，这种局面亟待改变。在此背景下，推广再生纸在中小学的应用迫在眉睫。它不仅可以为环保事业贡献一分力量，同时也可以实现校园节约、成本缩减、管理效益提升和绿色经济意识培养等。

二、研究目的

通过对再生纸的研究，了解再生纸的相关知识，认识再生纸

案例点评

◀校园再生纸的现状及经济价值研究对于学生来说既具有挑战性，又具有创新性，需要在专业知识基础上展开研学活动，深入进行研究实践，促进学生对可持续经济的全面理解。

◀纸张的循环利用由于受到回收条件的制约，浪费严重。在校园环境下，开展废纸回收与再生纸利用具有经济性和知识性双重研究空间，可以有效拓展学校课程，促进学生研究能力提升。

在日常生活中的用处、现状并进行分析,探究使用再生纸的经济价值,培养学生形成绿色环保理念和生态经济意识,构建可持续发展价值观。

三、研究对象与内容

(一)研究对象

中小学校再生纸现状。

(二)研究内容

(1)废纸的定义与类别研究。通过文献查阅,了解废纸的概念及其类别,准确定位废纸的定义。

(2)中小学校园纸张使用的现状研究。开展校园调查活动,通过问卷收集纸张浪费数据,了解废纸再利用现状,定位使用再生纸的必要性和空间价值。

(3)对使用校园再生纸的经济性进行研究。通过数据分析和计算,开展校园再生纸的推广、使用价值研究,了解使用再生纸的经济属性,提高研究实效。

(4)形成校园绿色低碳理念。借助研学活动,开展中小学生态校园建设,促进学生形成绿色理念和生态习惯,培养学生建立可持续发展价值观。

四、研究方法及思路

(1)文献法。通过查阅相关书籍、期刊、报纸、网络等资料,了解再生纸的定义、分类、制作工艺、性能特点等基本知识,以及再生纸在国内外的发展现状和趋势。

(2)调查法。通过走访再生纸设备制造厂、废纸回收站、办公用品店、图书馆等地,观察和了解再生纸的生产过程、回收利用情况、使用效果等,与相关人员进行交流和访谈,收集一手数据信息。

◀校园再生纸的研学方案确定了概念、现状、经济性及活动主题等环节内容,从学习视角进行了再生纸研学活动的目标定位,为推进研究确立方向。

◀再生纸研究方法和思路的确立,为规范研究活动进程、提升研学数据的科学性、增强研究结果的可行性提供了具体学习方法。

（3）行动研究。进行校园再生纸的制作与推广，培养学生的生态环保意识。通过整理、归纳调查所得的数据和信息，运用统计学、经济学等方法，对再生纸在不同领域的应用情况、优势、挑战和发展趋势进行分析，对再生纸的市场前景和经济价值进行评估。

五、研究过程

（一）文献查阅与历史探寻

1. 查阅文献，明晰再生纸的基本概念

再生纸是一种以废纸（又称二次纤维）为原料（或主要原料）而生产出来的纸张，是经过化学和物理处理后得到的新型纸材料。再生纸的制作过程比普通纸张简单得多，它可以替代传统的木浆纸，对于保护环境和节约资源有着重要意义。再生纸的概念、范围在不同的国家和地区有不同的规定，一般要求使用一定比例的废纸浆，否则就不能算作环保产品。

2. 历史探寻，了解再生纸的前世今生

再生纸的发展历程可以分为以下几个阶段。

（1）我国宋代便已开始利用废纸抄造再生纸了，明代科学家宋应星在《天工开物》一书中详细记载了"还魂纸"的制作过程。原文如下：一时书文贵重，其废纸洗去朱墨污秽，浸烂入槽再造，全省从前煮浸之力，依然成纸，耗亦不多。南方竹贱之国，不以为然。北方即寸条片角在地，随手拾起再造，名曰还魂纸。[《天工开物·造竹纸》（宋·宋应星）]

（2）在西方，直到 1800 年英国人库普斯才开始想到利用废纸来造再生纸。1874 年，德国开始使用碎纸机，接着又成功研制了疏解机、清洗机等。1905 年，德国人亨利和皮蒂茨发明了废纸脱墨技术，从而扩大了废纸的回收范围。

20 世纪 70 年代，鉴于全球的生态环境和自然资源日益恶化，

◀引导研学小组进行再生纸的学习，要从核心概念入手，探究研究目标和学习专题，准确推进研究性学习活动。

◀从历史视角探究再生纸的发展过程，可以更好地传承环保理念，培养学生的实践精神，为学生厘清再生纸产业发展历史。

造纸业掀起了废纸再生工程热潮,促使循环经济快速发展。现在,再生纸的生产过程相对于木浆抄纸制造要简单得多,只需先把废纸离解、脱墨、洗涤、漂白,再经过打浆、调料,送上造纸机进行抄造便完成了。

(3)21世纪以来,随着经济社会的发展,纸张使用量迅猛上升,废纸大量产生。我国作为世界第二大纸及纸板的消费国,每年需要进口大量的废纸作为原料。因此,提高国内废纸回收率和利用率成为当前造纸业面临的重要问题。

3.分类对比,探析再生纸的类别与特征

再生纸的类别可以根据不同的标准进行划分,如按照废纸的来源、品质、用途等进行划分。一种常见的分类方法是按照国际标准化组织(ISO)制定的废纸等级进行分类,该标准将废纸分为五大类,分别是:

A类:高品质的未印刷或少量印刷的白色或浅色废纸,如白色办公用纸、信封、信纸等。这类废纸可以用于生产高档的再生纸,如书写纸、印刷纸、复印纸等。

B类:中等品质的已印刷或未印刷的白色或浅色废纸,如报纸、杂志、书籍等。这类废纸可以用于生产中档的再生纸,如新闻纸、包装纸、文具纸等。

C类:低品质的已印刷或未印刷的深色或多色废纸,如包装箱、牛皮纸袋、彩色广告等。这类废纸可以用于生产低档的再生纸,如瓦楞纸板、工业用纸、餐巾纸等。

D类:含有特殊材料或涂层的废纸,如复合材料、塑料膜、金属箔、尼龙丝等。这类废纸需要进行特殊处理才能回收利用,如分离、脱墨、洗涤等。

E类:含有有害物质或污染物的废纸,如含有油脂、油墨、化学药品、重金属等。这类废纸不能回收利用,需要进行无害化处理或焚烧。

本研学项目更多聚焦A类再生纸在校园中的使用和推广。

◀学习探究再生纸的类别划分和等级,为准确定位校园再生纸的研究类型,展开专项研究奠定基础。

4.深入探究,了解再生纸的主要功能

再生纸作为回收纤维素资源的二度使用,在减少自然资源浪费、保护环境、节约成本、提升经济性等方面具有显著价值,加快了经济的循环和再利用,奠基生态经济发展。再生纸的功能主要体现在以下几个方面。

(1)节约资源能源。利用废纸制造再生纸,可以大大减少对木材和水等自然资源的消耗,也可以降低造纸过程中的能源消耗和碳排放。有数据表明,每回收利用 1 t 废纸,相当于保护了 17棵大树。

(2)保护生态环境。利用废纸制造再生纸,可以减少对森林和土地的破坏,也可以减少对水源和空气的污染。据统计,每回收利用 1 t 废纸,可以减少 74% 的水污染和 35% 的空气污染。

(3)建立循环经济。利用废纸制造再生纸,可以形成一个良性循环的产业链,将废弃物变为有价值的产品,可以提高资源利用效率和经济效益。

(4)增强产品适用范围。再生纸由于价格低廉,适合制作各种家居和办公用品,如卫生纸、面巾纸、包装纸、文化用纸等,应用领域广泛。

(5)实现社会发展。再生纸的利用为生态社会建设奠定基础,实现了天蓝、水绿和花香,同时增加了就业机会和社会收入,提高了人们的环保意识和社会责任。

(二)探究再生纸生产过程

1.现场走访,了解生产再生纸的关键设备及其功能

在教师的指导下,研学小组开展研学实践,走进山东省诸城市金隆机械制造有限责任公司,探访制浆造纸机械设备情况及其功能。

(1)无压浮选除墨机。

无压浮选除墨机(图 6.6)发挥除墨作用,具有浮选效率高、浮渣浓度高、纤维流失小等优点。在生产中,油墨排出浓度是可以

◀引导学生进行再生纸的功能研究,是深化再生纸经济价值的重要内容,它为强化研学主题的经济属性、培养学生的环保意识和绿色低碳本领奠定基础。

◀带领学生走进再生纸设备工厂,可以全面引导学生了解再生纸的生

调节的,能够大大减少浮渣中纤维的流失。设备内浆料进行内循环,空气在浆内利用率高,可调节空气与浆料比例。浮选质量高,能耗低,通过特殊结构的间隔分离结构,使浆料经过多级浮选,避免了不同浆料的相互混合。设备正常操作过程中无须加水清洗,特殊设置的无堵塞曝气系统避免了浆料的回流。设备维修操作简单,动力消耗低,运行费用低廉,是目前立式封闭式和卧式分流式(油罐式)浮选槽的1/10,是目前国内外先进的脱墨设备之一。

图 6.6　无压浮选除墨机

（2）洗浆设备。

洗浆设备(图 6.7)对浆料中的油墨离子、填料等细小杂质有极高的脱除效率,广泛应用于废旧新闻纸再生浆、废旧帐薄纸再生浆及废旧书刊纸再生浆料的洗涤与浓缩,在再生纸生产过程中发挥重要作用。

图 6.7　洗浆设备

产工艺和制作过程,形成完整研学路径,为学生推进研究实践明确思路。

◀除墨是再生纸的第一道生产环节,是废纸加工的主要工序。了解无压浮选除墨机可以使学生进一步理解再生纸的生产过程。

（3）洗鼓设备。

洗鼓设备（图 6.8）在造纸行业中发挥着重要作用。在再生纸生产过程中，为了获得更高质量的纸浆，需要对二次纤维等原材料进行清洗和除杂处理，这时就用到了洗鼓设备，它能去除悬浮的杂质、木屑、细颗粒物等，并保证纸张品质。通过旋转式的洗鼓处理，使浆料受到下压旋转作用从而获得足够的碾磨效应，同时注入一些化学试剂促进清洁，最终形成干净存放后投入下一步工序的理想纸浆状态，为碾压成纸创造条件。

◀借助洗浆和洗鼓设备，可以让学生全面了解再生纸加工过程中脱浆的过程，学习生产工作原理，使学生对再生纸制作的认知更加准确，提升学生的学习兴趣。

图 6.8　洗鼓设备

（4）不锈钢网笼（图 6.9）。

产品名称：抄纸网笼、浓缩网笼。

结构类型：普通、片式、抽气、真空、串片式、饶片式、斜片式。

产品材质：不锈钢、全铜。

产品规格：直径系列 Φ1000、Φ1250、Φ1500、Φ1800、Φ2000、Φ2500 等。

图 6.9　不锈钢网笼

结构组成：造纸机圆网笼，包括主轴、网架、轮辐及隔套。轮辐等间距地套装在主轴上，在轮辐上安装网架，在主轴上的轮辐之间等间距地安装不锈钢辐条，替代部分轮辐，并在支撑条的外端嵌装不锈支撑钢圈，沿支撑钢圈与轮辐的外缘安装网架，并用不锈钢丝缠绕紧固。因主要部件均采用不锈钢制造，且用辐条替代了部分轮辐，重量轻、耐腐蚀，能够降低能耗，减少设备的维修周期。

（5）烘缸。

烘缸（图 6.10）是造纸生产中的一个关键部件，适用于造纸机、纸板机、浆板机等造纸机械，主要用于在纸张制造过程中将纸张从湿度较高的状态逐渐烘干至所需的干燥度。

图 6.10　烘缸

◀ 烘缸、挤浆机等设备是再生纸加工的重要设备，带领学生对它们进行认知，可以使学生更好地了解纸浆加工、烘烤等工序流程，获得直观感知。

烘缸通常为旋转筒形或平板式结构，利用高温空气通过热交换等方式对纸张进行加热与烘干，以使含水率逐步降低，从而控制纸张质量、改善纸张性能。

在制浆和造纸工业中，烘缸可以根据需求设立多个段位，以控制纸张湿度、热力和压力等环境参数。其中，低温段通常用于初步脱水与升温，中高温段主要用于对纸张进行持续性加热，使纤维结构进一步稳定，并且降低纸张含水率，从而保证纸张具有适当的强度和柔软度。同时，可以根据生产需要设置薄膜喷淋装置等附属设施，进行抗静电、去尘和防粘等特殊处理，以提高纸张的品质和外观。

（6）双螺旋挤浆机。

双螺旋挤浆机（图 6.11）利用一对变径和变螺距的螺旋反方向旋转时产生的挤压使纤维与纤维之间的黑液通过介质排出，缩短漂白时间和漂白次数，达到节约水资源的目的，具有黑液提取效率高、纤维流失少、纤维破坏程度小、操作方便等优点。多台串连逆流洗涤，效果更佳。

图 6.11　双螺旋挤浆机

（7）压力网槽高速卫生纸机（图 6.12）。

图 6.12　压力网槽高速卫生纸机

生产品种：中高档生活用纸原纸、餐巾纸、抽纸原纸。

原料结构：木浆板、脱墨废纸浆、再生纸浆。

产品功能：压力网槽高速卫生纸机生产线是一个复杂而庞大的联动设备，包括碎浆制浆、流浆、成形、挤压、干燥、真空、黑液及纤维回收、供水供汽、热风及热回收、压缩空气、润滑、传动等系

◀现场观看再生纸——卫生纸的制作过程，为学生提供了面对面学习的机会，提升了学生对再生纸经济性的理解。

统。由于每种纸机的型号和抄纸品种不同,不同的造纸机配置也各有差异,部分造纸机还有压纹、起皱、施胶、涂布、压光、纵切等配置。

2.访谈调研,学习废纸回收再生的流程

我们走进废品回收站,了解到废纸回收再生的流程大致如下。

(1)废纸回收。

废纸回收是再生纸供应链中的第一个环节。废纸到达废品收购站后,废品收购站会根据不同废纸的材料、价格分类打包,输送到造纸制浆厂,进行纸浆加工。

(2)制浆清洗。

废纸制浆的过程主要包括粉碎、筛选、脱墨、漂洗等。

回收后的废纸原料驳杂,有的废纸箱有装订钉,有的废纸有塑料附膜层,还有的会有胶水、油墨等,这些杂质会根据自身的特性在制浆工艺前通过除墨等设备去除。大块的杂质被碎浆机筛板隔离分开,重的砂粒、铁钉被除鳞器除去,墨水被脱墨剂分散后浮起,黏结剂被轻矿渣台除去,未被除去的小粒子被加热后,在化学物质的作用下分散成小粒子被纤维吸附。经过一系列筛选、净化过程,废纸从纸箱、杂志等生活废弃物变成了可再次利用的造纸纸浆。

(3)造纸加工。

由于废纸原料经常被回收多次,质量不稳定。因此,通过造纸机将废纸浆与原纤维混合调配,生产高质量的可用再生纸原料,可再加工成为复印纸、箱纸板原纸等,供市场选用。

(4)纸品加工。

加工工厂根据最终用途购买原纸进行加工。这些纸将通过不同的加工方法加工成纸箱纸板、包装纸、复印纸等,供消费者日常使用,还可以通过印刷、涂膜、烫金、模切、糊盒等方式进行纸制品升级,拓展适用范围。

◀学生走进废品回收站,全面了解再生纸从回收到制作的完整制作流程,建立学生的路径意识,培养学生的探究精神。

3.模拟实验,进行再生纸的校园制作

2022年,翠微小学启动学生再生纸研学项目,以六年(12)班为主要研究团队,在校园中历时3周分步骤开展再生纸制作实验,培养学生学习再生纸制作流程,感受废纸循环利用的经济性和环保性。再生纸制作环节如下。

(1)工作准备。

物品准备:收集桶、搅拌器、滤网、磨具、添加剂、晾晒板及其他物品等。

工作分工:成立研究小组,进行工作分工,明确工作任务。

(2)宣传启动。

借助校园广播和微信公众号,启动项目活动,做好任务宣传。

(3)操作过程。

①第一周:收集与分选。

a.收集。在校园内、楼道中等16处场所设置废纸回收桶,标识投放要求,进行专项回收。各年级学生随时将自己使用过的纸张投入回收桶,回收小组每日17点放学后进行定点回收。

b.分选。回收小组根据纸张污染程度和质量进行分选,初步清除明显污渍,减少碎浆环节中产生的杂质。这样做可以有效提升再生纸的质量,减少对环境的污染(图6.13)。

图6.13　纸张分选

②第二周:碎浆与调理。

a.碎浆。在学校的大力支持下,在校园一角设立再生纸碎浆

◀借助前期学习理解和调研经验,引导学生开展再生纸的实地化生产,培养了学生的动手能力,提升了学生的实践本领。

◀在研学小组校园再生纸制作方案的基础上,研究团队进行任务分工,从收集与分选入手,开展再生纸研学实践。

区,碎浆小组学生在教师和校工的指导下,利用碎纸机或剪刀机,将初步整理的不同废纸切成小块,并进行碎浆,为后续的调理和成形做好准备(图 6.14)。

图 6.14　碎浆

b.调理。学生使用调度池等进行纸浆的调整,尝试添加不同的试剂控制纸张各项指标,如使用植物提取液调整纸张颜色等,增加再生纸的多样性和美观性,培养学生的创新能力和实验技巧(图 6.15)。

图 6.15　调理

c.成形。学生借助工具进行湿纸张的成形。将调理好的纸浆成形、装饰、烘干,转化为具有一定形状和厚度的粗纸张,再经过打磨和加工,形成可用纸张(图 6.16)。

图 6.16　成形

◀碎浆与调理环节是再生纸制作的关键环节,是保持纸的质量与洁度的具体化工艺,需要学生进行反复实践,制作出合格的产品。

◀调理与成形进入了再生纸制作的最终阶段。在此环节,可以发挥学生的创造力,设计丰富元素和样态,让学生制作个性化、功能化产品。

d.在再生纸上进行装饰或涂鸦,如水彩颜料绘画和手工作品制作等,提高再生纸的功能性和艺术性,展示再生纸的经济价值,调动学生参与研学的积极性(图6.17)。

图 6.17　装饰再生纸

③第三周:宣传与推广。

总结再生纸成功制作经验,开展校园再生纸宣传推广活动,倡导各班开展制作体验活动,引导其他年级学生关注再生纸的使用,建立环保意识,形成可持续发展理念,有效提升生态经济价值观。推广路线图如图6.18所示。

◀开展校园再生纸宣传活动,是有效推进研学成果、提高研究实效、提升项目影响力的重要环节,为下一阶段的学习反思奠定基础。

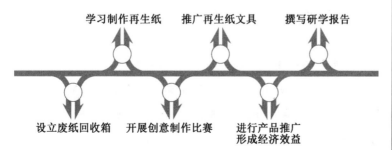

学习制作再生纸　　推广再生纸文具　　撰写研学报告

设立废纸回收箱　　开展创意制作比赛　　进行产品推广
形成经济效益

图 6.18　推广路线图

(三)发掘再生纸经济价值

探究校园再生纸经济价值和市场前景,可以更好地促进其在社会中的推广和应用。对再生纸的价值进行研究需要引导学生从经济性、环保性和教育性视角入手,突出呈现再生纸研学活动及其本身的内涵。

1. 校园再生纸使用现状调查

针对学生再生纸使用现状,开展问卷设计和专项调查活动,了解学生的态度和建议。校园再生纸使用现状调查结果如图6.19所示。

◀进行再生纸经济价值研究,是本次研学活动的重要目标,是提升学生对可持续发展经济全面理解的重要活动,具有重要意义。

问题1:您知道再生纸的定义吗

序号	选项	小计	比例
A	不知道	122	78.71%
B	大概知道一点	26	16.77%
C	很清楚	7	4.52%

问题2:您知道再生纸和普通纸的区别吗

序号	选项	小计	比例
A	不知道	97	62.58%
B	大概知道一点	53	34.19%
C	很清楚	5	3.23%

问题3:您亲手做过再生纸试验吗

序号	选项	小计	比例
A	做过	151	97.42%
B	没做过	4	2.58%

问题4:您认为当下再生纸的价格和质量如何

序号	选项	小计	比例
A	价格高、质量好	13	8.39%
B	价格高、质量差	112	72.26%
C	价格低、质量好	16	10.32%
D	价格低、质量差	14	9.03%

问题5:用过的本子中剩余的空白纸页大约有多少

序号	选项	小计	比例
A	很少	112	72.26%
B	大约有3/1	40	25.81%
C	2/1左右	3	1.94%

问题6:您认为有回收废纸的必要吗

序号	选项	小计	比例
A	有	135	87.1%
B	没有	6	3.87%
C	可有可无	14	9.03%

问题7:到目前为止您是否回收过废纸

序号	选项	小计	比例
A	从来不	97	62.58%
B	偶尔	39	25.16%
C	经常	19	12.26%

问题8:没做或者不愿做废纸回收的原因是什么

序号	选项	小计	比例
A	麻烦	64	41.29%
B	无处可放	65	41.94%
C	随大流儿	9	5.81%
D	其他	17	10.97%

◀通过问卷与访谈,收集整理相关数据,了解学生对再生纸的认知现状,为开展再生纸经济性研究创造条件,以便更好地确立学习内容和目标。

图6.19 校园再生纸使用现状调查结果

数据显示:

(1)95.48%的学生不知道再生纸,96.77%的学生不清楚再生纸与普通纸的差异。这说明学生对再生纸没有统一的认识,需要及时引导学生对再生纸的概念进行准确认知,定义校园再生纸分类及用途,并设计口诀式记忆方法。

(2)97.42%的学生在劳技课上亲手制作过再生纸。但是,由于担心市场上再生纸的价格过高、质量不好,未能高度重视和广泛使用。因此,需要加强对再生纸的经济价值和应用方向的研究与推广。

(3)72.26%的学生用过的本子中剩余的空白页较少,说明大家用纸习惯较好。87.1%的学生认为有回收废纸的必要,但仅有37.42%的学生有回收行为,近2/3的学生没有参与过回收行动。分析没做或者不愿做废纸回收的原因,麻烦、不省钱、没必要等态度占主流,说明校园再生纸推广使用仍有较大的提升空间。

2.校园再生纸经济价值量化研究

学生一致认为,再生纸作为一种环保型的用纸,具有良好的市场前景和经济价值,颇具竞争力。根据前瞻产业研究院的预测,2020—2025年,我国再生纸消费量持续增长,2025年将达到1.15亿t,占造纸总消费量比重的58%以上,这表明了再生纸在我国纸业市场中的重要地位。

中小学作为纸张使用大户,每年消耗量惊人。据商务部网站数据,2019年我国中小学生在校人数为小学生0.99亿人,初中生0.51亿人,高中生0.25亿人,总计1.75亿人。中小学生日常纸张使用主要包括课本、练习册、试卷、作业本、笔记本等,根据不同年级和科目的差异,估算每名学生每年平均使用纸张约10 kg,折合成各学段使用量,全年全国小学生使用纸张约990万t,初中生使用纸张约510万t,高中生使用纸张约250万t,全国学生纸张年消耗量约为1 750万t。

如果以再生纸替代中小学日常用纸,可以产生巨大经济价值和社会效益。调查显示,中小学生对再生纸的需求量取决于再生纸的可用性和可接受性。假设再生纸符合学业基本要求,那么我国中小学生的日常再生纸使用比例以80%计算,可以估算出每名学生每年平均需要再生纸8 kg,全国小学生需求总量达到792万t,初中生达到408万t,高中生达到200万t,全国中小学生日常再生纸年需求总量合计约为1 400万t,数量惊人。

◀带领学生开展校园再生纸的量化研究,可以科学呈现其经济价值,使学生建立成本意识,形成循环经济的基本理念。

（1）从价格角度分析，学生收集了某网站上的销量最多品牌的两种规格再生打印纸和原浆打印纸价格，并进行了价格对比，明显呈现再生打印纸的价格比原浆打印纸低 10%～30% 的现象，极具成本优势（表 6.2）。

▶研学小组重点开展市场调查，可以真实了解再生纸的成本优势，为推广再生纸方案奠定基础。

表 6.2　再生打印纸与原浆打印纸价格对比

规格	类型	价格	差价	比例
A4 70g	再生打印纸	16.9 元/包(500 张)	−3 元/包	−15%
A4 70g	原浆打印纸	19.9 元/包(500 张)	基准	基准
A4 80g	再生打印纸	89.9 元/箱(5 包)	−20 元/箱	−18%
A4 80g	原浆打印纸	109.9 元/箱(5 包)	基准	基准
A3 80g	再生打印纸	199.9 元/箱(10 包)	−50 元/箱	−20%
A3 80g	原浆打印纸	249.9 元/箱(10 包)	基准	基准

按照 2019 年数据计算，中小学生每年平均使用纸张约 10 kg，其中再生纸占比 80%，普通纸占比 20%，那么全国中小学生每年可实现纸张成本缩减 2.625 亿元，经济效益突出。这仅仅是从学生使用视角进行的分析，如果考虑教师因素和学校办公使用等，校园再生纸的使用将显著降低经济成本。因此，在中小学校推广使用再生纸，可以有效地降低教育支出，提升经济效益。

▶以全国中小学生为例，计算再生纸使用的成本节约数据，让学生直观感知再生纸的价值性与环保性。

（2）从资源节约视角分析，以全国中小学生全年再生纸年使用总量 1 400 万 t 计算，可以在自然资源和生产能源方面大幅降低生产能耗，减少碳排放量（表 6.3）。

表 6.3　环保贡献值

目标	资源类别	环保指标	贡献值
全国中小学生全年再生纸使用总量 1 400 万 t, 产生的环保贡献值	保护大树	再生纸使用量相当于保护的树木数量	2.38 亿棵
	节省木材	再生纸使用量相当于节约木材量	560 万～700 万 m^3
	节约用水	再生纸使用量相当于节省的新鲜水量	700 万 t
	减少水污染	再生纸使用量相当于减少的水污染量	1 036 万 t
	减少空气污染	再生纸使用量相当于减少的空气污染量	490 万 t
	节约能源消耗	再生纸使用量相当于节约的能源消耗量	840 万～980 万 t 标准煤
	环保综合贡献	年回收利用废纸的环保综合贡献(以上各项之和)	相当于约 15.5 亿棵大树

备注:回收利用 1 t 废纸,相当于保护了 17 棵大树,节省了 4～5 m^3 的木材、50% 的新鲜水,减少 74% 的水污染和 35% 的空气污染,节约 60%～70% 的能源消耗。

综上所述,校园再生纸的广泛使用在节约资源、降低能耗、保持成本适应率等方面发挥重要作用。

(四)校园再生纸交易模型设计

引导学生建设并开发校园再生纸交易模型,可以有效通过研学活动积累实践经验,使学生建立生态经济思维,培养环保意识,提升可持续发展关键能力,实现研学活动内容育人的主题化功能。因此,在指导教师引领下,翠微小学六年(12)班学生在前期研学成果的基础上进行了广泛研讨,完成了研究规划,设计出初步的校园再生纸交易模型实施方案,设计思路如下。

◀引领学生建立资源成本意识,将经济价值转化为资源成本,理解再生纸使用对地球环境的影响和贡献。

◀设计校园再生纸交易模型,让学生参与再生纸的回收、兑换和使用全过程,培养学生的环保意识。

首先,设计运转流程。从采购(制作)、发放、使用、整理、再使用、回收等环节构建完整的校园使用链路。具体做法:将一个班作为一个应用单位,给每个班级一次性发放同样数量的再生纸,并编码,通过扫码可以获取再生纸的责任人、发放日期等信息。作业、练习和考试等均使用再生纸完成。班级小组负责人记录组内学生再生纸的使用情况,利用 SPSSAU 等软件统计分析再生纸使用完成率。

其次,设计交易规则。学生对再生纸的二次申领需要用回收的各种废纸交换。班级内设置分类回收箱进行废纸回收。具体交易规则:5 张普通原浆废纸直接换 1 张新的再生纸,2 张使用过的再生纸直接换 1 张新的再生纸。其他废弃的纸质用品,如纸盒纸板、包装纸等按重量计量进行交易,10 g 废旧纸制品可以换 1 g 再生纸,以此类推。这样设计的目的是鼓励学生做好废弃纸制品回收,养成节俭、不随意丢弃纸张的好习惯。

再次,开展数据模型效果检验。模型的科学性与可行性需要通过数据和实践进行验证,其中运转流程效果可以通过班级中的监管数据检验成效,交易规则的科学性通过交易数据进行检验。具体做法:一是开展班级"再生纸使用小能手"评选活动;二是进行碳排放贡献值核算,以班级为单位详细统计废纸回收量、换发量,按照碳排放计算公式,换算碳减排数值,评选出再生纸活动碳减排优秀班集体。

最后,构建再生纸交易模型。将设计方案交给学生和家长深入讨论,并请软件开发人员进行模型搭建,在校园发布,形成翠微小学校园再生纸交易模型(图 6.20)。

校园再生纸交易模型的建设切实激发了学生的学习兴趣,增强了环保能力,强化了经济意识,使学生主动参与绿色低碳行动,关注社会、放眼未来,为满足社会经济发展要求、促进人类社会可持续发展贡献力量。

◀学生共同构建再生纸交易模型,进行经验分享,可以加大研学活动的影响力,提升专题研究的培养价值。

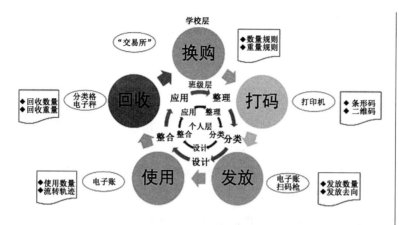

图 6.20　翠微小学校园再生纸交易模型

六、研究结论

校园再生纸的现状及经济价值研学活动取得了显著成果,体现在以下 5 个方面。

(1)研究发现,学校再生纸的使用量不断增长,学生的环保意识和经济观念持续加强。在校园内推广使用再生纸,可以有效降低学校的办学成本,提升绿色低碳意识,为建设生态校园奠定基础。

(2)在研学活动中,通过设计并开展实地探访、调查访问等活动,让学生全面了解再生纸的生产、销售、使用及回收的完整产业过程,理解再生纸对我国生态经济建设起到的重要作用,知晓再生纸推广对产业转型和人才培养的指导与规划作用。

(3)研学活动中设计的多项实验,如回收校园废纸制作再生纸手工艺品、设计并营销自己的再生纸、开发校园再生纸交易系统等,有力增强了产教融合,提升了每名学生的创新意识和社会实践能力,为培养可持续发展价值观创造条件。

(4)学生通过计算、对比再生纸的经济价值,全面了解低碳经济的环保贡献,树立能源意识、危机意识和责任意识,形成社会实践本领,在生态文明建设中贡献个人力量。

◀通过对再生纸研学活动实践经验的全面梳理,进一步总结研究成果,形成研究经验。

(5)校园再生纸交易模型的建设有效推动了再生纸的校园普及,提升了项目影响力,促进了环保理念的普及,助力实现联合国可持续发展目标。

七、下一步计划

再生纸作为一种环保、节约、实惠的用纸选择,已经在各个领域有了广泛应用,具有节约资源、减少污染、降低成本的显著优势。在校园里,随着学生环保意识的提升,再生纸需求和供给都持续增长,并有了新的使用方向。建议从以下几个方面促进校园再生纸的全面普及。

◀深入开展工作反思,提升学生的研究本领,为深化后续研究设计具体工作计划。

(1)加强校园再生纸宣传,提高废纸回收率和利用率,减少浪费和污染。

(2)进一步完善再生纸使用标准和规范,提高学生再生纸规范使用率,保障再生纸的经济性能和绿色实效。

(3)加大再生纸的家庭推广,通过"小手拉大手"活动提高家长对再生纸的认知和接受度,增加再生纸的家庭使用监测。

(4)创新再生纸使用范围和产品开发,带领学生研发更多种类和功能的再生纸,满足不同领域和层次的用纸需求。

(5)建立经济价值体系,提升再生纸的成本使用效益,突出价值优势,扩大社会再生纸使用范围和力度,提升人民的生态经济意识和本领。

第三节　生态经济类专题研学案例评价

生态经济类专题研学案例是一种基于实践活动的教学案例,对它的评价要从经济学视角展开,从核心指标角度进行评价要素和标准的设定,重点可以从以下几个方面考虑。

(1)主题确立。研学项目的主题要符合生态经济主题发展方向以及当前社会经济热点和发展需求,要与学生的生活经验、学科知识和实践能力相关联,要能够激发学生对生态经济类问题的探究精神。

(2)经济性特征。案例内容要突出生态经济类专题研学活动的基本属性,研学题目、目标和内容要聚焦社会经济现象,强调学生经济意识与能力的培养。

(3)方案制订。要从经济主题视角进行方案的设计,包括背景分析、目标确立、内容设定、策略选择、过程实施和结果反思等,强调经济学方法的运用,体现方案的可操作性,突出生态价值。

(4)成果梳理。研学成果要梳理学生获得的知识、技能、思维方法和价值观念等,关注学生参与学习过程的情况,记录学生的成长与收获。将知识获得、能力培养、意识提升和本领养成作为主要学习收获,总结研学成果。

(5)合作参与。强调团队协作过程,评估学生在学习合作中的参与和表现,包括经济知识的掌握、经济策略的运用以及沟通技巧、合作精神和领导力等,培养学生的团队合作能力。

生态经济类专题研学案例评价量表见表6.4。

表 6.4　生态经济类专题研学案例评价量表

评价要素	评价指标	分值	得分
主题确立	符合生态经济主题发展方向	5	
	符合社会经济热点和发展需求	5	
	与学生的生活经验、学科知识和实践能力相关联	5	
经济性特征	突出生态经济类专题研学活动的基本属性	5	
	强调经济问题的参与和解决	5	
	培养学生的经济意识与能力	5	
方案制订	科学性与规范性	6	
	经济学方法的运用	6	
成果梳理	知识的掌握	6	
	学习技能的培养	6	
	思维方法的建立	6	
	生态经济价值观的养成	6	

续表6.4

评价要素	评价指标	分值	得分
合作参与	合作学习能力	6	
	经济策略运用	6	
	沟通与操作技巧	6	
	领导力表现	6	
实践活动反思	研学活动的反思能力与改进	5	
突出贡献	学生在研学活动中的突出贡献	5	

备注:总分为100分;采取自评、他评和成果评定相结合的方式进行最终评定。

在新时代背景下,推进生态经济类专题研学活动具有显著优势。一方面,可以为当地经济发展和产业升级提供有益支撑;另一方面,经过精心设计的研学活动可以为学生经济能力发展和教育资源拓展提供重要补充。因此,将生态经济类专题研学活动融入中小学研究性学习实践,不仅开启了学科教育对各类经济问题的研究,丰富了学生对经济知识的认知,使其掌握经济政策转化能力,而且培养了学生的创新精神与实践本领,使其建立了可持续发展价值观,为培养社会型人才创造了条件。可见,生态经济类专题研学活动对于人才培养和经济发展具有重要意义。

第七章　生态文化类专题研学活动设计与实践

文化类专题研学是一种主体学习活动,它以文化为引导,通过文献探索和调查体验等方式开展研究性学习实践,是学生接受文化熏陶、感受文化魅力、提升文化素养、培养核心素养的专题性综合实践活动。

生态文化是文化类专题的内容聚焦,属于人与自然和谐相处的文化范畴,是生态文明建设的中心内容,主要包括理念文化、制度文化、行为文化和物质文化4个方面。生态文化建设体现了人类对生态文明价值的认同、追求与实践,以及对生态资源的尊重、关爱和保护。

生态文化的培育和发展,是落实"五位一体"总体布局中文化建设的整体性规划,需要做好中华优秀传统文化的继承和弘扬,学习借鉴世界各国各民族文化经验,完善生态文化理论体系建设,加大生态文化专题研学力度,在行动中实现文化塑造与自信养成。

第一节　生态文化类专题简介

一、基本内涵

文化,有广义和狭义之分。广义的文化是指人类在社会实践过程中所获得的物质、精神方面的生产能力,以及创造的物质、精神财富的总和;狭义的文化是指精神生产能力和精神产品,包括一切社会意识形态,分为自然科学、技术科学、社会意识形态等,也指教育、科学、艺术等方面的知识与设施。

文化是复杂的整体,它是人类创造的,表达人们思想认识的文字、数字、符号的总和,是一个国家和民族的历史、地理、风土人情、传统习俗、生活方式、文学艺术、行为规范、价值观念等的统称。

生态文化是特殊的文化主题，以崇尚自然、保护环境、促进资源永续利用为基本特征。生态文化最早起源于人类图腾时代，行至现代生态文明，历经漫长的岁月。图腾作为人类最早的文化现象，是原始民族解释神话、古典记载、传承民俗的方式。到了农业社会，人们秉持自然、适时而作的生产观念，形成了"天人合一""道法自然"生态思想。进入工业社会后，大机器生产的飞速发展，造成了对地球资源的严重侵扰，出现水土流失、土地沙漠化、环境污染等危害，生态文明建设走上历史舞台，成为引领人们可持续发展的文化指引。

生态文化类专题研学的开展对于新课程改革具有重要意义。在当前全球生态危机愈演愈烈的背景下，开展生态文化类专题研学活动可以拓展课堂知识视野，提升生态文明认知，增强学生的环保意识和社会责任。生态文化类专题研学活动有助于学生探索生态文化深层次的内涵与方向，深入理解生态文化与人类生活的关系，可以将学生培养成为可持续发展的积极推动者，形成广泛的社会共识，促进人与自然和谐共生。

二、主题特征

生态文化类专题是以生态文明建设为方向，以生态环境保护为主题，以生态文化创新为目的的文化表达。生态文化类专题研学活动结合生态、环境与人类文明等推进不同层面的主题课程，其特征表现为以下几个方面。

(1)生态关注。生态保护和文化发展是生态文化类专题研学的核心内容，从自然资源的利用到城市发展，再到人类文明延续，涉及生态保护和可持续发展的全视角领域。

(2)文化体验。生态文化类专题研学强调人类文化与自然环境间的紧密互动，通过文化梳理和传承等方式，引导学生加深文化理解。

(3)实践性操作。开展参观考察、实地探访、模拟试验等活动，让学生亲身感受生态、文化间的内在联系。

(4)多元学科。生态文化类专题汇集多个学科，倡导跨学科学习，包括地理、生物、历史、社会学及艺术学科等，实现文化领域的动态交融。

(5)团队合作。团队合作能力的培养是生态文化类专题研学活动的能力方向,能够深化研学任务,深入研学主题。

(6)价值引领。生态文化类专题研学活动的目标在于引导学生关注生态可持续发展问题,培养低碳环保意识,强化公民责任,实现价值成长。

总体来说,生态文化类专题研学不断深化文化认同,具有 4 个方面显著特征。第一,突出人与自然的和谐关系。生态文化反对人对自然的破坏,主张人类尊重自然规律、顺应自然变化、保护自然资源,促进人与自然和谐共生。第二,彰显生态价值和生态美学。生态文化类专题研学重视展示文化的多样性和美感,赞赏自然的奇妙创造力,倡导绿色、低碳、循环、节约的生活理念与消费模式。第三,关注生态问题和生态危机。生态文化类专题研学关注当前社会面临的生态环境问题,如环境污染、资源短缺、生物多样性减少等,通过文化探究,分析成因与危害,呼吁社会各界力量参与解决生态环境问题。第四,传播生态文明理念。生态文化类专题研学运用生态学的基本观点和方法,对现实事物进行科学观察与处理,培养学生的环保意识和绿色生活方式,全面提升学生的生态文明素养。

三、研发策略

在实施生态文化类专题研学活动中,要注意遵循以下原则。

(1)制定明确的研学目标和方向。根据学生的学习需求、兴趣爱好,关注社会热点,制定明确的研学方向,如文化体验、环境保护、生态建设等,使研学活动更具科学性和教育性。

(2)选择科学的研学主题和资源。选择具有时代性和现实性的生态文化类专题开展实践探究,需要立足研学目标和文化资源,进行文化传承,推进主题目标的全面落实。

(3)推进社会调研与主题访谈。在研学任务下,带领学生进行实地探访,深入博物馆、图书馆、自然保护区、民俗村落和红色景点,拓宽学习渠道,探究文化内涵,为学生提供鲜活的生态素材和文化视角。

(4)整体设计研学方案。依据任务主题,制定研学目标,围绕学习认知,设计研学活动方案,开展科学探究活动,培养学生的研学本领以及知识、技能、情感态度价值观等多方面能力,促进学生全面发展。

(5)开展科学评价与反馈。有效的研学评价与反馈,可以使学生对自己的研学过程与收获进行科学判断,从而进行反思与问题改进,为培养生态文明价值观创造条件。

生态文化类专题研学活动路线图如图7.1所示。

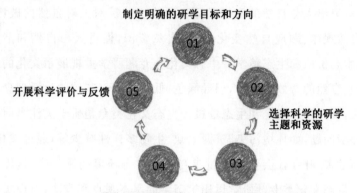

图7.1　生态文化类专题研学活动路线图

推进生态文化类专题实践,需要根据研学目标和内容灵活设置环节与任务,建立研究重点和评价标准,利用现代技术手段提升研学实效,有效激发学生的学习热情。可以设计访谈、讲解、调查等活动,鼓励学生在主动探究中优化学习策略,提升生态文明素养,实现研学目标。

四、案例设计的要素分析

中小学开展生态文化类专题研学活动的案例设计,要坚持生态文明理念,以文化保护与传承为核心,推进生态文化创新,推动研学活动深度发展。进行生态文化类专题研学活动案例设计需要把握以下关键要素。

(1)适应学生年龄特点和学习需求。中小学生态文化类研学活动的主题要根据学生的认知水平、心理特点、兴趣爱好综合确立,内容要链接学科知识,实现知识融合,激发学生的学习兴趣,提升学生的研学本领,促进学生全面发展。

(2)体现生态文化价值内涵。生态文化类专题研学活动要突出生态文明建设目标,彰显生态环境保护意蕴,推进文化自信自强,渗透人与自然的和谐关系,在活动中深化生态文化价值内涵。

（3）选择丰富多样的生态文化资源专题。生态文化类专题研学活动要选择丰富的自然资源和文化资源专题，通过深入自然保护区、生态园、民俗村、博物馆等，了解生态环境、生物多样性和历史文化习俗，为中小学生提供真实的研学对象与素材。

（4）科学推进研学方案与活动。生态文化类专题研学活动应根据研学目标，结合研学内容推进研学计划，让学生在观察、探究、实验、访谈等过程中，获取知识，培养技能，全面提高学生的文化素养。

生态文化类专题研学活动根据不同的主题功能，可以划分为 4 种类型，包括：文化传承类，是对文化的传承与延续，包含文化遗产、文化信仰、文化知识和文化技艺等，核心任务是更好地了解文化根源，开展文化交流，推动文明发展；自然体验类，是以自然资源为主要对象，通过观察、探究等方式，感受自然生物的多样性，培养学生的观察力、探索力和创造力；环境保护类，以环境问题探究为焦点，通过实践、调研等方式，了解环境问题的成因与对策，培养学生的环境意识、环保能力和创新本领；文明塑造类，以生态文明建设为主要目标，在学习活动中建立生态文明意识，培养绿色生活方式，形成生态文明理解。

生态文化类专题研学活动案例设计是一个多任务、多要素的过程，通过主题确立、目标界定、方案推进等，实施多样化探究，提升学生的综合能力和思维水平，促进生态文化理解和认知。在实践中，应针对不同阶段的学生进行个性化策略设计，优化调整方案，满足学生个体发展需求，促进学生健康成长，落实课程改革创新目标。

第二节　典型案例评析

党的二十大报告指出："全面建设社会主义现代化国家，必须坚持中国特色社会主义文化发展道路，增强文化自信，围绕举旗帜、聚民心、育新人、兴文化、展形象建设社会主义文化强国，发展面向现代化、面向世界、面向未来的，民族的科学的大众的社会主义文化，激发全民族文化创新创造活力，增强实现中华民族伟大复兴的精神力量。"生态文化作为民族复兴的重要方面，是落实文化立国的基础，是建设社会主义现代化强国的核心，为实现全社会的文明进步创造条件。

开展生态文化类专题研学活动，核心任务是增强学生的环保意识，传播生态文化理念。依托多专题背景开展研学实践，可以引导学生主动探知生态文明发展历程，建立可持续发展理念，促进生态文化理解，激发社会责任意识，形成生态价值观。

下面用两篇案例重点说明学校在生态文化类专题研学活动中开展文化传承、文明塑造和自然体验的积极探索，以此加强文化价值保护与研习，提升文化自信，为推进文化强国积蓄力量。

一、中华传统文化传承专题案例

中华传统文化作为源远流长的宝贵遗产，是华夏民族 5 000 年历史的积累和创造，囊括了语言、文学、艺术、历法、价值观、道德准则、传统习俗等多个领域，形成独特的文化内涵。中华传统文化呈现出多元、交融的特点，汇集哲学、传统习俗等精髓，集儒家、道家、法家等思想精华于一身，在"人与自然""天人合一"理念基础上，完成文化传习和发展，成为中华民族的精神财富，也是全人类的文化遗产。

二十四节气美食文化的推广研究

首钢集团有限公司矿业公司职工子弟学校
学生:孟歆媛 赵一实 赵一凡 高从赫 肖博文 胡智程
指导教师:杨智利 张宏鹏

二十四节气是中华民族在生产生活中发现并梳理的自然历法，是 5 000 年智慧的结晶。节气是行动的指南，人们的生活、劳动和饮食随之调整，相应变换。在研学活动中，学生根据每个节气的天文历法和文化内涵，汇集中医学养生原理，进行时令美食的制作，探究节气、饮食、健康三者间密不可分的关系，传播中华传统文化精髓。

案例点评
◀研学主题的选择链接中华优秀传统文化，探究二十四节气文化基础上的饮食、健康文化，培养学生的文化意识与健康习惯。

关键词：二十四节气；节气美食；中华传统文化。

一、研究背景

(一)文化探寻

二十四节气是根据太阳在黄道(地球绕太阳公转的轨道)上的位置来划分的。太阳从春分点(黄经零度,此刻太阳垂直照射赤道)出发,每前进 15 度为一个节气,运行一周又回到春分点,合 360 度,为一回归年,因此分为 24 个节气。每个节气都与农事、气候变化和自然现象相关,展现了中国农业社会对时间流转的理解和认知。

节气美食是依据 24 个不同的节气文化,以及当地气候特点、农产品丰富度和传统饮食文化发展出来的与节气相呼应的特色食物。每个节气都有其特色的食俗,体现了人们"应时而食""顺应自然"的智慧。节气美食在制作方法、原料选择和食用习俗上,融合了对季节变迁的感知、对美食习俗的传承和对传统文化的发扬,是华夏民族不可或缺的文化组成部分。

开展二十四节气美食文化研究,是弘扬中华传统习俗、增强环境意识、拓宽文化途径、推动地方特色建设的研学探索,在文化保护和经济发展中具有积极意义,能够为推动学生的文化习得提供实施路径。

(二)课程延续

二十四节气源于黄河中下游地区,迁安处于此地带,属于二十四节气的影响范围。2018 年,首钢集团有限公司矿业公司职工子弟学校开展了"节气之美"综合实践活动,重点进行了二十四节气文化的学习与探究,包括节气美食、节气物候、节气习俗、节气农事、节气养生、节气文化等系列活动。其中,大家分享自制节气美食是学生最期待、最快乐的美好时刻。把节气美食与传统文化传递给更多的人,实现文化习俗的深度研习,既实现了知识传播,

▲全面梳理研学主题背景,从文化、课程及认知视角展开分析,为探究二十四节气历史及规律,形成节气美食文化奠定基础。

又落实了本领习得,为学生探寻中华传统文化搭建舞台。

(三)认知需求

节气美食的社会化认知是文化传承的基础。为了解人们对节气美食的认知情况,收集广大民众的学习需求,我们借助微信群、微信朋友圈和微信公众号等平台进行问卷调查,向市民发放了"节气知多少"调查问卷,调查问卷结果如图7.2所示。

◀研究团队进行了广泛的调研,面向不同类型的社会人员,完成了1 100份调查问卷,为收集不同人群的认知情况、确立研究基础、开展研学方案设计提供了充分的基础性数据。

你的年龄			在节气饮食方面你有哪些经历		
选项	小计/人	比例/%	选项	小计/人	比例/%
5~10岁	334	30.36	每个节气都吃特定节气食品	309	28.09
10~20岁	236	21.46	会做一两种节气食品	319	29
20~30岁	18	1.64	知道有节气食品	349	31.73
30~40岁	266	24.18	没听说过	29	2.64
40岁以上	246	22.36	想了解	94	8.54
本题有效填写人数	1 100	100	本题有效填写人数	1 100	100

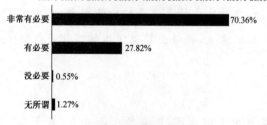

节气文化的主要内容

节气养生39.27% 节气谚语36.45%
节气农事39.82% 节气古诗46.45%
节气物候36.10% 节气实践活动37.91%
节气饮食74.55% 节气习俗70.09%

节气美食推广的必要性

0.00% 10.00% 20.00% 30.00% 40.00% 50.00% 60.00% 70.00% 80.00%

非常有必要 70.36%
有必要 27.82%
没必要 0.55%
无所谓 1.27%

节气美食对人们日常生活的影响

有一定关系 33.73%
很密切 61.73%
无所谓2.64%
没关系1.91%

图7.2 "节气知多少"调查问卷结果

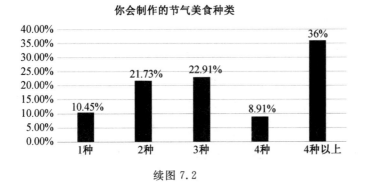

续图 7.2

调查范围设定在 5 周岁以上人群,活动历时一星期,共收集有效问卷 1 100 份。调查结果显示,74.55％的人对节气饮食感兴趣,98.18％的人认为节气饮食应该传承,95.64％的人认为节气饮食与日常生活、健康养生关系密切。被调查人群中知道 4 种以上节气美食的占 36％,每个节气的特定食品知晓率是 28％。

从调查数据可以看出,人们对节气饮食有较高兴趣,态度积极,但认知程度不高,表明二十四节气美食的文化推广存在空间,可以启动研学实践,增强学生、家长及社区市民群体的关注度,让节气美食文化在美好社会建设中生根、发芽。

二、研究目标

(1)学习二十四节气民俗知识,加深对传统文化的理解,提高基础认知,培养学生的思维能力、实践能力和问题解决能力。

(2)依据节气变更,了解节气美食的发展变化,进行文化梳理。通过种植、购买应季食材等形式,就地取材,学习节气美食制作方法。

(3)了解应时而食对人体健康的科学意义,建立健康饮食习惯,并带动家人和社区居民。

(4)在节气美食研学实践中,学习古人智慧,建立分享意识,增强社会责任感。

(5)梳理总结节气食谱,传播健康美食制作方法,提升全社会健康饮食意识,传承中华传统文化。

◀从知识、文化、健康等视角确立研学目标,为学生的研学行动明确了方向,确立了核心任务。

三、研究内容

二十四节气是华夏民族对一年四季变化的记录与观察,是对自然律法的总结,是中华民族智慧的结晶。由此产生的节气饮食变更,实现了对文化的继承,形成了节气文化遗存。我国素有"不时不食"的饮食传统,通过节气饮食研学活动,将古老的二十四节气融入现代生活的一碟一味、一时一餐,研习并传承"顺时而食"的饮食文化和养生习惯,形成健康生活理念。研究内容具体如下。

(1)学习二十四节气历法,研究每个节气的历史由来与特征,梳理文化传承脉络。

(2)探究各个节气中时令蔬菜和粮食的生长季节,分析节气、物候与果实的关系,建立健康饮食习惯。

(3)编制二十四节气美食食谱,学习运用应季食材制作节气养生美食,推广节气饮食文化。

(4)挖掘当地节气美食食材资源,探索地区性节气美食文化的养生理念,为基础文化设施建设建言献策。

▶ 从二十四节气知识视角出发,开展中华文化探寻和健康饮食培养,制定明确、具体的研学任务,为节气食谱的编制提前做好环节设计和任务准备。

四、研究过程

(一)探究节气文化,梳理历史风俗

成立文献研究小组,开展二十四节气的历史探寻。通过对众多典籍和文本的筛选与对比,梳理历史风俗。

1.二十四节气的由来

中国的星象文化源远流长、博大精深。远古时代,古人很早便开始探索宇宙的奥秘,并由此演绎出了一套完整的观星文化。二十四节气是干支历中表示自然节律变化以及确立"十二月建"(月令)的特定节令,最初依据斗转星移制定。北斗星斗柄以正东偏北(寅位,后天八卦艮位)为起点,顺时针旋转一圈为一周期,谓之一"岁"(从立春到下一个立春前为一"岁"),即现在的一年。

汉武帝时期将二十四节气纳入《太初历》,并作为指导农事的

▶ 进行二十四节气历史和文化背景的探究,学习星象历法知识,了解节气文化与人类生产生活的联系,为后续开展研究提供知识基础。

历法补充。古人采用土圭测日影法（平均时间法）在黄河流域测定日影最长、白昼最短（日短至）这天为冬至日，以冬至日为二十四节气的起点，将此日与下一个冬至之间的时间均分 24 等份，每个节气间的时间相等，节气间隔周期为 15 天。现行的二十四节气是依据太阳在回归黄道上的位置制定的，即把太阳周年运动轨迹划分为 24 等份，每 15°为一等份，每一等份为一个节气，每个节气的度数均等、时间不均等。依据太阳黄经度数划分的节气，始于立春，终于大寒，循环往复。

二十四节气基本概括了一年中四季交替的准确时间以及大自然中一些物候等自然现象发生的规律。一年四季由"四立"开始，即立春、立夏、立秋、立冬。四季在一年中交替出现，"四立"标示着四季轮换，反映了物候、气候等多方面变化，如春生、夏长、秋收、冬藏，以及日照、降雨、气温等的变化规律。二十四节气根据时令特点，具体包括立春、雨水、惊蛰、春分、清明、谷雨、立夏、小满、芒种、夏至、小暑、大暑、立秋、处暑、白露、秋分、寒露、霜降、立冬、小雪、大雪、冬至、小寒和大寒 24 个节气。二十四节气在农业生产和农民生活方面发挥着重要作用，并成为中国传统节日文化中的重要组成部分，记录了我国文明的开端，是华夏子孙适应自然形成的文化生态。二十四节气图如图 7.3 所示。

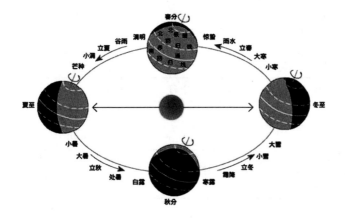

图 7.3　二十四节气图

2.二十四节气表

二十四节气表见表7.1。

表7.1 二十四节气表

四季	节气	斗指向法	太阳黄经度数法	干支历月起始	农历日期
春季	立春	东	315°		2月3~5日
	雨水	东南	330°	寅月	2月18~20日
	惊蛰	南	345°		3月5~7日
	春分	西南	0°		3月20~22日
	清明	西	15°	卯月	4月4~6日
	谷雨	西北	30°		4月19~21日
夏季	立夏	北	45°		5月5~7日
	小满	西北	60°	辰月	5月20~22日
	芒种	西	75°		6月5~7日
	夏至	西南	90°		6月21~22日
	小暑	南	105°	巳月	7月6~8日
	大暑	东南	120°		7月22~24日
秋季	立秋	东	135°		8月7~9日
	处暑	东北	150°	午月	8月22~24日
	白露	北	165°		9月7~9日
	秋分	西北	180°		9月22~24日
	寒露	西	195°	未月	10月8~9日
	霜降	西南	210°		10月23~24日
冬季	立冬	南	225°		11月7~8日
	小雪	东南	240°	申月	11月22~23日
	大雪	北	255°		12月6~8日
	冬至	西北	270°		12月21~23日
	小寒	西	285°	酉月	1月5~7日
	大寒	西南	300°		1月20~21日

◀研学队员合作,将文献知识进行内化与梳理,提升了认识水平,助力增强文化自信。

3.节气特征与文化习俗

(1)节气特征。

节气特征及民间风俗、节气美食见表7.2。

二十四节气作为中国古代人民依据太阳运行轨迹和气候变化确定的节气历法，每个节气都有着特定特征和文化习俗。这些节气与农业生产、天文观测等紧密相连，对人类文明产生深远影响。

(2)文化习俗。

二十四节气的特征蕴含丰富的农事习俗和自然变化，如立春代表着春耕备种的开始、谷雨标志着田间农作物的成熟和收割等，这些特征是农民掌握农时、调整农事活动的重要参考，为农业生产提供了有效指导。此外，二十四节气的文化习俗对人类文明也产生了重要影响。每个节气都有各具特色的庆祝活动和传统习俗，如清明节扫墓祭祖、端午节赛龙舟和吃粽子、中秋节赏月和吃月饼等，这些习俗衍生出丰富多彩的民俗文化，提高了人们对自然、种族和传统文化的认知，是社会发展与文化延续的基础。

总之，二十四节气通过反映农事活动，形成传统习俗，实现了生产、生活及文化的密切关联，它不仅帮助人们适应自然环境的变化，提高农业生产效率，还为社会发展和文明延续搭建发展舞台。

(二)节气食材的种植、选取与营养

食材选种小组历时30 d开展二十四节气农副产品种植、选才等工作，访谈营养学家和中医学者，了解食材的营养价值。研学收获如下。

二十四节气是按照太阳运行轨迹和地球自转规律划分的，在农业和气象方面产生影响。在此历法下，需要考虑当地地理环境、土壤条件和作物特性等因素，根据土地资源现状，进行农作物的规划与种植。

◀引导学生全面整理节气特征和民间风俗，对后续开展节气美食的研发与推广发挥重要作用，完成了对节气文化推广、食谱制作及文化风俗宣传的准备工作。

◀学生进行节气食材的认知和种植研究，首先需要做好节气文化的分类整理，然后进行节气食材的种植、选取和营养性分析，为下一步深化研究奠定基础。

表 7.2 节气特征及民间风俗、节气美食

节气	节气特征	民间风俗	南方节气美食	北方节气美食
立春	春季开始，天气回暖，万物始发	祭灶、咬春、打春牛、踏青	年糕、春卷、鲜花饼	饺子、春饼、糖瓜
雨水	水气渐显，降雨增多，开始出现雨季	祭龙、祈雨、放河灯	粉蒸肉、酿豆腐、酥油茶	火锅、炖菜、糖醋鱼
惊蛰	蛰虫惊醒，气温回升，表示春季已经真正到来	扫墓、祭祖、捉蛰虫	蚕豆、韭菜盒子、酸辣汤	馓子、炒莴笋、炸春饼
春分	昼夜平分，昼长夜短，春天进入中期	种菜、插柳、踏青	菜饭、鲜笋、鸡蛋羹	馄饨、炒菜花、煎饼
清明	清明时节，天气渐暖，春意盎然	扫墓、祭祖、踏青	青团、清明果、艾叶粥	烤鸭、炒蒜苗、煮鸡蛋
谷雨	雨势逐渐增强，农作物播种的时期	种田、祭禹、吃香椿	茶叶蛋、蒸饺、腌菜	馒头、炒蕨菜、炖牛肉
立夏	夏季开始，气温逐渐升高	种瓜、祭火、吃鸡蛋	粽子、凉皮、酸辣粉	冷面、凉拌菜、烧烤
小满	表示五谷成熟，即将进入夏季	赛龙舟、吃粽子、采药、祭神	粉丝汤、炒蚕豆、酸奶	面条、炒韭黄、酸菜
芒种	夏收夏种的分界点，南方开始大量收割稻谷	收割、晒谷、祭地	粉蒸肉、酿豆腐、酥油茶	火锅、炖菜、糖醋鱼
夏至	全年白天最长的一天，夏季正式到来	祭日、祈福、禁火、晒艾草	凉皮、凉拌菜、酸辣粉	冷面、烧烤、凉拌菜
小暑	暑气愈盛，温度更高	喝玄茶、晒花黄、避蛇	粉丝汤、炒蚕豆、酸奶	面条、炒韭黄、酸菜
大暑	暑气最盛，气温最高	晒谷、防暑、晾被子	凉皮、凉拌菜、酸辣粉	冷面、烧烤、凉拌菜
立秋	暑气逐渐消退，但仍然炎热	祭火、登高望远、断蛇	粽子、凉皮、酸奶	馒头、炒蕨菜、炖牛肉
处暑	渐露寒意，天气变凉	打秋风、避蛇灭、祭祖	粉蒸肉、酿豆腐、酥油茶	火锅、炖菜、糖醋鱼

续表7.2

节气	节气特征	民间风俗	节气美食	
			南方节气美食	北方节气美食
白露	昼夜平分,昼短夜长,秋天进入中期	酿酒、晒柿子、立秋饮水	粉丝汤、炒蚕豆、酸奶	面条、炒韭黄、酸菜
秋分	断断凉初霜,植物开始凋谢	赏月、吃月饼、采菊花	菜饭、鲜笋、鸡蛋羹	馄饨、炒莱花、煎饼
寒露	月中无霜,则以霜降为准,意味着冬天即将到来	收割、晒谷、祭地、喝菊花茶	粉蒸肉、酿豆腐、酥油茶	馒头、炒酸菜、炖牛肉
霜降	冬季开始,气温逐渐下降	采柿子、祭祖、吃面	粉丝汤、炒蚕豆、酸奶	面条、炒韭黄、酸菜
立冬	天气更加寒冷,开始有小雪	祭水、冬捕、固火烤山楂、杀年猪	棕子、凉皮、酸辣粉	饺子、炒蒜苗、煮鸡蛋
小雪	天气最冷,开始有大雪	冬捕、冬钓、瑞雪迎元宵、腌菜	粉蒸肉、酿豆腐、酥油茶	火锅、炖菜、糖醋鱼
大雪	全年夜晚最长,冬季正式到来	挖冰窖、晒衣、祭神、迎新年	粉丝汤、炒蚕豆、酸奶	面条、炒韭黄、酸菜
冬至	暑气逐渐消退,但仍然炎热	祭天、祭祖、吃面	汤圆、饺子、八宝饭	饺子、炒蒜苗、煮鸡蛋
小寒	寒气加剧,天气开始寒冷	溜冰、探梅、祭祖、祭灶、熬制膏方、置办年货	糯米饭、菜粥、酸辣粉	饺子、炒蒜苗、煮鸡蛋
大寒	寒气达到极点,天气最寒冷	溜冰、探梅、祭祖、祭灶、熬制膏方、置办年货	腊八粥、粉蒸肉、酿豆腐、酥油茶	火锅、炖菜、糖醋鱼

学生分析了二十四节气中一些有着特定农业意义的节气,如春分、清明、谷雨、立夏、小满、芒种、夏至、小暑、大暑、立秋、白露、寒露、霜降等,这些节气与特定的农作物和农副产品密切相关,直接影响它们的种植方法、生长速度和营养价值。

(1)春分:春季的中期,此时阳光温暖、空气湿润、适宜耕作。在这个节气中,蔬菜处于生长旺季,包括芦笋、菜花、白菜、西兰花等,这些蔬菜富含维生素、矿物质和纤维素。

(2)清明:传统的祭祀节日,也是换季时节,气温逐渐升高。在清明节气中,农作物进入生长期,如玉米、豆类、花生、柿子等,这些农作物含有丰富的蛋白质、碳水化合物和脂肪,是人类营养的重要食物来源。

(3)谷雨:春季的最后一个节气,意味着田地里的作物开始进入开花期,此时应进行及时的水肥管理,保障作物的生长发育。谷雨节气中的主要农产品有茶叶、莲藕、苹果、黄瓜、胡萝卜等,这些农副产品富含热量、维生素和矿物质等营养素。

(4)立夏:此时气温逐渐升高,降水减少。在立夏节气中,应该注意及时浇水和防治病虫害。此时可以食用草莓、椰子、甜瓜、西瓜等水果,它们含有丰富的维生素和矿物质。

(5)小满:代表着夏季农业生产的高峰期,此时土壤温度较高,作物生长迅速,可以种植丝瓜、辣椒、番茄、豇豆等蔬菜,它们含有丰富的营养素。

(6)芒种:夏季的入梅时节,意味着农作物即将成熟收割。在这个节气中,可以采摘葡萄、蓝莓、樱桃、草莓等水果,它们富含维生素、矿物质和抗氧化物质。

(7)夏至:一年中白昼最长、黑夜最短的节气,代表着夏季的正式到来。此时应注意及时补充水分和营养,保护作物的生长。此节气中,可以采收樱桃、葡萄、蓝莓、菠萝等水果,它们含有多种营养素。

◀ 从农时、气候、品种、营养价值和功效角度进行主要节气文化饮食的探知,可以更全面呈现节气食材的选种特征,为深化节气文化认知奠定基础。

（8）小暑：代表着夏季农业生产的高峰期，此时气温逐渐升高，作物生长迅速。在小暑节气中，可以种植西瓜、黄瓜、南瓜、豇豆等蔬菜，它们含有丰富的营养素。

（9）大暑：中国夏季气温最高的时期，此时要加强防暑降温措施，同时保护作物免受干旱。在大暑节气中，可以采收西瓜、小番茄、韭菜、香菜等，它们富含维生素和矿物质。

（10）立秋：秋季的开始，气温逐渐转凉，适合各地香菜、芹菜、大葱、胡萝卜、洋葱、油菜、油桃等蔬菜和水果的生长，这些农副产品含有丰富的营养素和抗氧化物质。

（11）白露：到了秋季的中期，意味着一些植物进入成熟期，可以采收红薯、甜菜、番茄、黄桃等农副产品，这些食品富含营养素和矿物质。

（12）寒露：秋季的后期，气温明显下降，秋雨连绵。在寒露节气，应该注意及时采收作物，避免作物在雨中受损受害。可以采摘柿子、梨、板栗、萝卜等农副产品，它们富含丰富的营养素和抗氧化物质。

（13）霜降：秋季的最后一个节气，意味着农业生产即将进入休眠期。此时应注意及时收获作物，使它们免受霜冻的侵害。在此节气，可以采摘橙子、柚子、葡萄、柿子、荸荠等农副产品，它们富含维生素、矿物质和膳食纤维。

二十四节气作为我国传统农业、气象学和文化遗产，为农业生产、饮食健康创设了良好的生态基础。人们可以根据二十四节气中作物的生长发育规律，合理选择农副产品，进行美食制作，促进身体健康。

（三）节气美食的制作与探究

研学小组的学生来自首钢集团有限公司矿业公司职工子弟学校，学校位于迁安市，燕山南麓，滦河岸边，地理位置优越，气候温和，作物资源丰富。学生结合研究方案，开展节气美食制作与

◀制作有代表性的节气美食，掌握节气美食的制作方法，从而达到触类旁通的效果。

营养学探究,分为两个阶段推进。

1. 第一阶段:制作节气美食

学生通过记录美食日记梳理美食制作过程,为食谱设计做好准备。以下是几个有代表性的节气美食活动。

(1)清明作为二十四节气中唯一的"双节"(既是节气,又是节日),倍受人们的重视。学生通过采购艾草,学习制作方法,进行节气美食——青团的制作,感受春天的味道。

(2)谷雨节气,学生学习制作护肝美食——韭菜鸡蛋两吃(韭菜鸡蛋饺子和韭菜鸡蛋锅贴),并录制制作过程视频,传到年级群,与同学们分享。

(3)立夏节气,开展香椿炒鸡蛋、油炸香椿鱼、香椿拌豆腐、香椿炖豆腐等美食制作比拼活动,让学生用一种应季食材做出不同口味的多样美食,调动学生制作美食的热情。

2. 第二阶段:探究美食养生内涵

学生深入田间采摘时令蔬菜,开展养生食品的探究。大家不但制作主食和菜品,也制作饮品。例如,学生学习制作蒲公英茶,通过查阅蒲公英的营养成分、养生作用、饮食禁忌,学习茶饮料技法,进行饮品拓展与探索。在营养学层面,蒲公英具有丰富的营养价值,含有维生素 A、C 和 K,钙、铁、镁、钾等矿物质,以及抗氧化剂和膳食纤维。在中医层面,蒲公英具有清热解毒、美容养颜的功效。可以在沙拉或汤品中添加蒲公英,增加食物营养,促进人体健康。

在小满节气,学生采摘自己种植的豌豆,制作豌豆美食。依托对豌豆腊肠五彩煲仔饭制作方法的探究,学生学习煲仔饭的历史,进行中原地区蒸饭与广东地区煲仔饭的研究对比,了解煲仔饭的历史文化和营养价值。

学生制作节气美食,不仅简单停留在方法层面,还深入探究节气食材的营养知识,传递养生文化,培养健康意识,形成生活本领。

◀探究节气美食的营养价值和健康理念是推广二十四节气美食的基础。引导学生从营养学和中医学视角分析食材营养成分和养生功效,为健康食谱的制作奠定基础。

(四)二十四节气美食食谱的整理

研究小组历时一年,重点对春、夏、秋 3 个季节 14 个节气美食进行整理,梳理出 107 道节气美食(表 7.3)。

表 7.3　107 道节气美食

序号	节气	食谱数量
1	清明	3
2	谷雨	6
3	立夏	8
4	小满	9
5	芒种	9
6	夏至	7
7	小暑	9
8	大暑	5
9	立秋	8
10	处暑	8
11	白露	6
12	秋分	12
13	寒露	6
14	霜降	11
总计		107

◀在研学活动中,学生重点对春、夏、秋 3 个季节 14 个节气的 107 道美食进行设计,构建中华二十四节气食谱的主要结构,为推广节气饮食文化、深化传统文化习俗进行具体化设计。

将 107 道节气美食编制成食谱(图 7.4)。

清明节气美食：
1. 青团
2. 切糕
3. 芝麻菠菜
谷雨节气美食：
1. 香椿炒鸡蛋
2. 黑豆芽木耳粉丝煲
3. 山楂馒包子
4. 罗宋汤
5. 韭菜鸡蛋两吃
6. 冰糖薄荷粥
立夏节气美食：
1. 五谷糯米饭
2. 清热解毒香椿鱼
3. 蒲公英茶
4. 桃酥
5. 五色饭
6. 香椿拌豆腐
7. 祛湿四神排骨汤
8. 香格炖豆腐
小满节气美食：
1. 苦瓜炒鸡蛋
2. 爽口水晶粽
3. 桑葚果酱糕
4. 艾草煮鸡蛋
5. 盐水煮豌豆
6. 豌豆胡萝卜凉拌菜
7. 薄荷茶
8. 美颜冰糖玫瑰花茶
9. 玫瑰花粳米粥
芒种节气美食：
1. 豌豆炒饭
2. 豌豆肉末鸡蛋羹
3. 豌豆腊肠五彩煲仔饭
4. 玫瑰鲜花饼
5. 凉拌黄瓜木耳花生米
6. 桑葚大枣茶
7. 豌豆西红柿鸡蛋面
8. 樱桃冰糖糕
9. 凉拌枸杞黄瓜

夏至节气美食：
1. 豇豆肉沫打卤面
2. 鸡丝黄瓜凉面
3. 新麦豌豆粳米粥
4. 三鲜馄饨
5. 三豆饮
6. 苦瓜酿
7. 苦瓜粥
小暑节气美食：
1. 蜜汁糯米藕
2. 绿豆糕
3. 绿豆汤
4. 黄瓜拌豆皮
5. 茄子蒸饺
6. 绿豆蒸糕两吃
7. 爽口黄瓜拌面藕
8. 烤牛奶
9. 清汤羊肉
大暑节气美食：
1. 蜜豆花生烧仙草
2. 哈面馒头
3. 苦瓜腊肠
4. 清蒸丝瓜酿肉
5. 凉皮两吃
立秋节气美食：
1. 羊肉蒸饺
2. 清蒸茄夹
3. 营养肉卷
4. 红豆薏米芡实汤
5. 时蔬鸡蛋摊饼
6. 黄瓜和猪肉蒸饺
7. 丝瓜炒鸡蛋
8. 木槿花两吃
处暑节气美食：
1. 煮花生
2. 秋葵炒蛋
3. 胡萝卜炖
4. 茶叶蛋
5. 竹苏鸭蛋
6. 银耳莲子羹
7. 龙眼红枣百合粥
8. 糖醋藕丸

白露节气美食：
1. 白山药五仁冰皮月饼
2. 糯米绿豆冰皮月饼
3. 烤板栗
4. 冰糖雪梨红枣羹
5. 丝瓜鸭子豆腐
6. 白芝麻花生糖烧饼
7. 绿豆包
秋分节气美食：
1. 冰糖雪梨鲜银耳羹
2. 烤红薯
3. 百香果凉拌藕块
4. 凉拌豇豆
5. 爽口醋腌豇豆
6. 板栗白薯二米粥
7. 红薯饭
8. 菠菜炖饹馇
9. 香酥炸藕盒
10. 佛手瓜水饺
11. 冬瓜蒸饺
12. 羊肉萝卜粉丝汤
寒露节气美食：
1. 冰糖雪梨炖山楂
2. 蜜汁山药糕
3. 山药肉末蒸鸡蛋
4. 粉条五花肉
5. 鬼子姜
6. 豆腐烧扁豆
霜降节气美食：
1. 五谷米糊
2. 二米饭团
3. 银耳白果粥
4. 花生莲藕香菇汤
5. 萝卜丸子
6. 小白菜懒豆腐
7. 百合银耳苹果羹
8. 苹果芝麻牛奶蛋饼
9. 土豆芝麻鸡蛋饼
10. 山药芙蓉汤
11. 红薯芝麻条

图 7.4 节气食谱

◀选择时令食材，设计完整的节气美食食谱，初步形成研学活动成果。

每份节气食谱按照节气特征、传统习俗、文化历史、食材选择、营养价值与饮食禁忌等多方面要素统一梳理，完成整体性设计，建立具有传统文化和节气特点的美食体系。

以谷雨节气食谱（图7.5）为例，学生依托当地现有食材，开发多种美食，从文化性、营养性和传播性角度进行美食设计与制作，设计具有谷雨节气特征的美食文化，传递健康生活理念和生态文明价值观。

◀以谷雨、秋分节气美食为例，进行文化、风俗和营养层面的探究，引导学生进行节气食谱的具体设计。

节气特点	谷雨是反映降水现象的一个节气，谷雨过后降雨增多，空气中的湿度逐渐加大。春季，肝木旺盛，脾衰弱，谷雨前后15 d及清明的最后3 d中，脾处于旺盛时期				
序号	名称	主要食材	文化渊源	注意事项	饮食禁忌
1	香椿炒鸡蛋	香椿、鸡蛋	"雨前椿芽嫩无丝，雨后椿芽生木质"，这是中国人总结香椿特点的一句民间谚语，说的是香椿一年的好光景其实就半个月左右，初春时最为鲜嫩，过了季不仅春芽会木质化，硝酸盐的含量也会增加，变得不适合食用		香椿为生发物，多食易诱使痼疾复发，故慢性疾病患者应少食或不食
2	黑豆芽木耳粉丝肉	黑豆芽、粉丝、木耳	豆芽在我国约有两千多年的历史，最早的豆芽以黑豆为原料	豆芽洗净后放入开水中煮约3 min，这样可以去除豆腥味	脾胃虚弱者要谨慎食用
3	山苜楂包子	面粉、山苜楂、猪肉	山苜楂是一种野菜，中文通用名为"长蕊石头花"，别名"霞草"，在民间又称为"山麦楂""山蚂蚱"等，是石竹科石头花属的多年生草本植物，高可达1 m；根粗壮，老茎常为红紫色	山苜楂用开水烫过，去除草酸后食用	

图 7.5　谷雨节气食谱

又如，秋分节气美食食谱，从节气变化视角选择营养美食，为预防秋燥和保持呼吸道健康等设计食谱(图 7.6)。

(五)节气饮食的推广与文化传播

研究团队在完成前期任务的基础上，开展节气美食的推广工作。学生深入不同地区和人群，进行食谱推介与文化传播，提升个人社会实践本领。

节气特点	秋分起寒凉渐重，北方多出现凉燥。严重怕冷、轻度发热、无汗、口干、咳嗽和脉涩，主要证候区别包括凉燥无汗和温燥少汗，凉燥恶寒重和温燥恶寒轻，温燥口渴甚和凉燥不甚渴				
序号	名称	主要食材	文化渊源	注意事项	饮食禁忌
1	冰糖雪梨鲜银耳羹	银耳、雪梨	《本草诗解药性注》中说雪梨鲜银耳羹："此物有麦冬之润而无其寒，有玉竹之甘而无其腻，诚润肺滋阴要品。"	1.水要加足，不要中途加水 2.煮好后在锅中焖半小时更黏稠	1.糖尿病患者少加糖 2.睡前不宜食用
2	健脾益气烤红薯	红薯	《本草纲目》等古代文献记载，红薯有"强肾阴，健脾胃，益气力，补虚乏"的功效，使人"长寿少疾"，还有暖胃、和血、补中等功效	中途要给红薯翻个，使其受热均匀	1.不宜和柿子同时食用 2.湿阻脾胃、气滞食积者应慎用
3	百香果凉拌藕块	藕、百香果	浙江省余姚县罗江村发现了莲藕粉化石，经碳-14鉴定后确定是7000年前的化石，这证明莲藕起源于中国。中国最早有关于莲栽培的文字记载可以追溯到周朝的《诗经》。为现代人熟知的是北宋理学家周敦颐《爱莲说》中的名句："独爱莲之出淤泥而不染，濯清涟而不妖。"	1.为防止藕块氧化变黑，制做时要在水中加一点醋 2.焯水后，要用凉水过一下，这样藕块更脆	脾胃虚寒及大便燥涩者不宜食藕；久病体虚、胃炎、胃溃疡患者不宜食用百香果；藕不宜和动物肝脏同食；百香果不宜和牛奶同食
4	健脾利湿凉拌豇豆	豇豆	《本草纲目》中记载：豇豆能"理中益气，补肾健胃，和五脏，调营卫，生精髓，止消渴，吐逆泄痢，小便数，解鼠莽毒。"	煮豇豆时加入几滴油和盐，能使豇豆颜色更翠绿	1.豇豆不可生吃 2.吃豇豆要注意控制量，否则容易引起腹部膨胀，导致消化不良

图 7.6　秋分节气食谱

1.活动一：走进幼儿园，推广节气美食

　　暑假期间，学生将节气食谱打印出来，走进迁安地区红黄蓝教育集团进行节气美食文化推广。该集团在当地成立了12年，下辖1个亲子园、2个幼儿园、1个育种农业基地。本次活动为学生的节气美食文化传播搭建了舞台，实现了对学龄前儿童群体的知识普及和劳动培养。红黄蓝教育集团马园长称赞了同学们的做法，肯定了传统文化与健康生活理念的融合策略，将节气食谱推荐给所辖幼儿园进行实践推广。

　　古人常把新收获的谷物粮食、瓜果蔬菜祭供祖先，谓之"秋

◀节气食谱的推广，是检验节气文化研习效果的重要过程，是检测食谱科学性、营养性和价值性的社会行动，为研学反思提供建议基础。

尝"。红黄蓝教育集团建有种植基地,每年夏季种植花生、红薯、棉花等农作物。此时正值立秋已过,处暑将至,农作物迎来了丰收。同学们结合传统习俗,建议幼儿园学习古人开展"秋尝"活动,举办农业拓展节。幼儿园接受了我们的建议。他们经过周密准备,在处暑第一天组织小朋友拔花生、品花生,开展一日实践活动。小朋友们走进田间地头,全过程感受识花生、摘花生、煮花生、品花生的乐趣,在动手与动脑中品味劳动的果实,体会"秋尝"的快乐,不仅学习了农业知识,感受了节气文化,还了解了美食文化(图 7.7)。

图 7.7　"秋尝"活动

2.活动二:走入首钢矿业集团,推广健康美食方案

同学们制订了走进首钢股份公司迁安钢铁公司职工食堂开展节气美食推广的方案,通过与负责人交流,了解一线职工、机关人员和部分家属的食品需求,进行食谱营养性、适用性的调整和设计。

学生对员工进行访谈和调查,了解饮食需求,并分类整理,情况如下:一线职工体力消耗大,需要营养丰富、高能量、饱腹感强的食品;机关人员脑力劳动较多,需要营养均衡、护眼、健脑的食品;公司领导层人员年龄偏大,需要有益心血管、降糖、降脂的食品;职工家属的需求主要集中在主食类产品和半成品方面;等等。学生围绕职工需要,借助节气食谱,辅助食堂厨师设计推出系列美食套餐,包括:活力四射套餐(以肉食为主)、健康谷物套餐(以清淡食物为主)、低糖低盐套餐(以素食为主)、家庭组合套餐(以半成品及主食为主)。另外,加大节气小食产品的制作与提供,开设节气特色小食和饮品窗口,营造浓厚的节日氛围,形成丰富的

◀实践证明,从幼儿教育阶段推广节气文化和美食制作是可行的,可以从小树立学生的文化意识、培养良好的饮食习惯。

◀学生走进工厂,针对不同需求进行节气食谱的拓展与创新,对食谱的丰富性和适用性进行科学探索。

节日文化。

在食堂门前,学生开展了二十四节气文化宣传,推广健康饮食知识。同时,进一步征集广大职工的饮食需求,完善配餐方案,丰富节气美食品种,为广大职工和职工家属提供更多、更好的食品服务(图7.8)。

图7.8　学生与职工食堂负责人现场交流

3.活动三:深入当地旅游定点饭店,推广节气美食

九江饭店作为迁安市定点会议及旅游和商务接待饭店,迎接八方来客。因为绝大多数为团餐,初期的节气美食推广受到了局限和制约。学生与酒店经理进行了深入探讨(图7.9),以当地时令蔬菜为突破口,如被誉为"航空蔬菜"的黑马铃薯(图7.10)、"北方第一菜"——大崔庄白菜、河北省地理标志产品——五重安山药以及沙河驿芹菜等,开发制作成菜品、汤品或小食,增加节气文化色彩。另外,将迁安市的特色水果酸梨、黄冠梨等作为凉菜与甜品的主要原料,在立秋和白露后与食客见面,并用礼盒包装,供游客选择。

◀与旅游饭店合作,推广家乡节气食材,开发地方美食产品,可以促进节气美食的多角度宣传,为推广家乡文化贡献力量。

图7.9　九江饭店节气美食调研活动　　图9.10　"航空蔬菜"——黑马铃薯

此外,学生根据酒店和食客需求,与厨师团队一同丰富了二十四节气食谱,推出1~3人、4~6人、7~10人以及健康型、热力型、养生型等不同类型的美食套餐,实现节气美食的多样态呈现。

由此看出,迁安市对在地食材的选取不仅成为美食特色,而且成为文化载体,蕴含地域特征、文化风俗和科技创新,反映出二十四节气的文化内涵和精神风貌,为学生及全社会增强乡土意识和文化自信创造条件。

五、研究结论与发现

在历时一年多的节气美食研学活动中,研学小组的成员们学习节气文化,选择时令食材,整理编辑出节气食谱,包含107道美食,完成了节气美食、文化风俗和健康饮食的探究。主要收获体现在以下4个方面。

◀从文化、节气、营养等视角进行研学活动的全面梳理,为传播研学经验、形成研学成果创造条件。

(1)传承文化精髓,培养劳动精神。二十四节气食谱浸润了深厚的中华传统文化精神,是文化精髓与健康理念的融合。本次研学活动提高了学生的劳动技能和实践本领。在研学活动中,学生走进田间、厨房、企业和社区,亲手种植、制作、调研和宣传,实现了全身心参与,落实了教育部《义务教育劳动课程标准(2022年版)》。

(2)应时而食,建立节气饮食文化观念。学习二十四节气习俗,感悟中华优秀传统文化,为师生建立起"应时而食"的健康理念,形成健康意识,培养生态思维。

(3)关注饮食健康,促进健康生活。《黄帝内经》指出:"上工治未病,不治已病。""治未病"即采取相应措施,防止疾病的发生发展。中医文化强调,应根据不同季节养护人体器官。二十四节气"不时不食"的文化传统具有养生意义,强调了"春养肝、夏养心、秋养肺、冬养肾,一年四季养脾胃"。因此,需要加大社会宣传力度,开展实践活动,提高节气美食文化的社会认同,促进人们增强健康意识。

例如，红黄蓝幼儿园后续开展了"'豆'你玩"农事节、寒露红薯文化探究等多场活动，将节气文化、食品健康与饮食习惯有机结合，形成独特的园所课程，引导小朋友在学与玩的过程中收获知识、品尝美味、健康成长。

（4）挖掘美食资源，传播家乡文化。引导学生在研学活动中了解当地物候、土壤、植被分布等情况，挖掘家乡农副产品资源种类，进行在地节气美食资源库建设，实现了对家乡农副产品的深度认知。学生对小麦、水稻、高粱、玉米等主食作物进行梳理，判别黑马铃薯、倭瓜、豇豆、豌豆、香椿、核桃、板栗、酸梨、樱桃等特色蔬菜和水果，对鸡、鸭、牛、羊等动物、禽类产品进行选择，构建起节气美食食谱需要的材料图谱，为开发节气食谱奠定基础。

六、研究反思

结合二十四节气文化饮食研究与推广遇到的问题，反思研学实践过程，学生提出了以下改进建议。

（1）深入开展中小学及幼儿阶段节气饮食文化教育。可通过文化探知、节气种植、农作物认知、采摘制作等活动，构建起完整的节气饮食课程，为中小学生及学龄前儿童认知世界、培养健康习惯搭建舞台。

（2）推广校园节气饮食文化。进一步加大节气饮食研学的推广力度，利用午间广播、展板、演出等形式普及二十四节气知识，将劳动教室开辟成节气美食空间，提供二十四节气美食制作食材，让更多的学生参与实践，传承节气美食文化。

（3）加大社区宣传力度。制作二十四节气美食展板和手册，成立社区宣传队开展多种宣传活动，让更多居民了解二十四节气美食文化，提高居民的健康意识。

在学校和居委会支持下，重点开展清明节做青团、端午节包

◀及时进行研学反思，深化节气美食研学活动，为研学目标和任务的拓展提供规划与设计。

粽子、中秋节做月饼等特色节气美食制作活动,在活动中加大节气习俗文化宣传力度,介绍健康知识,交流美食技法,使节气美食文化走进千家万户。

(4)建议政府加大节气文化推广力度。向政府提出建议,设立迁安市二十四节气文化主题公园,宣传节气养生知识、节气食谱,打造节气文化品牌。在政府机关、企事业单位食堂和商务接待时,融入节气文化,选取当地食材进行节气美食制作,打造本地饮食文化名片,促进地方经济发展。

(5)筹建首钢集团有限公司矿业公司职工子弟学校青少年农业产业基地。争取学校和首钢集团有限公司矿业公司的支持,将校园种植园扩建为青少年农业产业基地,设计开发方案,规划节气性农耕、采摘、饮食制作系列课程,开展年级劳动活动,深入探究二十四节气文化。

2015 年 9 月,联合国大会第七十届会议通过了《2030 年可持续发展议程》,发布了 17 项联合国可持续发展目标(SDGs)。其中,SDG_3、SDG_4、SDG_{11} 等目标明确提出健康生活方式、人类福祉、良好社区和优质教育的要求,为学校教育改革指明方向。中国传统文化和民间风俗浸润 5 000 年历史和智慧,对现代生活带来积极影响。"日出而作,日落而息""不时不食""应食而食"的健康理念,是新时代人类健康的基础要求。尽早加大节气饮食文化的宣传力度,对社会尤其是青少年具有导向性意义,能够有效减缓近视眼、肥胖症、糖尿病、性早熟等病症的低龄化趋势,使青少年养成健康的生活习惯。

袁隆平一生奉献,始终致力于让国人吃饱饭、吃好饭。节气饮食具有同样的任务,引导国人吃出健康、吃出文化、吃出自信,在生态文化建设中实现中华民族伟大复兴。

◀全面分析二十四节气美食文化与联合国可持续发展目标的内在联系,凸显节气美食文化在人与自然生命共同体建设中的重要地位。

二、京西文化古街旅游专题案例

京西地区是指首都西部,包括石景山、海淀、丰台、门头沟、房山等广大区域。京西文化是汇集地区历史传统、文化古迹、民俗艺术和自然资源的文化民俗精粹,是北京 3 000 年文化古都风韵的集中体现。

京西地区现存多条文化古街,包括丰台卢沟桥老街、长辛店文化街,房山周口店文化街,门头沟妙峰山古香道、三家店文化古街,等等。其中,位于石景山模式口村的驼铃古道由于丰富的文化习俗、悠久的历史建筑和广誉的文人韵事而成为典型代表,是北京重要的文化旅游街区之一。

京西文化古街旅游专题案例如下。

模式口驼铃古道的文旅方案设计研究
——"00 后"人群视角

学生:北京市第九中学　施妙妍

指导教师:北京市第九中学　南文龙

石景山区苹果园第二小学　肖雪、孙园园

石景山外语实验小学分校　李茉

摘要:随着全球化步伐的不断加快,文化旅游产业迎来了巨大发展机遇,文化遗产与生态环境亟待保护性创新。文旅产业作为第三产业的重要组成部分,对发展形态和方案设计有着重要要求,需要落实国务院《历史文化名城名镇名村保护条例》要求,推进文旅业态的发展和创新,为人们提供丰富、多样的文化旅游产品和服务,满足不同人群的个性化需求。

京西模式口文化古街的形成已有百年历史,具有丰富的文化遗产和自然资源,成为现代人喜爱的旅游地点。传承古街文化,保护文物古迹,开发生态文旅线路,成为驼铃古道焕发新生的必由之路。

关键词:京西文化;驼铃古道;文旅产业;生态发展。

案例点评

◀挖掘身边的历史遗迹和文化资源,开展面向社会需求的文旅方案设计,为开展研学活动、深化教育创新发展确立了高水平研究主题。

一、研究背景

1.文化遗产保护背景

随着经济全球化趋势和现代化进程的不断加快,文化遗产与生态环境受到严重威胁。近年来,联合国教科文组织不断强调在全球探索生物和文化多样性的多维度保护方式,开启了物质文化遗产和非物质文化遗产的保护行动。

我国是历史悠久的文明古国,在漫长的岁月中,中华民族创造了丰富多彩、弥足珍贵的文化遗产。党中央、国务院高度重视文化遗产保护工作,积极推进了《中华人民共和国非物质文化遗产保护法》《历史文化名城名镇名村保护条例》等法律、行政法规的立法进程,为地区文化保护提供了法律法规和行为习惯层面的具体保护规范。在全社会共同努力下,我国文化遗产保护取得了显著成效。

2.中华传统文化传承背景

古村落经历千百年历史变迁,是人类社会文明的结晶,体现了人与自然的和谐共处,是传统文化的"活化石"。古村落在生态文明长期作用的自然基底上,形成了数量众多、类型多样、内容丰富的村落景观和文化传统,不仅拥有美学价值,更承载着村落发展的烙印和人类文化痕迹。《传统村落才是我们乡愁安放的地方》(《中国老年》2015年10期)一文中记录了冯骥才先生接受记者采访时对古村落的评价:"大家知道,我国最大的物质文化遗产是长城,最大的非物质文化遗产是春节,而我们最大的物质和非物质文化遗产结合的产物就是古村落。古村落是我们5 000年农耕文明时代的一个精神家园,是我们根性文化的一个源头。我们传统文化真正的根扎在农村,如果村落文化瓦解,消失的话,我们的根性就会消失了。"然而,随着时间的推移和社会变迁,由于城市化进程、工业化发展、自然环境改变、文化传承人流失等,古村文化艺术风俗日渐衰退,逐步不为后人所知。因此,应开展古村

◀从多个层面分析研学主题背景,对文化传续原因进行细致梳理,为确立研学目标、设计研究内容、开展研学活动提前做好具体性分析。

文化风貌的保护性研学活动，增加人们对村落历史、风俗民情的认知，弘扬人文、艺术和文化魅力。

3.课程改革背景

驼铃古道位于石景山区模式口地区，占地面积 2.25 km^2。这一区域历史悠久，是京西古道的必经之地，是西山永定河文化带上的一颗明珠，千百年来受到人们的关注和喜爱。

《义务教育课程方案(2022年版)》提出"充分利用地方特色教育资源，注重用好中华优秀传统文化资源和红色资源，强化实践性、体验性、选择性，促进学生认识家乡，涵养家国情怀，铸牢中华民族共同体意识"的要求，深化课程改革，推进课程创新。因此，学校开展以驼铃古道为主题的社会性研学活动，以弘扬京西文化、传承历史民俗、保护文化古迹、培养社会责任为目标。

二、研究目标

探寻模式口古村之源，了解古村历史脉络、文化遗迹和民间风俗，学习古村在京西古道生产生活和军事要塞方面的重要性，感受西山永定河文化带的深厚底蕴，设计驼铃古道文旅方案，传承优秀传统文化，培养学生的生态文明意识和可持续发展价值观。

◀制定研学目标，明确研学内容，为学生进一步开展研学活动明确思路，为研学小组自主开展实践探究活动创造条件。

三、研究内容

(1)探究古村落的历史发展脉络、文化遗迹和民间风俗，了解驼铃古道在京西古道中的重要地位，感受西山永定河文化带的文化底蕴。

(2)引导学生关注古村文化传承的可持续发展问题，运用不同学科知识和手段参与调查，解决可持续发展实际问题，传承优秀传统文化。

(3)结合研学收获，根据在地资源和社会需求，设计驼铃古道文旅方案，培养学生的社会实践能力。

（4）在研学活动中培养学生问卷设计、数据整理、分类归纳、口语交际和团队协作能力，树立尊重人、尊重文化、尊重资源的价值观念，培养学生的生态文明素养。

四、研学路线设计

研学路线如图 7.11 所示。

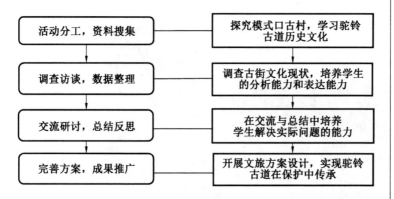

图 7.11　研学路线

五、研究过程

研学团队的学生根据研究主题将活动分为 4 个阶段，包括驼铃古道的历史探寻、实地探访、方案设计与策略推广，通过查找文献、调研、访谈、研讨、规划、建言等过程，深化研学活动，提升学生的参与性。根据学生的兴趣成立 3 个研究小组，前期 2 个组，包括文献资料组、实地探访组，后期组合成为方案设计推广组，形成研究合力，展开主题实践。

(一)初识驼铃古道(模式口)

活动时间：2020 年 11 月 1～30 日。

参与人员：文献资料组。

活动内容：搜集古道文化，探究古街历史。

1.模式口驼铃古道

北京旧城有"内九外七"十六门之说，其中阜成门、西直门的

◀在研学活动过程中，有效进行人员分工，明确工作职责，为推进研学实践奠定基础。

瓮城上分别有两块石头，一块刻有水纹，一块刻有梅花，代表"水门"和"惊门"之意，实际上古时是取水、运煤车辆所走之门。出了阜成门、西直门，就是京西地区。京西地区的一条重要通道是通过模式口、五里坨、三家店到玉河古道，这条路承担着运输京城所需煤炭、木石等生活材料的重要任务，由于常年用骆驼运输，川流不息，驼铃不断，故称驼铃古道（图7.12）。

图7.12　旧时的驼铃古道

　　模式口是驼铃古道上的重要节点。模式口原名磨石口，因盛产磨刀石而得名，历史可追溯到西周时期。作为京西古道的重要连接，这里是元、明、清时期重要的物流转运站，由于道路狭窄，行人商贾行至此处极为谨慎，形成了一条不成文的规矩——"天黑不过镇"，因此推动了当地餐饮住宿和文化娱乐的发展，成为古时北京西部人口聚集的人文和军事重镇。在曹魏时期，曹操的镇北大将军刘靖就在这里开拓边守，屯据险要。

　　现今的驼铃古道是指模式口村中仍旧保留的一条龙形古街，长约1 500 m，这是驼铃古道的文化古迹。几百年来，它穿村而过，形成了链接京城与塞外的重要通道。驼铃古道主要由模式口村、法海寺森林公园组成，东起金顶路北街，西至石门路，南与模式口南里接壤，北临蟠龙山南麓，面积2.25 km²，不大的区域沉积着千百年的历史风韵。

◀进行驼铃古道模式口地区历史文化梳理，使学生理解古村文化脉络，提升学生对学习任务的感知，为深化研学任务建立学习认知。

2.驼铃古道上的文化遗迹

现今的驼铃古道文化遗存丰富,形式类别多样,历史沉积厚重,是集自然风光、人文气息和文化古迹于一体的文化典范。按照物质文化遗产和非物质文化遗产两类划分,主要包括以下内容。

(1)驼铃古道上的物质文化遗产是指驼铃古道上具有实物形态的文物,包括古建筑、古墓葬、石刻、壁画等,主要遗迹有法海寺、承恩寺、田义墓、四柏一孔桥、过街楼等(表7.4)。

表7.4　驼铃古道上的古代遗迹

古代遗迹	位置	简介
法海寺	驼铃古道北侧	明代佛教寺院,具有密宗特色,寺内有明代壁画、铜钟、明代石刻等文物,其中壁画堪称我国明代壁画之最
承恩寺	驼铃古道东北部	明代皇家寺院,是北京地区保存最完整的明代木结构建筑之一
田义墓	驼铃古道西北部	建于明代嘉靖年间,是明代忠臣田义的墓地,是北京地区现存最古老的太监墓地之一
四柏一孔桥	法海寺前	一座单孔石桥,桥拱两侧的石缝中对称长着四棵苍翠的古柏,因此被称为四柏一孔桥,是法海寺的"五绝"之一
曼陀罗藻井	法海寺大雄宝殿殿顶	法海寺的曼陀罗藻井是一种特殊的建筑装饰,共有3架,中央绘有曼陀罗,是明代建筑中少见的彩绘遗存
白皮松	法海寺大雄宝殿前	两棵千年古树,高30余米,树皮白色,树干粗壮,树冠茂密,是法海寺的"五绝"之一

◀全面梳理驼铃古道上的文化遗迹,按照物质文化遗产和非物质文化遗产两类进行类别梳理,使学生更加全面地理解文化资源类型,为展开研学活动、进行方案设计提供基础。

续表7.4

古代遗迹	位置	简介
龙泉寺	驼铃古道西段	佛教寺院,与法海寺相邻,始建于明代。三面环山,南面有悬崖,俯瞰着京西古道上来往的行人、车马。内有一口甘洌的泉水,传说是龙王赐予
过街楼	驼铃古道中段	明清时期建筑,用于连接两侧的商铺和仓库,是驼铃古道的重要节点。过街楼于早年拆除,但其遗址仍然保留
绸布店	驼铃古道西段	明清时期的商业建筑,主要经营绸缎等贵重物品,也是驼铃古道上的重要商业活动场所
老爷庙	驼铃古道西段	民间场所,是驼铃古道上的重要文化景观。已于2019年修缮完成,开设"古道斯存"展览,展示了驼铃古道的历史文化和民俗风情

　　(2)驼铃古道上的非物质文化遗产是以非实物形态存在的传统文化表现形式,包括口头传说、表演艺术、民俗活动和礼仪节庆等,主要指磨石口传说、磨石口石文化习俗、京西民谣、高井高跷、石景山太平鼓、永定河传说、抖空竹、驼铃古道节日文化等。具有代表性的非物质遗产如下。

　　①磨石口传说:内容丰富生动,有反映帝王将相与磨石口关系的,有反应老百姓生活的,还有与名人轶事相关的各种传说,情节生动,与史实相符,具有明显的地域文化特点。

　　②太平鼓:又称"扇鼓""单鼓"等,明代(1368—1644年)固定其名称为太平鼓。太平鼓在模式口地区较为盛行,每年腊月和正月是村民们打太平鼓的活跃期,表达太平盛世、国泰民安的期盼。

　　③磨石口石文化习俗:村西隘口附近盛产磨刀石,天长日久

◀与物质文化遗产相同,驼铃古道上的非物质文化遗产也是研学活动的重要实践载体,它在最终完成的旅游方案设计开发中发挥着重要作用,需要指引学生实现深度探究。

成为地理性标志,称为"磨石口",形成古时的产业经济,聚结成为本地居民利用岩土资源的生产与生活文化。

④京西民谣:传承范围遍及京西地区,涵盖社会生活的各个方面,包括儿歌、劳动歌、时政歌、仪式歌、生活歌、风物歌、历史传说歌、谐趣歌、情歌和工业民谣等,具有鲜明的时代色彩、地域特色和较高的历史文化价值。

(二)探访驼铃古道(模式口段)

活动时间:2020年12月1～31日。

参与人员:实地探访组。

活动内容:走进模式口驼铃古道,探究文化秘籍。

1. 活动设计

为进一步探究模式口古街文化,实地探访组的学生利用周末和节假日时间,开展了实地考察活动。他们以家庭为单位展开考察,按照"模式口驼铃古道探访调查方案"任务分工,进行实地探访和记录。

◀走进驼铃古道模式口村,全面梳理古村的历史文化,能够让学生了解驼铃古道上的一砖一瓦和文人韵事。

根据走访任务,学生走进古村各个景点,访问村中的文化传人和工作人员,了解驼铃古道上的一砖一瓦和文人韵事,进行分类研究,完成了"模式口驼铃古道文化之旅记录单",收集到丰富的古村文化资料。

2. 实地探访

(1)历史考证。

①文化典故。

《光绪顺天府志》载:"(蓟)县西四十里,山底村亦曰旁村北辛安,巳上村在永定河东,旧有宁台、元英、磨室宫近此。"民国时期的学者奉宽在《妙峰山琐记》一书中写道:"磨石口应即古磨室宫地。"既有磨室宫,西边又有山口,名之为"磨室口"。由于磨室口盛产上等的磨刀石料,因而人们称之为磨石口。学生考察时拍摄的磨石雕像如图7.13所示。

◀厘清模式口的由来,探究历史记载,为文化传承奠定基础。

图 7.13　学生考察时拍摄的磨石雕像

　　民国初期,磨石口已成为远近闻名的富庶村落。不仅成为北京最早用上电灯的村镇,还建立了小学校。民国初,曾任河北省议员、磨石口村村长的李雅轩认为磨石口村历史悠久,民风淳朴,邻里和睦,百姓安居乐业,已成诸村之楷模,建议将磨石口改名为"模式口",建成模范村。1923 年春,经宛平县政府批准,县长汤小秋正式将"磨石口"更名为"模式口"。

　　②历史发掘。

　　考古学家在模式口西侧黄土断崖中发掘出保存完好的古陶罐及数处陶片遗存,陶罐的土里有碳化的谷物颗粒,陶片大多为夹砂红陶,还有少许灰陶,专家鉴定为商周时期古人类遗迹。公元前 1046 年,周武王姬发灭商,封帝尧后代于蓟,蓟之疆域即包括模式口在内的石景山区中、西部地区。

　　③重要地位。

　　模式口抵山靠河,拱卫京西,地险而易守,道辟而货通,是京西古道的重要链环。村西有古隘口,历史上发挥过重要作用。口外的皮货、药材源源不断经驼铃古道运入京师,是东去京城,西连煤城,元、明、清三代的主要运煤(货)通道。驼铃古道还是一条古老的香道,清代与民国时,通过此地去妙峰山进香的会档每年都有 100 多道。

◀驼铃古道模式口段的重要地位一方面表现在文化的聚集,另一方面表现在它的地理位置,是兵家必争之地。

(2)文化遗迹。

①类别一:文化建筑。

法海寺(图7.14):位于模式口翠微山南麓,始建于明朝正统四年(1439—1440年),动用木匠、石匠、瓦匠、漆匠、画士等众人,历时近5年,至正统八年建成。原寺庙规模宏大,明、清时多次重修。法海寺占地面积20 000 m²。寺内有大雄宝殿、伽兰祖师二堂、四天王殿、护法金刚殿、药师殿、选佛场、钟鼓楼、藏经楼、云堂等建筑。寺院共有"五绝",其中以明代壁画水月观音最为传神。1988年被列为全国重点文物保护单位。

◀研学小组走进京西古刹法海寺、承恩寺,感受皇家寺院的宏伟,学习艺术特色,感受文化价值。

图7.14 法海寺

承恩寺(图7.15):位于模式口大街路北,是全国重点文物保护单位。承恩寺宏大壮丽,由山门殿、天王殿、大雄宝殿、法堂等主要殿堂组成。整座庙宇呈南北略长的"回"字形。相传为皇帝行宫,故有"三不"传闻,即"不受香火、不做道场、不开庙"。

图7.15 承恩寺

田义墓(图 7.16):位于模式口大街路北,是北京市文物保护单位。原为明代宦官田义的墓园,现有 5 座太监墓。田义墓是明代墓园建筑艺术的缩影,是至今保存最为完整的太监墓葬群,是考察明代宦官制度的实物见证。

图 7.16　田义墓

冰川遗迹(图 7.17):中国第四纪冰川遗迹陈列馆占地面积 6 300 余平方米,是我国乃至亚洲唯——座建造在冰川遗迹上的自然科学类博物馆。馆内有 12 个展厅,包括"人类演化过程""第四纪冰川与人类关系"和"擦痕遗迹保护区展厅"等 4 部分,人们可在此实地领略史前地质及生物特征。

图 7.17　冰川遗迹

四柏一孔桥(图 7.18):位于翠微山南麓,是石景山区重点文物保护单位。四柏一孔桥是由模式口去往法海寺的必经之地,青石券洞上镌刻着"四柏一孔桥"五个字。古时每当夏季来临,清冽的泉水便汇成小溪,潺潺流经桥底,周围的苍松巨柏给这座古桥增添了勃勃生机。传有"界桥"的历史典故。

◀中国第四纪冰川遗迹陈列馆作为亚洲唯——座建造在冰川遗迹上的自然科学类博物馆,具有超高的学术价值。带领学生走进中国第四纪冰川遗迹陈列馆,可以让学生亲自感受冰川文化,探究地质形成历史,建立全方位的驼铃古道文化认知,感受地质文化的魅力。

图 7.18　四柏一孔桥

　　曼陀罗藻井(图 7.19)：法海寺的"五绝"之一。曼陀罗藻井是指大雄宝殿顶部悬设的 3 个斗拱式藻井,每个藻井由 3 层斗拱支撑,藻井中心绘制了不同的曼陀罗图案。法海寺的曼陀罗藻井是明代建筑中罕见的彩绘艺术,绘制工艺精湛,色彩沉稳,具有重要的美学价值。

图 7.19　曼陀罗藻井

　　白皮松：法海寺"五绝"之一,是大雄宝殿两侧生长的两株古老的白皮松树,据推测已有千年以上的树龄。两株白皮松直立挺拔,树干洁白,树皮上呈现出片状的"龙鳞"纹理,树冠繁茂,四季常绿,经历代风雨,见证了法海寺的历史变迁。

　　过街楼(图 7.20)：驼铃古道模式口段曾有四座过街楼,东西各一座,中间两座,建筑形式一般横跨于街道中,皆为青砖和石块垒砌而成,顶上原有楼,高墙上有射击孔,为明代驻军所建,下边为门洞,上边多为殿堂或寺庙。

◀曼陀罗藻井作为法海寺的重要文化遗产,具有很高的艺术价值,是引导学生学习法海寺明代艺术的主要物证,是文化传承的代表性遗产。

◀现今的过街楼遗址仍矗立在龙形古街上,是驼铃古道的历史见证。

图 7.20　过街楼遗址

②类别二:民居生活。

驼铃古道模式口段作为明清及民国时期的重要人口聚集地,百姓的衣食住行记录了它的繁华与衰败。

a.衣。驼铃古道作为旧时的货物、香道和军事要道,也是一条驼铃声中的繁荣商道。据世代定居模式口的仲德均老人回忆,村子两旁遍布店铺,其中古道路北的恒德成、路南的恒聚兴,成为当时往来客商布匹中转的见证,至今村子墙壁上还残存着恒德成店铺斑驳的印记(图 7.21)。

图 7.21　恒德成店铺斑驳的印记

b.食。模式口村保留着很多关于老北京的记忆。通过寻访老住户,了解到这里除了老北京的特色美食外,南北饮食均有。古街两侧各类饭馆林立,如天兴菜馆、梁家菜馆、李记回民饭铺等,都是这条街上的知名饭馆。

作为农耕文明遗留下来的古村落,与农业相关的农副产品、

▶探究百姓生活的衣食住行,可以让学生更加深入地感知古村文化,了解当年人们的生存发展状况,探析文化历史的原始面貌。

农作物等必不可少。修复后的模式口古街上，饱满的粮囤、棉花秸秆、谷穗等展品展现出当年百姓餐桌上丰富的食物原貌（图7.22）。

图 7.22　模式口古街展品

c.住。模式口驼铃古道仍保留着几处较为完整的四合院院落。现今村委会所在院落，就是一座保存完好的一进院落，是老北京人世代居住的代表性建筑，其建筑装饰具有很高的艺术价值和观赏价值。街边的门楼，仍可寻见金柱大门、蛮子门、如意门、小门楼典型结构。门楼上的雕花精致生动，抱鼓石、门当、上马石保存完整。驼铃古道上的传统建筑如图7.23所示。

图 7.23　驼铃古道上的传统建筑

d.行。百年来，古道上骆驼、骡马、大车熙来攘往，络绎不绝。曾经的"雷记"车铺（相当于现在的汽车销售服务4S店），是模式口村当时赫赫有名的大车铺，这家车铺造的大车铁瓦拼装，坚固耐用，深受车把式好评，定做的客商络绎不绝，对商人往来穿梭、出行贩运起到不小的作用（图7.24）。

◀带领学生从衣食住行等多个层面探寻驼铃古道上的文化遗迹，为感受驼铃古道模式口段的民生民俗、文化传承和重要历史地位提供学习内容，为学生开展文旅方案设计奠定基础。

图 7.24 行走在驼铃古道模式口的商队

　　驼铃声中的繁荣商道上,建起了鳞次栉比的大车店、旅店、杂货店、铁匠铺、药店、酒馆、饭铺等。据"刘记铁铺"的第四代传人刘春林讲述,他们家在模式口古道四代打铁为生,已有150年历史,在京西一代极负盛名,见证着驼铃古道的兴衰。村里最出名的旅店叫"老西儿店"(图 7.25),店掌柜姓张,店里有20多间简易石板房和牲口棚,可以住骆驼、马车和百十来名商贩。客店主人服务周到,全力相助,在这条古道上名声日盛。模式口还有商铺20多家,各类摊商37个,生动地呈现出古村商铺的兴衰与古道命运紧密相连。

图 7.25 "老西儿店"门前的骆驼商队

（3）非遗传承。

①壁画。

法海寺的明代壁画闻名天下，大雄宝殿内壁画共有 10 幅，其中扇面墙南北面各 3 幅，东西山墙各 1 幅，后墙门东西两侧各 1 幅。扇面墙背面绘有水月观音、文殊、普贤 3 尊菩萨以及下属驯狮、驯象人及坐骑，其中水月观音（图 7.26）最为传神。东西山墙上的 2 幅壁画，题材相同，大小一致，画法不尽相同，内容是佛会图。殿内最珍贵的壁画是后墙门两侧所绘的《帝释梵天护法礼佛图》，2 幅共绘有 36 人，三五成组互相呼应。

承恩寺的壁画具有宫廷特色。天王殿内的东西两侧分别绘有青、白、黄、绿 4 条巨龙，按照传统布局左青龙、右白龙、上黄龙、下绿龙绘制。北墙上北门两侧的 2 幅壁画，内容和艺术水平不可多得，为皇家画师所作，手法讲究，技法细腻，达到较高艺术水平。承恩寺壁画同为明代遗迹，虽然比法海寺晚 70 年，但作为明代中期的作品，堪称稀世珍宝。

◀对驼铃古道非物质文化遗产的探究，是本次研学活动的重要内容之一，也是学生进行文化认知、开展方案设计的文化基础。

图 7.26 《水月观音图》（明代）

②民俗技艺。

模式口驼铃古道上的元宵节庙会是京西地区一大民俗特色。节日时，太平鼓队、舞龙舞狮队、秧歌队身着盛装，带来喜庆表演，寄托来年憧憬（图 7.27）。此外，磨刀石、根雕、手工布艺等传统手工艺，尽显手艺人的别具匠心，成为古道上至今保留的民俗记忆。

◀京西太平鼓作为驼铃古道传承的民俗技艺，在百姓心中留下了深深的烙印，是引导学生进行文化研习的重要载体。

图 7.27　京西太平鼓表演

（4）工农业生产设施。

①戾陵堰和车箱渠。

三国时期，魏齐王嘉平二年（250 年），镇北将军刘靖在今模式口西南修筑北京地区最早的水利工程——戾陵堰，开车箱渠，下游利用古高梁河道，向东到潞县（在今北京市通州区潞城镇地区）入鲍丘河。戾陵堰、车箱渠引水进京，屯田种稻，巩固边防。农田有了充足的水源，旱田变为水田，粮食作物由旱地杂粮改为水稻。粮食产量大幅度提高，不但缓解了军粮的供应问题，也使农民得到实惠，促进了地区经济发展。

②模式口水电站。

模式口水电站（图 7.28）位于驼铃古道模式口村东北山麓、永定河引水渠上。该水电站于 1956 年批准设计方案，同年开工兴建，1957 年投入使用。该水电站系渠道式水电站，全部占地7.63 万 m^2，其中生产占地2.9 万 m^2。

▲永定河从京西古道西侧流过，引永定河之水，修戾陵堰，开车箱渠，为当年北京地区的农业发展、皇城居民等提供了重要的水源，是模式口地区重要的文物古迹。

图 7.28　模式口水电站

模式口水电站是我国第一座自行设计、自行建设的遥远测量、自动控制的水电站,曾创下了全国自动化程度最高的纪录。该水电站全部设备皆为我国自己制造,工程总价473万元,每瓦造价为788.33元,年发电量为4 000万 kW·h,为模式口地区乃至北京市做出了突出贡献。

（5）文学经典。

《骆驼祥子》是我国著名作家、人民艺术家老舍先生的名著,被誉为中国现代文学的经典之作。《骆驼祥子》中的主人公祥子生活在20世纪20年代的北京,人物故事的发展与驼铃古道有着密切联系。小说开篇描写了祥子在西直门被抓去当兵,后来逃到模式口,偷了3匹骆驼回到北平,被大家叫作"骆驼祥子"。祥子的悲惨命运展现了当时普通人在困境中奋斗求生存的形象,描绘了当年模式口地区兵匪横行的场景,揭示了社会的不公和混乱,具有深刻的时代印迹和文学价值。现如今,在驼铃古道旁修建了主题纪念馆庆春斋,目的是纪念老舍先生及其笔下的文学经典。

◀老舍先生的《骆驼祥子》作为文学经典,被世人传颂。作品中主人公祥子的悲惨命运,折射了当年人民的生存现状,传承了当时社会发展的历史状况。

（三）驼铃古道旅游需求调查分析

活动时间:2021年1月1～31日。

参与人员:方案设计推广组。

活动内容:进行问卷调查,开展主题研究。

驼铃古道模式口段的文化历史,是集自然资源和人文资源为一体的文化集群,具有类型丰富、资源众多、地域组合状况多样等特征,是文化开发的重要地区。这里的文旅资源集中在模式口大街和冰川路沿线,法海寺、承恩寺、田义墓、庆春斋、过街楼、永引渠、冰川馆等各具特色,具有丰富的历史底蕴和科学价值。驼铃古道模式口段交通通达,环境良好,文化特色突出,可以通过地区文化旅游方案的设计与开发进行传承和保护。

为了更好地开展驼铃古道模式口段地区的旅游方案设计,研学小组的同学们进行了前期调研和访谈。他们将最具活力的2000年以后出生的人群(以下简称"00后"人群)作为主要调查和服务对象,以了解旅游目标和服务需求,准确对接自助型游客的旅游目标。

◀学生通过前期对模式口地区文化古迹和历史风貌的了解,深入开展地区旅游需求的调查分析,为下一步开展文旅方案的规划设计提供研究数据。

1.问卷调查

为了获得一手数据,同学们采用匿名问卷调查的形式,开展了对"00后"人群的调查,共计回收有效问卷 105 份,情况如下。

(1)"00后"人群旅游目的地选择因素调查。

影响"00"后人群选择旅游目的地的因素调查结果如图 7.29 所示。

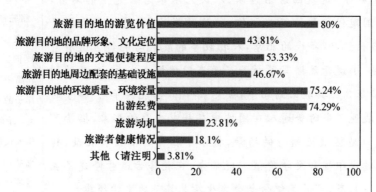

图 7.29 影响"00"后人群选择旅游目的地的因素调查结果

数据显示,旅游景区的游览价值、文化定位、环境质量和经费支出等因素是"00"后人群选择旅游目的地的因素的主要方面,同时他们也关注配套的基础设施及交通等问题。

(2)"00后"人群旅游方式的选择。

"00"后人群旅游方式的选择调查结果如图 7.30 所示。

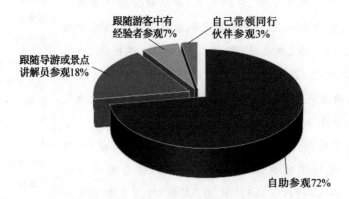

图 7.30 "00后"人群旅游方式的选择调查结果

◀对"00后"人群的旅游方式进行调查,可以直观了解此类人群的旅游需求,获得旅游倾向,为后续设计旅游方案提供思路。

数据显示,"00后"人群中选择自助参观的人数比例达到七成,而选择跟随导游或景点讲解员参观的比例不足二成,这表明自助型旅游方式成为年轻人的主要选择。

(3)"00后"人群旅游互动需求调查。

"00后"人群对景区互动环节的喜好程度调查结果如图7.31所示。

◀旅游中的互动形式对"00后"人群具有很大的吸引力,了解他们的真实想法,可以全面掌握旅游需求,为方案精细化设计提供方向。

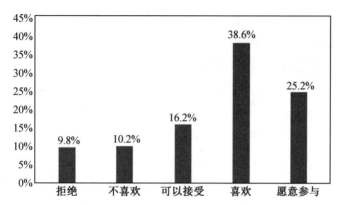

图7.31　"00后"人群对景区互动环节的喜好程度调查结果

可以看出,愿意参与景区文化互动的人数占比63.8%,占被调查人数近2/3。

"00后"人群选择景区互动的形式调查调查结果如图7.32所示。

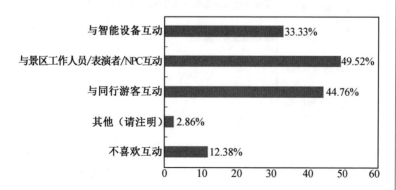

图7.32　"00后"人群选择景区互动的形式调查结果

数据显示,"00后"人群互动需求多种多样,其中人员互动的占比最多,其次是设备互动。

(4)"00 后"人群个性化纪念品需求调查。

"00 后"人群个性化纪念品需求调查结果如图 7.33 所示。

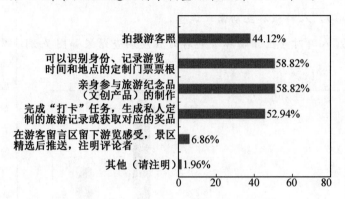

图 7.33 "00 后"人群个性化纪念品需求调查结果

数据显示,"00 后"人群对文旅纪念品的需求更多倾向于个性化、定制化产品,愿意参与旅游纪念品的制作和设计过程,记录个人旅游收获。

(5)"00 后"人群旅游分享形式调查。

"00 后"人群旅游分享形式调查结果如图 7.34 所示。

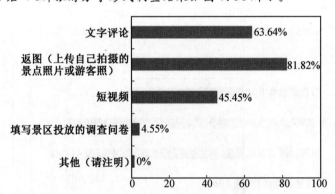

图 7.34 "00 后"人群旅游分享形式调查结果

从图中数据可以看出,"00 后"人群在旅游后的分享形式更多采用图片、短视频及文字等形式,借助各种网络平台记录、表达游玩感受,展现了新时代年轻人开放、积极、乐观的生活态度。

◀"00 后"人群旅游后的分享方式,是进行旅游效果检验的重要因素,是借助"00 后"人群进行驼铃古道旅游线路宣传的重要手段。

2.整体分析

综合以上数据,研究小组学生进行了"00后"人群旅游需求的深入分析,情况如下。

（1）从出行动机和方向选择上看,"00后"人群的出游动机多为放松身心和参与社会实践、研学活动等,在参观游览过程中表现出对体验类活动的偏好。受经济承受能力的限制,可支配资金较少的"00后"人群倾向于选择高性价比的旅游项目。"00后"人群多为学生,该群体的闲暇时间较多集中在周六、周日和寒暑假时间。

（2）从影响"00后"人群旅游目标选择的因素来看,"00后"人群更关注旅游目的地的文化价值、环境质量和出游经费,因此进行模式口地区旅游活动和旅游线路设计时,应充分考虑提升旅游资源的内涵要素,彰显文化遗产的历史价值,并在此基础上结合"00后"人群的消费能力,进行文旅资源的开发。

（3）在旅游线路的选择上,"00后"人群更多偏向预先定制好的线路,会重点考虑线路的特色、游览时的心情和景区的客流量等因素。因此,针对"00后"人群,模式口地区的旅游开发应注意提供多种线路,将各类资源合理搭配、科学串联,发挥旅游资源的最大效益。

（4）在参观形式、景区互动、个性化产品等方面,展现了3个方面的情况:一是"00后"人群对新鲜事物充满热情,但兴趣转变较快;二是"00"后人群追求个性,渴望与众不同;三是"00"后人群重视亲身体验带来的参与感。因此,需要在景区的规划设计、旅游活动和线路规划等方面充分考虑该群体的需求,设计符合其需求的旅游路线。

3.景点规划建议

根据以上特点,在规划驼铃古道旅游线路时需注意个性化、灵活性和参与性的需求化设计,据此提出以下3个建议。

（1）规划线路突出主题特色。文旅方案设计中要以详细内容

◀进行"00后"人群旅游需求的深入分析,可以更加深入地掌握群体需求,为设计具体方案创造条件。

◀围绕旅游需求,进行参观线路的景点规划,可以培养学生的思维能力,提高学生的实践本领。

引发参观兴趣,以特色介绍作为内容补充,确保"00 后"人群在旅游过程中留下深刻印象,积累美好收获。

(2)参观路线和留念方式体现灵活性。可以利用驼铃古道模式口大街段沿线道路交错复杂、地势差异的优势,将旅游休闲和打卡探索紧密结合,支持个性化游览路线设计,生成"私人定制"化的参观路线。

(3)景点设计增强互动性体验。增加"00 后"人群的互动体验环节,提升其参与感受。例如,可以利用全息影像技术,在老舍故居庆春斋中增设角色扮演体验,游客扮演老舍作品中的人物,与全息影像人物共同演绎那个时代的生活场景。

(四)驼铃古道旅游方案设计——"00 后"人群视角

根据"00 后"人群的旅游需求,结合驼铃古道模式口段的文旅资源,按照季节特色,拟定出面向"00 后"人群的旅游线路方案,具体如下。

1.春季路线

(1)活动主题:踏青寻古、赏景怡情。

(2)季节特点:春季气温回升,适宜踏青,此时翠微山上桃花和杏花盛开,登山沿途风景优美。

(3)涉及景点:驼铃古道、法海寺森林公园等。

(4)游览形式及时长:漫步打卡;150 min。

(5)参观路线:从模式口大街与金顶北街的交叉口进入,向西至庆春斋,再沿小路向西北至与翠微山交界处,沿途主要景点设置打卡点 5 处。

(6)特色活动:沿途经过过街楼、四柏一孔桥等遗址,开展角色扮演活动,提升"00 后"人群对历史传统的了解和文化认知。

2.夏季路线

(1)活动主题:消夏避暑、文化探寻。

(2)季节特点:北京夏季气温高,室外易中暑,将主要活动安

◀春季路线的设计考虑了景区天气、景点特色和路线强度等因素,整体设计旅游路线,为提升游客游览兴趣创造条件。

◀考虑季节特点,进行夏季路线规划,增加游客室内参观时长,提升游客体验。

排在室内体感更舒适,符合夏季出行需求。

(3)参观景点:庆春斋、第四纪冰川遗迹陈列馆等。

(4)游览时长:120 min。

(5)参观路线:从模式口大街与石门路的交叉口进入,向东步行至庆春斋,体验结束后向东步行至冰川路与模式口大街的交叉口,沿冰川路向北到达第四纪冰川遗迹陈列馆,参观结束后沿冰川路返回模式口大街,向东至金顶北街离开。

(6)特色活动:在庆春斋、第四纪冰川遗迹陈列馆利用全息投影技术,互动演绎老舍笔下祥子的一天、李四光冰川遗迹发掘的过程,增强学习感受,提升旅游体验。

3.秋季路线

(1)活动主题:自然与人文景观融合之旅。

(2)季节特点:北京秋季凉爽、多晴天,沿河岸步行可欣赏层林尽染的翠微山,同时也可以在讲解员的介绍下了解模式口地区的悠久历史,体验自然和人文的巧妙结合。

(3)参观景点:田义墓、永引渠东段等。

(4)游览时间:120 min。

(5)游览路线:从模式口大街与石门路的交叉口进入,向东步行至田义墓,后继续向东,过庆春斋后前行,沿冰川路向北,至冰川遗迹陈列馆后沿永引渠旁步道向东步行,最终到达金顶北街离开。

(6)特色活动:倾听学生志愿者讲解田义墓和永引渠的故事。

4.冬季路线

(1)活动主题:古寺访幽、经典重现。

(2)季节特点:北京冬季寒冷干燥,正值旅游淡季,游客较少,寂静清幽,是拜访寺院的好时节。

(3)参观景点:承恩寺、法海寺等。

(4)游览时间:110 min。

(5)参观路线:从模式口大街和金顶北街的交叉口进入,沿模

◀秋季是游客旅游的重要时间段,因此在路线设计时要增加户外游览时长,让游客感受驼铃古道的秋季之美和文化特色。

◀冬季旅游路线设计重点增加互动体验环节,增强游客参与感,提升方案的吸引力。

式口大街西行,承恩寺位于北侧,参观结束后在与冰川路的交叉口向北,至第四纪冰川遗迹陈列馆和永引渠的交叉口向西北至法海寺,参观结束后原路返回或沿永引渠东段向东行,回到金顶北街。

(6)特色活动:冬季路线包含驼铃古道两座主要寺院,游览目的明确,可以深度感知明代壁画的历史价值。通过开展"燕京八绝"艺术、法海寺壁画复原的现场手工互动体验活动,增强游客的参与感。

六、研究收获与建议

(一)研究收获

1. 在古道文化探寻中增强社会责任感

本次研学活动,从搜集材料、走访调查、交流分享、整理归纳到方案设计,实现了学生对模式口古村的深度探访,涉及古村历史、文化习俗、民居生活、历史遗迹等多个方面,加深了学生对模式口驼铃古道历史文化的了解和认知。古村600年的文化积淀和绚烂景观,引发了学生对北京、对家乡的赞叹和自豪,激发起保护古村文化的责任意识和使命感。

◀全面分析研学活动的研究收获,可以更好地为学生搭建学习的反思平台,为提升学生的研习本领创造条件。

2. 培养学生的社会实践能力和可持续素养

在研学活动中,学生的合作意识、学习能力、逻辑思维、语言表达及创造能力得到了提升,学生在走访调查、小组讨论及方案制订中,锻炼了思维能力,进行了社会化问题研究,形成了对自然、社会和自我的整体认知,发展了情感态度与价值观,为培养学生的文化传承能力,提升学生的综合素养创造了条件。

◀历史、文化、知识、素养等核心要素的梳理,对研学活动收获进行了多角度分析,进而促进学生的全面培养。

3. 在文化传承中提升人文修养

当今社会,学校教育不仅指导学生掌握科学文化知识,同时更加注重学生人文修养的培养。学生在资料查阅、居民走访、问卷调查和实地探访中,积累了历史文化知识,激发了探索精神,提升了文化认同。

4. 研学活动促进"学生中心"的建立

研学活动的目标是通过亲身体验，激发学习者发现、探究和创新的兴趣，实现自主性学习，提升学习感悟与认知。研学活动倡导"以生为本"，构建"学习者中心"，在学习过程中尊重学生个性，听取学生建议，建立正面引导，让学生形成正确的价值观和人生观，促进学生形成社会责任意识。

5. 实践研究突出学科知识的综合运用

在驼铃古道模式口古村研学活动中，学生借助已有学科知识，进行知识拓展，通过资料查阅、景点解读、交流访谈、方案规划等，实现学科知识的运用与提升，增强社会情感体验，促进研学实践中知识的学习与运用。

6. 在文旅规划中实现文化传承和产学研融合

旅游产业作为第三产业的重要组成部分，对于经济发展及经济结构的合理化调整有着重要意义。随着旅游主体的大众化、旅游形式的多样化、旅游时间选择的日常化，旅游活动已成为现代人生活中不可分割的一部分。驼铃古道模式口段北倚翠微山，西傍永定河畔，地区资源丰富，在旅游上具有独特性和发展性特征。开发驼铃古道文旅资源，具有文化价值和旅游价值，是文化保护的重要渠道。"00后"人群作为新生旅游消费群体，旅游需求日渐凸显，且特点鲜明。"00后"人群出游动机多样，自主性、互动性特点突出，是新型旅游市场的主力军。

依托驼铃古道历史积淀，考虑"00后"人群旅游偏好和群体经济承受力，设计开发适宜的文旅项目，既开辟了古街文化传承与保护的新路径，又为"00后"人群搭建了研学实践平台，实现了产学研融合，为研学活动目标的落实搭建了平台。

（二）下一步建议

1. 拓展古村文化宣传推广新途径

宣传模式口古村文化，保护和传承中华优秀传统文化是模式口驼铃古道研学活动的目标。下一阶段需要加大研学成果的宣传推广力度，对研学教育策略进行创新。可以依托"00后"人群的新媒体技术能力，在微信、抖音和小红书等平台上开展丰富多彩的宣传推广活动，如"驼铃古道"Flog、"我是古道讲解员"、课本剧演出、建筑与绘画设计等，推动对模式口古村文化的传承与保护。

2. 多学科融合深入挖掘古村文化资源

立足新课程改革背景，加大学科教学知识的相互融合，开展应用实践，可以更好地培养学生的学习素养。多学科融合是一种综合运用各种学科知识和方法，解决社会生活复杂问题的策略。在挖掘古村文化资源的过程中，加大多学科融合可以更好地帮助学生从不同角度分析和理解古村的文化价值，提供有效性保护方法和策略。

加大历史学、地理学、文学艺术的学习，拓展考古学、社会学、建筑学知识的涉及，加大多学科融合的深度与广度，全面、深度地挖掘古村文化资源，从而实现更好地保护、传承和利用驼铃古道宝贵文化遗产的教育目标。

◀研学队员在研习后提出活动建议，可以增强学生的反思意识，提升实践本领，为深入研究研学主题奠定基础。

第三节　生态文化类专题研学案例评价

开展生态文化类专题案例评价对促进学生培养具有重要意义。第一，评价指标使学生深度参与规划和方案制订的过程，推进学生更好地理解文化发展和政策制定。第二，案例评价能够更好地促进学科学习和知识融合，推动学生跨学科思维与能力培养，激发学生的实践灵感。第三，借助案例评价可以引导学生学习项目管理与运行机制，提高他们的组织能力和团队合作能力。第四，评价结果还可以激发学生对文化创意和产业发展的兴趣,培养学生在文化保护中规划学业和职业发展。第五,案例评价引导学生关注文化保护与社会、经济和环境的关系,提高学生的社会责任感和公民意识。第六,案例评价能够增强学生对中华传统文化的理解和认同,使其坚定文化自信,振奋民族精神,获得实现中华民族伟大复兴的强大精神力量。综上所述,对生态文化类专题案例进行评价不仅是对学生学习能力的有益发展,而且落实了党和国家教育方针提供的实践标准,促进学生德智体美劳全面发展,使其成为具备综合素质和可持续发展价值观的人才。

对中小学生态文化类专题案例进行评价要以学习者为中心,根据学习过程的整体性评定,进行研学案例的综合效果评价。生态文化类专题案例效果评价量表见表7.5。

表 7.5　生态文化类专题案例效果评价量表

评价主题	核心要素	分值
1.目标的准确性	1.1 案例目标准确、具体(5分) 1.2 研学目标聚焦文化主题(5分) 1.3 研学目标社会价值突出(5分)	15分
2.内容的科学性	2.1 研学内容关注文化传承(5分) 2.2 研学内容设计完善、合理(5分) 2.3 研学内容能够调动学习兴趣(5分) 2.4 研学实践能够培养文化自信(5分) 2.5 研学过程能够体现学科融合(5分)	25分
3.活动的参与性	3.1 学习者参与的主动性(5分) 3.2 研学活动的参与广度和深度(5分) 3.3 学习者的学习反馈和建议(5分) 3.4 学习收获与成果推广的实效性(5分)	20分
4.方案的合理性	4.1 方案的可操作性(5分) 4.2 方案中对文化传承和保护的关注(5分) 4.3 方案满足特定人群需求(5分) 4.4 方案具有开放性和可持续性(5分)	20分

续表7.5

评价主题	核心要素	分值
5.评价的导向性	5.1 活动效果评估的客观性和准确性(5分) 5.2 案例评价的指导性(5分) 5.3 方案预期目标的达成度(5分) 5.4 案例实施对社会的积极影响(5分)	20分
总　分		100分

注:90～100分:优秀。案例目标明确,内容和设计科学合理,实施过程有序规范,成果显著,达到预期目标。70～89分:良好。案例目标较为明确,内容和设计较为科学合理,实施过程较为有序规范,成果较为显著,仍有改进提升空间。50～69分:一般。案例缺乏明确的目标,内容和设计还需要进一步改进,实施过程有些欠缺,成果较少,需进一步完善。49分以下:亟待调整。案例存在明显的问题,目标不明确,内容和设计缺乏科学性和丰富度,实施过程几乎不能实现,成果不可信。

生态文化类专题案例的评价在文化发展和保护中具有重要意义,表现在4个方面:一是通过案例评价,可以深入了解历史传统,传承中华文化内涵,促进文化发展与保护;二是案例评价为落实课程方案提供指导,为优化学习方法建立质量标准;三是案例评价为成果分享提供机会,为类似项目提供经验借鉴;四是案例评价帮助政策制定者了解文化项目的成效及存在的问题,从而制订调整方案,改善资源分配和管理。

综上所述,生态文化类专题案例研究对于文化发展、保护及政策制定具有现实意义,有助于实现传统文化的可持续发展和保护、创新。通过研学活动,可以不断推动文化进步,保护华夏5 000年文化遗产,使学生坚定文化自信,弘扬中华文化。

第八章 生态安全类专题研学活动设计与实践

安全是指不受威胁、没有危险、危害和损失。具体来讲,安全是指人类与生存环境、资源和谐相处,互不伤害,不存在危险的隐患,是免除了使人感觉难受的损害风险的状态。另外,安全也是在生产过程中,将系统的运行状态对人类的生命、财产、环境可能产生的损害控制在人类能接受的水平以下的状态。因此,安全常被理解为一种预防和保护状态。

安全是一个综合性概念,它涉及多个领域。在我国,当前的安全观包括政治安全、国土安全、军事安全、生态安全、资源安全等 11 种,是人们各个方面可能受到的损害或破坏的风险承受与控制。

本书讨论的安全主要关注生态安全。生态安全是维护生态环境稳定和健康,促进生态系统正常功能与服务持续供给人类和其他生物的基础措施,它涉及生态平衡、物种多样性、物质循环、能量流动等多方面的问题。

生态安全对于人类社会可持续发展至关重要。忽视生态安全,进行过度开发和污染排放会引发生态系统崩溃,给地球带来负面影响。生态系统的完整与稳定会减少灾害的发生,维持自然资源的持续性发展,对保障食品健康、空气质量和饮水安全至关重要,成为维护生物多样性的安全屏障。

《义务教育课程方案(2022 年版)》在课程建设中强调,将社会主义先进文化、革命文化、中华优秀传统文化、国家安全、生命安全与健康等重大主题教育有机融入课程,增强课程思想性。开展生态安全类专题研学活动是落实课程方案的主动实践,是学校课程建设的积极行动,是生态系统保护的教育举措,具有紧迫性和现实意义。

第一节　生态安全类专题简介

一、基本内涵

"安全"一词,最早出自汉朝焦赣的《易林·小畜之无妄》:"道里夷易,安全无恙"。意思是:道路平整了,就不用担心安全了。《现代汉语词典》里的"安全"顺延了词语本意,指没有危险、平安。

生态安全是安全概念的深度视角,指生态系统的完整性和健康水平,强调生存与发展的最小风险及不受威胁的状态。生态安全有广义和狭义之分,本书所指的生态安全是广义上的概念。广义的生态安全以国际应用系统分析研究所(IIASA,1989)提出的定义为代表:生态安全是指在人的生活、健康、安乐、基本权利、生活保障来源、必要资源、社会秩序和人类适应环境变化的能力等方面不受威胁的状态,包括自然生态安全、经济生态安全和社会生态安全,组成一个复合人工生态安全系统。

生态安全的核心包括两个方面,一个是生态风险,另一个是生态脆弱性。生态风险表征环境压力造成危害的概率和后果,相对来说它更多考虑了突发事件的危害性,体现为对危害管理的主动性和积极性。生态脆弱性是生态安全的核心,从环境视角分析,全球变暖、海平面上升、臭氧层空洞及生物多样性锐减等问题,以及全球性关系危急到人类本身安全的生态问题均是生态脆弱性的直接体现,向人类传递出红色信号。

实现生态安全需要采取一系列干预措施,包括但不限于制定环境保护法律法规、环境监测和治理、可持续发展经济模式、清洁能源使用、生物多样性保护、环境教育和宣传等。实施安全教育为生态安全建设提供了知识和人才保障,为生态安全环境下的经济发展、社会进步和生物多样性建立基础。

二、主题特征

生态安全在学校、社会和地球生态系统建设中是核心议题。生态安全专题教育能够提升人的环境意识,关注人的创新思维和问题解决能力,培养可持续发展能力。通过生态安全类专题研学活动可以有效加深学生对可持续发展理念、原则和实践的理解，形成可持续发展价值观。生态安全类专题研学活动借助知识学习和实践活动，引导学生养成环境保护习惯，在节约能源、减少污染、生态保护等环境友好行为方面坚持绿色低碳理念，培养学生成长为积极的环保行动者和社会进步的推动者，为绿色社会建设做出贡献。

生态安全类专题研学活动的特征主要体现在以下 3 个方面。

（1）生态安全类专题研学活动是一种以生态文明教育为核心，以自然环境和人文社会为主要场所，以实践探究为主要方式，以培养生态意识和能力为主要目标的教育活动。

（2）生态安全类专题研学活动是一种跨学科、跨领域、跨地域的综合性教育活动，涉及生态风险、生态脆弱性、生态系统完整性和健康性等方面，具有整体性、不可逆性和长期性特点。

（3）生态安全类专题研学活动是一种以学生为主体，以教师为引导，以社会资源为支持，以问题解决为导向，以体验参与为重点，以价值观养成为目标的教育活动，在社会实践中培养学生的生态文明素养。

推进生态安全类专题研学活动要关注学生核心素养的培养，需要在关键能力上进行培育和提升，促进其养成生态文明价值观。核心素养的培养包括以下4 个领域。

一是培养环境意识和责任感。生态安全类专题研学活动可以通过知识学习和实践，提高学生对生态环境问题的认识，培养他们的环境意识，激发责任感，使其成为生态社会建设的合格公民。

二是促进可持续发展理念形成。生态安全类专题研学活动可以引导学生了解可持续发展社会，关注生态安全和危机问题，培养可持续发展思维和创新能力，为未来社会和经济发展提供科学建议与解决方案。

三是进行学生综合素养培养。生态安全类专题研学活动具有跨学科性和实践性特征，可以引导学生学用结合，实现综合素养培养，提高解决问题的能力、团队合作能力和创新实践能力，为他们的终身学习和职业发展奠定基础。

四是培养未来领导型人才。生态安全类专题研学活动引导学生参与社会实践，通过建立工作准则和行为规范，引领团队进步，推动社会发展，为未来领导型人才培养提供实践舞台,提高学生的社会责任感和领导能力。

总之,生态安全类专题研学活动在培养学生环境意识、创新思维、可持续发展价值观、环境保护行为和习惯方面发挥重要作用,能够全面提高学生的社会参与度、增强社会责任感,对构建可持续发展社会、培养新一代合格公民发挥积极作用。

三、研发策略

开展生态安全类专题研学活动设计,需要严格落实党和国家教育方针,贯彻《义务教育课程方案(2022 年版)》任务要求,跨学科推进主题教育活动,在研学实践中促进教育改革创新。生态安全类专题研学活动的研发策略通常包括以下几个方面。

(1)主题确定。确定适合的生态安全主题,如生态系统保护、气候变化、环境污染、生物多样性等。根据学生的学科学习需求和实际认知能力选择合适的主题,激发学生的学习兴趣,切实实现主题选择的主动性。

(2)目标设立。研学目标应根据学生的认知特点和能力水平进行科学设计。研学目标包括知识、技能和素养多个方面,并依此指导研学活动,促进学生全过程学习和全身心投入,落实预期学习目标。

(3)活动设计。基于主题目标,可以设计多任务模式展开研学实践,包括调查访谈、实地考察、实验观察、合作研讨、文献梳理等。研学活动设计要注重生活经验和学科知识的紧密联系,注重激发学生的问题意识和独立思考能力,关注学生的学习过程。

(4)合作伙伴选择。生态安全类专题研学活动除了研学伙伴之间的合作,还需要获得外部组织机构的支持,如政府部门、执法机构、环保组织、科研单位等,建立专业化知识资源支持系统,深化生态安全专题基础。

(5)安全机制。要重视研学活动的安全性管理,确保学生的学习过程安全、规范。要针对不同研学活动,制定相应的安全措施,建立安全事故应急预案,组织安全指导与培训,为研学成果的总结梳理提供安全保障。

(6)评估与改进。建立生态安全类专题研学活动的评估机制,定期开展研学活动实施效果和规范性评价,收集学生和教师建议,进行方案调整与改进,实现活动设计与组织形式的优化和改进。

　　总之,制定生态安全类专题研学活动研发策略,可以创新研学活动策略,增强实践性,为学生深入了解及进行生态系统保护、解决环境问题提供机会,为提升学生的环境意识、创新思维及解决问题的能力创造条件,培养具有生态安全意识和行动能力的社会公民。

四、生态安全类专题案例设计的要素分析

　　生态安全类专题案例设计作为研学活动的成果形式,旨在通过实践探究等方式培养学生的生态意识和环保能力,推进生态安全机制建设,以此促进生态文明社会的完善。生态安全类专题案例设计的核心要素可以从以下几个方面展开分析。

　　(1)目标和任务。生态安全类专题案例设计要贯彻国家生态文明建设的战略部署,落实习近平生态文明思想实践要求,确立研学活动任务与方向,制定具体、明确的研学目标。

　　(2)背景与问题。生态安全类专题案例设计要基于对所在地区的自然环境、生态系统、生物多样性、生态风险、生态脆弱性等要素的深入分析,了解当地的生态特点、问题和挑战,分析需要解决或改善问题的原因,确立研究背景。

　　(3)内容和策略。生态安全类专题案例设计要依据目标任务,分析研究背景,选择核心内容,开展多任务形式的行动研究,如实地考察、实验探究、案例分析、小组讨论、角色扮演等,通过调动学生的学习兴趣和参与积极性,培养学生的问题意识和实践本领。

　　(4)方案与行动。生态安全类专题案例设计需要引导学生提出解决问题的方案及对策。学生根据现状调查和数据分析,运用跨学科知识进行问题处理,提出可行性方案,进行方案研讨和推进,提高实践本领。

　　(5)反思和评估。开展生态安全类专题案例效果评估,需要学生做好自我反思,检验方案的合理性与科学性,总结解决策略的优缺点,及时调整对策,提高研学活动的实用性、可行性,实现研学活动的预定目标。

第二节　典型案例评析

生态安全对人类和地球具有重要意义,它能够维护生态系统的稳定、完整和持久,促进生态平衡,保护地球环境,确保资源供给,维护生物多样性,对减少灾害风险、保护生命健康、构建和谐社会、促进地球资源的可持续发展发挥指导作用。

开展生态安全类专题研学活动案例设计与分析,可以指导学生创造持续健康、资源充足、环境友好的生活环境,为人类发展提供可持续的生存基础。以下两篇案例,分别呈现了在维护生态平衡和网络生态治理方面的安全类专题研学实践。

一、生态平衡维护专题案例

生态平衡是生态系统中各个组成部分之间相互依赖、相互制约、相互稳定的自然状态,是各种生物和环境要素之间相互作用形成的相对稳定状态,通过充分发挥其功能以实现可持续发展。

维护生态平衡是保持生态系统稳定性和功能性的关键,主要措施包括生态恢复与修复、保护生物多样性以及生态规划与保护区划等手段,为地球生物间的相对平衡和生命延续提供保障。

生态平衡维护专题案例如下。

不同放牧梯度对典型草原地下生物量的影响研究

北京市古城中学

学生:刘昕萌　张政皓　张瑶　朱研　赵宇庆　陈羽　刘耀测　荆莉

指导教师:张羽　贾若愚

摘要:本文聚焦不同放牧梯度对典型草原地下生物量的影响开展研究,并对其差异性进行数据对比和分析,探索出在不同放牧强度下地上生物量、地下生物量的真实情况与原因,发布放牧梯度的合理值,对保护草原地下生物总量及其物种多样性提出建议。

关键词:放牧梯度;典型草原;地下生物量。

一、研究背景

草地生态系统是最重要的陆地生态系统之一,约占全球陆地总面积的1/4,具有重要的生产价值和生态功能。草地是承受人类活动影响的植被区域,对气候变化的响应十分敏感。对于草地而言,放牧是主要的经济利用方式,长期过度放牧会造成生物多样性和生态系统功能与服务的普遍下降,对草原生态产生严重影响。近年来,在全球多个国家,传统型和粗放型放牧模式使草原植被出现了大面积退化,同时造成土壤养分、水分保持力下降,生物多样性遭到破坏,生态服务系统和功能持续降低。因此,设计科学、适度的放牧梯度有利于维护生态系统,促进牧草养分循环、保护生物多样性。

植物根系对植物的生长有着重要作用。根是植物体的地下部分,多数植物的根系埋藏于土壤之中,是重要的给养器官,使植物能够长期适应陆地生活条件。牧草的根系不仅具有机械支撑作用,还能从土壤中吸收水分和无机物,供给植物的地上部分,同时促使土壤贮藏的养分转化成易溶解的营养物质。根系的健康对植物的生长至关重要,同时对所处草原的生态环境、生态系统发挥决定性作用。健康、发达的根系具有土壤抗侵蚀性能,可以实现固土护坡,减少水土流失,促进环境保护。植物根系的吸水过程,对于生态系统的水循环机制也发挥着关键作用。由此可见,根系的健康与植物生长息息相关,与促进生态平衡具有紧密联系。

梯度型放牧作为一种保持牧草生态性的手段,通过调控放牧强度和实施旋转放牧,保护牧草根部并提升牧草地的生产力和可持续利用能力。通过设置不同的放牧区域缓解放牧压力,使牲畜

案例点评

◀从草地的生态平衡视角进行生态安全专题研学活动,是紧扣生态环境建设的主题探索,是引导学生关注生态平衡的行动实践,为提升学生的研究视野、培养实践能力创造条件。

◀草地生态系统的安全根基是植物根系的保护。带领学生研究草原地下生物总量及其物种多样性,为草场生态平衡提供研究方向。

有选择性地消化不同密度和品质的牧草,给牧草足够的恢复时间,可以有效减少土壤侵蚀和污染风险。梯度型放牧促进了牧草地的恢复和休整,增加了根系的生物量分布,实现了牧草地的生态平衡,并促进草地生态系统可持续发展。

本研究依托内蒙古锡林郭勒草原生态系统国家野外科学观测研究站,通过对不同放牧梯度下地下生物量的观测数据进行分析,了解长期放牧如何影响地下生物量,进而揭示地下生物量在草原生态系统中的重要作用和保护措施。

二、研究目标

通过研学活动,使学生学会运用数据对比和分析等方法,了解不同放牧梯度对典型草原地下生物量变化的影响,探究地上和地下生物量变化的规律及其原因,学习如何确定合理放牧梯度值因素,为草原生态系统保护和合理放牧管理提供科学策略,推动草场利用的可持续发展。

◀设定草地生态系统研学目标,为研究实践明确方向。

三、研究内容

(1)进行草原生态系统相关知识的文献梳理和学习,培养生态平衡理念及认知。

(2)开展不同放牧梯度对典型草原地下生物量的数据调查,分析影响因素及作用。

(3)进行梯度型放牧方案设计,确立影响要素,提出放牧的标准化策略。

(4)在研学活动中,培养学生的生态意识,提升学生参与生态环境保护的本领。

◀确立研究内容,为开展研学活动明确实践任务,实现研学目标的准确落实。

四、研究地点及人员

1.研究地点概况

内蒙古锡林郭勒草原生态系统国家野外科学观测研究站(前

身为中国科学院内蒙古草原生态系统定位研究站），位于北纬43°38′、东经116°42′的内蒙古自治区锡林郭勒盟白音锡勒牧场境内，海拔1 187 m。锡林郭勒草原可利用的天然草原面积为1 783万 hm²，是我国重点牧区之一，当地的牲畜业发达，牲畜种类以羊、牛、马等大型牲畜为主。

该区域气候为温带半干旱大陆性草原气候，据1982—2015年的观测数据，年均温度为2.3℃，平均降水量为350 mm，夏季温凉，冬季寒冷。锡林郭勒草原的土壤类型以栗钙土为主，主要植被类型为大针茅群落、羊草群落、糙隐子草群落。

2.成立研究小组

文献资料组：小组成员有刘昕萌、张政皓、赵宇庆、陈羽。

问卷调查组：小组成员有张瑶、朱研、刘耀测、荆莉。

方案设计组：全体成员。

五、研究过程

（一）文献资料查询，进行生态认知

典型草原是我国重要的自然资源之一，近年来受到不同程度的放牧干扰，草场质量持续降低。探究不同放牧梯度对典型草原地下生物量的影响，首先需要进行核心概念的界定和梳理，主要涉及以下几个方面。

（1）放牧强度：放牧梯度的强度是一个重要指标。过度放牧会导致过度践踏和食用草地，从而限制植物的生长和生产力，最终导致地下生物量减少。研究表明，当放牧强度超过每公顷0.6头牛时，草原地下生物量就会显著降低。

（2）植物种类：不同的植物种类对放牧梯度的影响可能不同。某些植物对放牧较为敏感，容易受到损害，而有些植物则具有一定的抵抗力。放牧梯度的变化会导致植物群落的结构和组成发生变化，进而影响地下生物量。例如，一些耐旱性强、根系深入的

◄研学团队与草原生态研究专业院所建立联系，依托专家力量开展研究实践，为研学方案的确立提供指导，增强学生的科学意识。

◄开展草场生态平衡的专题研究，首先需要学生学习、理解相关概念，补充专业知识，为研究实践奠定基础。

多年生草本植物可以在高强度放牧下保持较高的地下生物量。

（3）植被覆盖率：放牧梯度的改变会对植被覆盖率产生影响。过度放牧会破坏草地的覆盖层，导致土壤暴露和水分蒸发量增加，进而影响地下植物的生长和根系发育。数据显示，随着放牧强度的增加，草原植被覆盖率呈现显著下降的趋势，直接造成草场退化。

（4）土壤性质：土壤的质地、养分含量和水分状况等也会对地下生物量产生影响。过度放牧会导致土壤质地紧实和侵蚀，降低土壤的水分保持能力和养分供应能力，从而影响地下植物的生长。

（5）动物活动：放牧动物的活动形式、频次及范围，如踩踏、排泄和消化等，会对土壤和植物造成影响。适度的放牧可以促进土壤通风和有机质分解，但反之可能会引起土壤侵蚀和植物损害。例如，在青藏高原上，高密度放牧会导致大量羊粪堆积在表层土壤上，影响土壤温度、水分和微生物活性。

从以上核心概念的界定和理解可以看出，不同放牧梯度对典型草原地下生物量有着复杂而多样的影响。但在不同地区和环境条件下，典型草原可能会有更多不同的地下生物量影响因素，且影响因素的强度也各不相同。

（二）开展问卷调查，进行数据分析

研学小组设计了面对一般牧民的"草原牧民调查问卷"，围绕牧民的基本情况、草原生态状况、放牧管理方式、畜牧业收入情况、草原保护和发展5个方面进行调查，共收集有效问卷110份，了解到牧民在草原保护、畜牧经济和放牧方式等方面的情况。数据分析如下。

◀研学小组设计"草原牧民调查问卷"，并收集大量数据，为后续研究奠定基础。

1.牧民的年龄结构

牧民的年龄结构调查结果如图8.1所示。

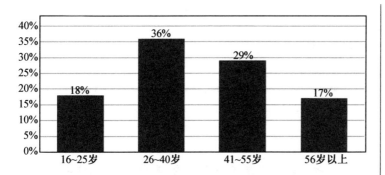

图 8.1 牧民的年龄结构调查结果

数据显示,被调查牧民的年龄结构呈倒 U 形趋势,其中 26～55 岁的中青年牧民占比 65%,是牧民的中坚力量;16～25 岁年龄段牧民占 18%,总体呈现出新兴牧民群体趋势。

2.牧民的家庭收入结构

牧民的家庭收入结构调查结果如图 8.2 所示。

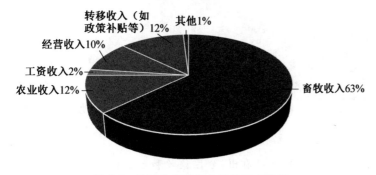

图 8.2 牧民的家庭收入结构调查结果

◀学生发现,在牧民的家庭收入中,畜牧收入占比 63%,是主要经济来源,这成为引领牧民共同推动草场生态保护的动力基础。

数据显示,畜牧收入是牧民家庭收入的主要来源,占比 63%,相关惠民政策补贴占比 12%,而其他类收入占比不到三成。

3.草原牧草的结构比例

草原牧草的结构比例调查结果如图 8.3 所示。

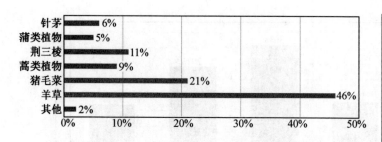

图8.3　草原牧草的结构比例调查结果

◀调查了解草原牧草结构，明确保护牧草品种多样性的任务。

　　数据显示，草原牧草的组成呈现多元结构，其中以羊草、猪毛菜为主，占牧草比例的67%，而荆三棱、蒿类植物、针茅、蒲类植物等约占31%，说明锡林郭勒草原的主要牧草是草本植物。

　　4.放牧形式

　　放牧形式调查结果如图8.4所示。

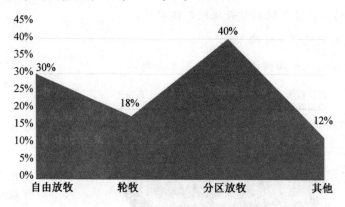

图8.4　放牧形式调查结果

◀通过对现有牧民放牧形式的调查分析可以看出，分区放牧和自由放牧占比70%，这种传统型放牧形式不利于草场生态恢复，需要学生设计解决对策。

　　根据放牧形式调查结果可以看出，分区放牧和自由放牧的比例是70%，占绝大多数，而传统轮牧形式占比不到20%，其他形式仅有12%。

　　5.草场生态状况

　　草场生态状况调查结果如图8.5所示。

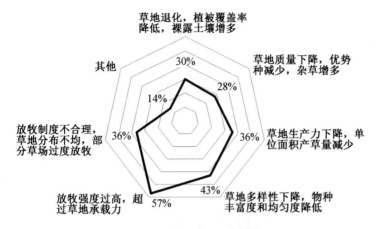

图8.5　草场生态状况调查结果

◀调查结果显示,草场生态状况不容乐观,学生需要解决过度放牧、草场退化、草地生物多样性减退等问题,提高解决问题的能力。

数据显示,草场生态状况不容乐观,出现过度放牧、草场退化、草地生物多样性减退等严重问题,亟待进行科学管理和行为规范。

6.草场改善建议

草场改善建议调查结果如图8.6所示。

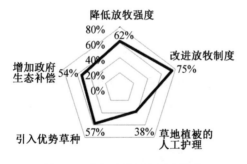

图8.6　草场改善建议调查结果

◀初步收集草场改善建议,可以更好地了解牧民对生态安全的理解和认知。

在收集的草场改善建议中,主要措施集中在管理制度、放牧强度、优势草种引进和生态补偿等方面,需要从手段、技术和政策方面全视角提升草场的生态功能。

(三)进行草场勘探,开展生态研究

2018年暑期,研学小组一行10人在教师带领下走进内蒙古自治区锡林郭勒草原,与内蒙古锡林郭勒草原生态系统国家野外

科学观测研究站的植物学和生态学专家一起,进行牧草地下根系生物量的测量研究。

地下根系生物量采用土钻法测定,在草场的78、51、43样本区选取3个采样点,用直径7 cm的根钻分2层取样(0～10 cm、10～20 cm),装入0.5 mm的根袋中(图8.7),用流水粗洗后,带回实验室细洗,收集土壤中的植物根系后,在65 ℃下烘至恒重,然后用天平测定生物量。

◀学生走进内蒙古自治区锡林郭勒草原,开展调查和研究,提高发现问题和解决问题的能力。

图8.7 地下根系生物量采样

研究数据使用SPSS 16.0软件进行分析处理,图形绘制使用SigmaPlot 12.5软件完成,结果如下。字母不同表示差异显著($P<0.05$)。

◀借助数据分析软件和图形软件,可以直观呈现生物量的变化结果,增强学生的科学意识。

1. 不同放牧强度下的地下生物量变化

(1)不同放牧强度下0～10 cm地下生物量变化(图8.8)。

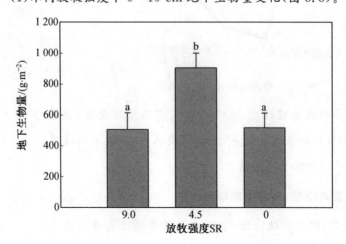

图8.8 不同放牧强度下0～10 cm地下生物量变化

由图 8.8 可以看出,SR＝4.5(中度放牧)的地下生物量显著高于 SR＝0(未放牧)、SR＝9.0(重度放牧)的地下生物量。而 SR＝0(未放牧)、SR＝9.0(重度放牧)之间的地下生物量差异不显著($P<0.05$)。

(2)不同放牧强度下 10～20 cm 地下生物量变化(图 8.9)。

◀学生在调查"不同放牧强度下 0～20 cm 地下生物量变化"情况时发现,不同放牧强度对草场生物性的影响是有明显差异的,需要科学设定放牧标准。

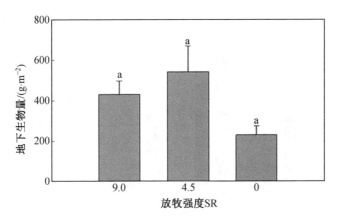

图 8.9　不同放牧强度下 10～20 cm 地下生物量变化

由图 8.9 可以看出,SR＝4.5(中度放牧)、SR＝0(未放牧)、SR＝9.0(重度放牧)之间的地下生物量差异不显著($P<0.05$)。

(3)不同放牧强度下 0～20 cm 地下生物量变化(图 8.10)。

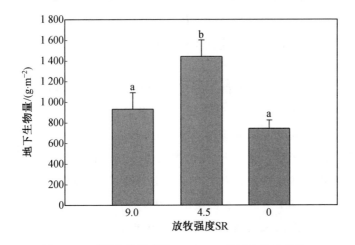

图 8.10　不同放牧强度下 0～20 cm 地下生物量变化

数据显示,SR＝4.5(中度放牧)的地下生物量显著高于 SR＝0(未放牧)、SR＝9.0(重度放牧)的地下生物量,而 SR＝0(未放牧)、SR＝9.0(重度放牧)之间的地下生物量差异不显著($P<0.05$)。

2.同一放牧强度下不同层次地下生物量变化(图 8.11)。

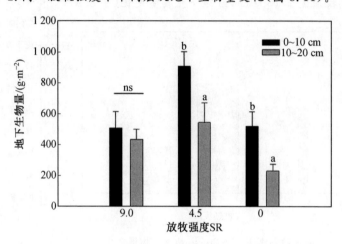

图 8.11　同一放牧强度下不同层次地下生物量变化

▷研究发现,同一放牧强度下不同层次地下生物量变化有显著区别,学生根据此特征制定合理的放牧对策,可以更好地实现研学目标。

在 SR＝9.0(重度放牧)时,上层(0～10 cm)地下生物量与下层(10～20 cm)地下生物量没有显著差异($P<0.05$),而在 SR＝0(未放牧)、SR＝9.0(重度放牧)时,上层(0～10 cm)地下生物量与下层(10～20 cm)地下生物量差异显著($P<0.05$),即上层(0～10 cm)地下生物量显著高于下层(10～20 cm)地下生物量。

3.研究发现

上述数据显示,与不放牧形式相比,在中度放牧(SR＝4.5)条件下,土壤 0～10 cm 和 0～20 cm 深度处,生物量显著高于其他放牧形式,这表明适度放牧可以显著增加群落地下总生物量。相反,重度放牧会导致地下生物量减少,从而呈现根系浅层化现象。可见,同学们的研究数据证明了长期过度放牧会影响草原植物个体的大小,并进一步验证了根系浅层化理论的科学性。

这一结论表明,适度放牧对群落生态系统具有积极意义,过度放牧对土壤和植物生长具有不良影响。因此,科学放牧管理势在必行,这需要管理者和实施者遵循结构性和专业性原则,确保

▷总结研究数据,为深度推进方案设计进行问题梳理,引导学生思考解决问题的策略。

适度放牧条件建设与实施,最大限度地保护群落地下生物量和根系健康,实现典型草原生态功能的可持续发展。

(四)设计梯度型放牧标准,建设生态型轮牧方案

参考内蒙古锡林郭勒草原生态系统国家野外科学观测研究站生态学专家的科研成果,结合国家林业和草原局文件及《草畜平衡评价技术规范》(LY/T 3320—2022),为我国草原草场放牧形式提供指导规范,推进建设梯度型放牧模式。不同草地类型的科学放牧指导性量表见表8.1。

◀研学小组梳理数据反馈的问题,进行文献和成果借鉴,制定了"不同草地类型的科学放牧指导性量表",为指导牧民放牧提供标准方案。

表8.1 不同草地类型的科学放牧指导性量表

草地类型	放牧目标	放牧方式	放牧压力	放牧时长	草场恢复时长	放牧监测
高寒草甸	保护和恢复生态功能,提高动物产品质量和收入	分片轮回放牧+混合放牧	动态最适载畜率(阈值)	每个区块2~3 d,每年6~8月	每个小区30 d以上	遥感信息手段(卫星、无人机监测、大数据处理)
人工牧草	提高生产效率和经济效益,考虑环境效益	分片轮回放牧+混合放牧及补饲放牧	动态最适载畜率(阈值)	每个区块1~2 d,全年可放牧	每个小区15 d以上	
退化草原	恢复和提升生产功能和生态功能,增加动物产品数量和收入	分片轮回放牧+混合放牧	动态最适载畜率(阈值)	每个区块3~4 d,每年7~9月	每个小区45 d以上	
天然草场	维持、提高生产功能和生态功能,平衡动物产品和生态服务的供给	分片轮回放牧+混合放牧及补饲放牧	动态最适载畜率(阈值)	每个区块2~3 d,全年可放牧	每个小区30 d以上	

　　不同类型的草地有着不同的物种特征和生长需求,需要根据草地自然条件和植物生长需要,设计合理的放牧管理方案,实现草地的可持续利用。从表8.1可以看出,开发不同草地类型的科学放牧指导性量表,是一种根据草地生态特征和经济价值制定的合理放牧策略,评测指标数据来自典型草原的调查,由此结合科学研究成果和国家技术方案制定出四大类草地类型,包括高寒草甸、人工牧草、退化草原和天然草场,分别设计出放牧标准和放牧策略,实现草原生态保护和发展。核心指标包括草地类型、放牧目标、放牧方式、放牧压力、放牧时长、草场恢复时长、放牧监测等,全要素监测草原牧草的生物多样性保持和维护。

(五)推广放牧方案,发出生态倡议

　　研学小组的学生结合不同草地类型的科学放牧指导性量表,引导牧民学习梯度型放牧指标,规范放牧行为,提升草原生态功能。

　　撰写《给牧民朋友的一封信》,向牧民朋友推广科学放牧方案。

给牧民朋友的一封信

亲爱的牧民朋友们:

　　你们好!我们是草原生物多样性研学小组的8名学生。今天,我们和你们分享一份"不同草地类型的科学放牧指导性量表",希望能够帮助你们对畜牧饲养和草地生态维护建立新的理解。

　　你们知道吗?草地是地球上最广泛的生态系统之一,它不仅为人类提供了动物产品,如肉、奶、毛、皮等,还具有调节气候、保持水土、维持生物多样性等重要的生态功能。然而,由于人口增长、气候变化、过度放牧等,草地面积和质量都在不断下降,出现了草地退化和土地沙漠化等严重问题。因此,如何科学合理地利

◀结合不同草地类型的科学放牧指导性量表,撰写《给牧民朋友的一封信》,推广科学放牧方案,对指导牧民维护草场生态平衡发挥关键作用。

用和保护草地资源是我们必须面对的问题。

为了解决这个问题,我们和内蒙古锡林郭勒草原生态系统国家野外科学观测研究站生态学和植物学专家们一同设计了不同草地类型的科学放牧指导性量表,它根据不同的草地类型,制定了相应的放牧目标、放牧方式、放牧时长、草场恢复时长和放牧监测等指标,旨在实现草地生态系统和畜牧业系统的协调发展。

不同草地类型的科学放牧指导性量表

草地类型	放牧目标	放牧方式	放牧压力	放牧时长	草场恢复时长	放牧监测
高寒草甸	保护和恢复生态功能,提高动物产品质量和收入	分片轮回放牧＋混合放牧	动态最适载畜率(阈值)	每个区块2~3 d,每年6~8月	每个小区30 d以上	遥感信息手段(卫星、无人机监测、大数据处理)
人工牧草	提高生产效率和经济效益,考虑环境效益	分片轮回放牧＋混合放牧及补饲放牧	动态最适载畜率(阈值)	每个区块1~2 d,全年可放牧	每个小区15 d以上	
退化草原	恢复和提升生产功能和生态功能,增加动物产品数量和收入	分片轮回放牧＋混合放牧	动态最适载畜率(阈值)	每个区块3~4 d,每年7~9月	每个小区45 d以上	
天然草场	维持、提高生产功能和生态功能,平衡动物产品和生态服务的供给	分片轮回放牧＋混合放牧及补饲放牧	动态最适载畜率(阈值)	每个区块2~3 d,全年可放牧	每个小区30 d以上	

看完这些内容后,你们是不是受到一定的启发呢? 今后会怎样选择和管理你们的草场呢? 这实在令人期待!

每个人都是一名生态保护者,应该共同关注和维持草地生态系统的持续发展。希望你我携手，为草原的生态安全做出自己的贡献，全力实现地球家园的绿草、蓝天！让我们一起行动起来！

祝生活愉快！

你们的小朋友：刘昕萌、张政皓、张瑶、朱研、赵宇庆、陈羽、刘耀测、荆莉。

2018 年 8 月于锡林郭勒盟白音锡勒牧场

六、研究收获与反思

(一)研究收获

草地放牧作为牧民利用草地资源进行家畜养殖，从而获得肉、奶、皮毛等畜产品价值的重要活动，是维护和改善草原民族的生存与发展的重要方式之一。梯度型放牧可以提高草地的生产力和生物多样性，促进草地的分蘖、更新和营养循环，抑制杂草的生长，增加优良牧草的比例，形成更稳定和丰富的植被结构。

(1)不同草地类型得到科学性放牧指导。研学成果"不同草地类型的科学放牧指导性量表"是根据草地特征和条件，制定相应的放牧目标、放牧方式、放牧压力、放牧时长、草场恢复时长和放牧监测等指标，为草地生态系统和畜牧业系统的协调发展提供了科学指导。

(2)研学成果关注草场多样态研究。"不同草地类型的科学放牧指导性量表"是基于典型草原地下生物量研究开展的多样态草原放牧研究，它关注 4 种草场，分别是高寒草甸、人工牧草、退化草原和天然草场，该量表结合草场的地理特点和环境要求，设计不同的放牧目标和放牧方式，确定合理放牧压力、放牧时长和草场恢复时长，提供适当的放牧监测手段，促进了草场生态及生产力的可持续发展。

(3)研学活动助力牧民收入提升。对"不同草地类型的科学放牧指导性量表"进行推广，有利于提高畜产品质量和牧民收入，

▶在研学活动后期，学生展开了研学活动的整体性反思，总结出 4 条研究收获，提出了研究重点，全面梳理研究经验。

提高生产效率与经济效益,维持生产功能和生态功能,实现草原生态功能的保护和恢复,对促进草地资源再利用具有指导意义和价值。

(4)实现了学生生态文明理念和素养的有效提升。研学活动引导学生参与草原生态建设和保护研究,关注地下生物的多样性,保护草场生态安全,实现了对学生生态文明素养的培养,促进学生树立生态文明思想。

(二)研究反思

1.拓展主题内涵,深化研学活动

加大对典型草原地下生物量影响因素的研究,从地理位置、水环境、土壤类型和动植物种类等层面进行拓展,细化研究范围,提升研学活动的针对性,实现草原地下生物量种类的具体划分,准确定位草场生态的保护性政策。

2.创设长周期研究平台,检验方案的科学性

建立长周期实验项目,一般设定时长为3~5年,有效跟踪实验活动效果,监测实验指标在跨年度周期下的准确性,修正研究数据,建立动态系统,提升研学成果的科学价值。

3.设立研究实践联动机制,提升牧民科学素养

在内蒙古锡林郭勒草原生态系统国家野外科学观测研究站基础上,联系发动更多牧民参与草原生态多样性保护研究,收集更多一手数据,进行指标修正。在交流互动中,提升牧民的科学放牧意识,培养科学能力,形成生态本领。

4.加大成果转化,促进生态普及

在"不同草地类型的科学放牧指导性量表"持续完善的基础上,加大研学成果的转化力度,推广研究方案,收集成果实效,助力研学活动深入,为更广泛推进生态平衡理念宣传和实践提供交流平台,促进人们生态环保意识的全面建立。

总之,实现草原生态的持续性发展,科学放牧是重要保护手

◀依托研究成果,进行学习反思,为进一步推进以促进草场系统平衡和生态安全为主题的研学实践做好规划,培养学生的问题解决能力,提升其生态环保能力。

段之一。需要采用科学合理的放牧管理标准，在放牧时间、频率和强度上进行规范性调配，增加草场休养生息的过程，避免过度放牧，从而实现草场植被多样性和土壤改良，构建生态、安全的草原生态系统。

二、网络生态治理专题案例

网络暴力是指利用网络技术或平台，对他人进行人身攻击、公开隐私、造成名誉损害或心理压力的一系列网络失范行为，是互联网时代普遍存在的现象。随着网络技术的发展和网络用户的增加，网络暴力也呈现出多样化、复杂化、国际化的特征。据统计，全球每年有约两亿人遭受网络暴力的侵害。在中国，近年来也发生了众多具有引发社会关注的网络暴力事件，亟待政府和人们的干预和阻止。网络生态治理是网络生态系统的重要组成部分，它为科学构建网络坏境，规范"主体群落"安全责任提供矫正和指导。

网络生态治理专题案例如下。

网络暴力现象的文化对策研究

北京市石景山区实验中学

学生：高瑜旋、韩子瞳、李昕莲

指导教师：马红艳

随着互联网技术的快速发展，网络暴力现象已成为一种严重的社会问题，给个人和部分群体造成了难以抚平的伤害。网络暴力侵犯了人的合法权利，干扰了社会环境，扭曲了价值观念，甚至破坏了社会团结，需要我们共同关注和抵制。提高自身的道德修养和法治意识，建立生态文明价值观念，要遵守网络规则和政策要求，不参与、不传播、不纵容网络暴力。同时，也需要我们不断加强法治建设、文化引导和舆论监督，净化网络环境，维护网络秩序，保护网民的合法权益。

案例点评

◀选择网络暴力现象展开生态安全专题问题的研究，是引导学生关注网络暴力现象的学习实践，是推进社会加强法治建设、提升文化素养应对策略的方法突破。

关键词：网络暴力；文化对策；研学活动。

一、研究背景

互联网的产生源自 20 世纪 60 年代末，美国国防部高级研究计划局（ARPA）启动的 ARPANET 计划，旨在建立一个高度分散、去中心化的计算机网络，以实现信息交流和资源共享。20 世纪 70～80 年代，ARPANET 逐渐发展成为一种广域网，实现了跨地域的信息交流与合作。20 世纪 80 年代，民用互联网的概念开始出现。20 世纪 90 年代至 21 世纪初，互联网快速发展，被越来越多的个人、家庭、企业和机构所使用。目前，互联网已成为全球范围内最重要、最广泛应用的信息通信平台之一，使全球万亿台计算机、智能设备和服务器互相连接，方便地获取和分享各种信息、资源与服务，推动社会、经济和文化发展。

随着互联网信息交互功能的不断提升，越来越多的人参与了网络活动。截至 2023 年 4 月，全球互联网终端用户数量已达到 85 亿，其中超过 60% 的用户每天都会阅读和浏览新闻及其他内容相关的文章。互联网已经成为世界上最大的信息通信平台，影响着人们的生活。

网络暴力作为互联网高速发展的衍生品，已经成为亟待全社会关注和解决的问题。为了防治网络暴力，世界各个国家纷纷制定并出台相关法律法规，如美国的《通信品德法案》、英国的《网络骚扰法》、澳大利亚的《刑事代码修正案（网络暴力）法案》、欧盟的《数据保护法规》等。在我国，《中华人民共和国网络安全法》于 2017 年施行，明确规定了网络的禁止内容，要求网络服务提供者加强管理和监督，保护用户的合法权益。2023 年 6 月，最高人民法院、最高人民检察院、公安部正式起草了《关于依法惩治网络暴力违法犯罪的指导意见（征求意见稿）》，向社会公开征求意见，目的是从根本上减少网络暴力的发生，营造清朗网络空间。

◀分析梳理网络暴力现象产生的背景，可以让学生清晰了解问题的起因，认识暴力现象的危害性及传播途径，为实施阻断式干预做好准备。

二、研究目标

通过开启网络暴力研学活动,培养学生的文化素养和法治意识,提高学生的道德水平和社会责任感,增强交流能力和跨文化能力,为构建健康的网络文化与文明社会做出贡献。

三、研究内容

(1)网络暴力现象的调查和分析。通过调查问卷和社会访谈等方式,收集整理有关网络暴力的案例、数据、评价等信息,分析网络暴力的成因、特征、危害和应对策略。

(2)生态文明理念与法律法规的响应和学习。通过阅读、讲座、体验等方式,了解中华优秀传统文化的内涵、价值和意义,学习互联网法律法规知识及相关规定,探索生态文明与法律法规对个人品德、社会稳定和民族团结的积极作用。

(3)网络暴力现象解决对策的制定与实施。开展文化视角的网络暴力问题对策思考,制订课程方案,设计"清网"行动准则,引导学生学会正确面对网络暴力,为预防和治理网络暴力提供教育方案。

四、研究方法

(1)文献法。通过文献、资料的搜集与查阅,全面了解网络暴力的内涵及危害。

(2)调查法。设计调查问卷,展开调查活动,了解网络暴力在现实生活中的真实情况,梳理网络暴力的文化与心理成因。

(3)案例法。走近网络暴力受害者,进行个案分析,寻找应对与调整策略,为"清网"行动准则的制定提供研究依据。

◀制定明确的网络暴力专题研学目标,设计研学活动主要内容,建立解决网络暴力问题的思路,明确学生在研学活动中应该开展的实践任务。

◀设定研学方法,可以让学生更加科学、规范地开展学习探究,提高问题解决能力。

五、研究过程

(一)认知网络暴力

任务:学习、理解网络暴力的相关概念。

方法:文献查阅与总结研讨。

网络暴力是施暴者利用网络技术或平台,对个人或群体进行的恶意攻击、辱骂、威胁或恐吓的行为。根据网络暴力现象特征及其表象,研学小组对网络暴力概念进行了分类梳理,全角度理解网络暴力的基本内涵。

(1)言辞暴力。网络暴力往往表现为攻击性的言辞,包括辱骂、恶意嘲讽、人身攻击、歧视性言论等。这种言辞可以针对个人或特定群体,造成情感上的伤害和精神上的压力。

(2)威胁和恐吓。包含对个人或群体进行威胁和恐吓的行为,如通过言辞或威胁性的图片、视频等手段来造成对方的恐惧感。

(3)个人隐私侵犯。涉及对个人隐私的侵犯,包括公开或散布他人的私人信息、照片、视频等,以便对其进行追踪、骚扰或威胁。

(4)假冒身份和虚假信息。有些网暴者会利用假冒身份或虚假信息进行攻击、诽谤和煽动,以达到个人目标。

(5)社交排斥和网络羞辱。网络暴力还可以表现为排斥和羞辱,如将个人或群体排除在某个社交圈或群体之外,使其感到孤立和屈辱。

(6)追踪与骚扰。有些网暴者会对个人进行网络追踪、监视和骚扰,通过恶意评论、恶意消息、不断打扰等方式给目标造成干扰和心理伤害。

不难看出,网络暴力是直接型的伤害性行为,它不仅对个人造成了心理和情感上的伤害,而且极易产生长期负面影响,如心

◀开展网络暴力问题研究,需要明确网络暴力现象的基本形式,确立具体类型,为解决对策的确立提供清晰认知。

理障碍、自尊心受损、人际关系问题等。因此,网络暴力问题亟待关注与重视,应采取有效措施预防和制止网络暴力行为的发生。

(二)开展调查分析

任务:网络暴力现状的调查和分析。

方法:问卷调查与访谈。

问卷编制与调查小组通过查阅资料,进行了问卷设计,开发出《"网络暴力"认知情况调查问卷》。整套问卷面向全社会人员进行数据调查和收集,共涉及三大主题15道题目。研学小组将收集到的120份数据与清研灵智信息咨询(北京)有限公司旗下产品调研工厂网络平台上的问卷结果进行了汇总分析,相关情况如下所示。

1. 网络暴力经历占比分析

"您是否经历过网络暴力"调查结果如图8.12所示。

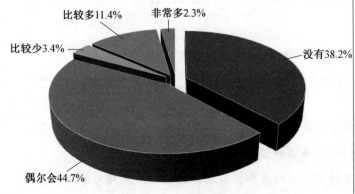

图8.12 "您是否经历过网络暴力"调查结果

调查数据显示,有六成被调查者经历过网络暴力(包括"非常多""比较多""比较少"和"偶尔会"),具体占比分别为2.3%、11.4%、3.4%、44.7%,明确表示没有经历过网络暴力的仅占38.2%。

2. 网络暴力紧急性调查

"您认为治理网络暴力的紧急程度如何"调查结果如图8.13所示。

◀为了全面了解网络暴力现状,研学队员们开展了社会调查活动,并进行数据的汇总分析,实现了对问题现状的深入理解,为培养学生的研学本领提供方法和路径。

◀从网络暴力经历占比分析调查结果可以看出,网络暴力问题已经影响到大部分人群。引导学生开展此问题研学活动,是解决社会焦点问题的重要实践,能够促进学生关注生态安全问题研究。

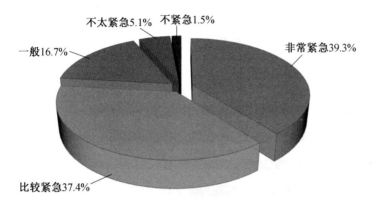

图 8.13　"您认为治理网络暴力的紧急程度如何"调查结果

数据显示,76.7％的被调查者认可治理网络暴力程度为紧急(包括"非常紧急"和"比较紧急"情况)。

3. 网络暴力评判标准分析

"您判断某一评论是否是网络暴力的界限"调查结果如图 8.14 所示。

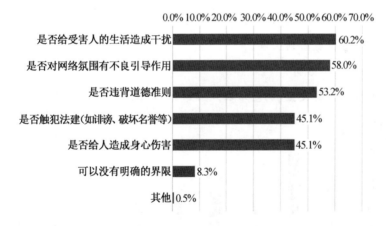

图 8.14　"您判断某一评论是否是网络暴力的界限"调查结果

判断是否为网络暴力行为,调查数据显示,60.2％的被调查者认为"是否给受害人的生活造成干扰"占比最高,其次是 58.0％的被调查者以"是否对网络氛围有不良引导作用"为判断网络暴力的依据,还有 53.2％的被调查者认为"是否违背道德准则"是判断网络暴力的依据。

◀针对网民开展网络暴力评判标准的调查,可以充分了解对网络暴力问题的理解和判断标准,为提升广大网民的思想认知和评判标准做好准备。

4. 网络暴力的危害性分析

"您认为网络暴力带来的后果有哪些"调查结果如图 8.15 所示。

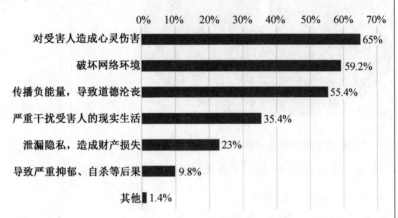

图 8.15 "您认为网络暴力带来的后果有哪些"调查结果

调查显示,近七成的受访者认为网络暴力会对受害人造成心灵伤害,其中各有五成多的受访者认为网络暴力会破坏网络环境,传播负能量,导致道德沦丧,而近 10% 的被调查者认为会导致受害人严重抑郁,甚至威胁到生命。

5. 网络暴力的类型分析

"遭遇的网络暴力的类型"调查结果如图 8.16 所示。

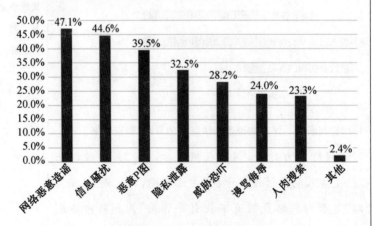

图 8.16 "遭遇的网络暴力的类型"调查结果

◀深入调查网络暴力的主要类型,可以使学生了解社会网络暴力现象的实施途径,为制定解决策略提供途径和方法的应对策略。

数据显示,网络暴力最主要的七大形式分别是:网络恶意造谣(47.1%)、信息骚扰(44.6%)、恶意 P 图(39.5%)、隐私泄露(32.5%)、威胁恐吓(28.2%)、谩骂侮辱(24.0%)、人肉搜索(23.3%),其中,网络恶意造谣的比例最高。

6.网络暴力成因分析

"您认为引发网络暴力的原因有哪些"调查结果如图 8.17 所示。

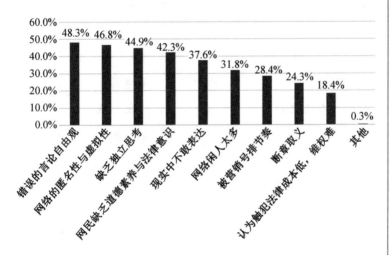

图 8.17　"您认为引发网络暴力的原因有哪些"调查结果

数据显示,网络暴力的原因排序如下:选择错误的言论自由观和网络的匿名性与虚拟性的比例较高,分别为 48.3% 和 46.8%,选择缺乏独立思考的占比为 44.9%,选择网民缺乏道德素养与法律意识的占比为 42.3%,还有 37.6% 的被调查者认为一些现实中不敢表达的人会选择在网络上施暴。

7.网络暴力的个人应对措施

"当您遭受网络暴力时,可能采取的措施"调查结果如图 8.18 所示。

◀进行网络暴力的成因分析,可以让学生更好地理解网络暴力的内在原因,为推进网络治理明确思路,提升学生的应对策略。

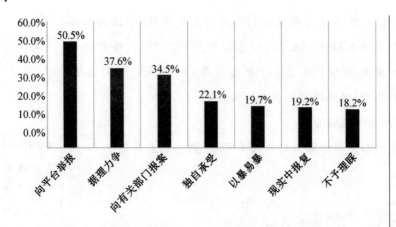

图 8.18 "当您遭受网络暴力时，可能采取的措施"调查结果

遭受到网络暴力时，个体可能采取的应对方式有哪些？数据显示，50.5％的被调查者选择向平台举报，37.6％的被调查者选择据理力争，而向有关部门报案的占比为 34.5％，选择独自承受和不予理睬的比例高达 40.3％。

8. 网络暴力的治理策略包括

"网络暴力的治理策略"调查结果如图 8.19 所示。

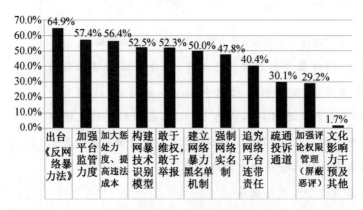

图 8.19 "网络暴力的治理策略"调查结果

数据显示，有 64.9％的被调查者认为应该出台《反网络暴力法》，占比最高；认为应该"加强平台监管力度"和"加大惩处力度，提高违法成本"的比例分别为 57.4％和 56.4％，占比也较高；而选择"文化影响力干预及其他"的占比仅有 1.7％。

◀调查了解网络暴力的治理策略，可以使学生更好地制定应对策略，为培养学生的科学治理能力奠定基础。

9. 网络暴力差异性分析

调查问卷显示,在 18 岁以下的未成年人中,有高达 98.3％的人认为自己没有在网络中对他人言语攻击、造谣等行为;有 83.6％的人认为自己被他人在网络中言语攻击、造谣过。同样,在 18～45 岁的人群中,有高达 97.7％的人认为自己没有在网络中对他人言语攻击、造谣等行为,但却有 13.3％的人认为自己被他人在网络中言语攻击、造谣过。

分析以上数据结果发现,绝大多数被调查者对网络暴力危害的认同度较高,并能提出一定解决办法。但在实际生活中,不同年龄层次的人在问卷中大部分认为自己在网络活动没有"施暴"行为,可是又有很多人觉得自己在网络中被"施暴"了。

没有那么多"施暴者"怎么会有那么多"受害者"呢? 对此研学小组展开了讨论,结合数据和现实情况,同学们认为问题出在网络暴力标准的认知上,过多的"微暴力"行为被个体忽略,不认为自己的言行在施暴,也没有考虑到言行产生的危害性。同时,这也和"受害者"的理解力、敏感度有关。但不管程度如何,这些行为只要制造了伤害,就应该引起我们的关注,无论是施暴者、受害者还是旁观者,阻止此类现象的发生都有义不容辞的责任。因此,彻底改变网络暴力现象,要以文化内因为突破口,用文化价值提升个人核心素养,由内阻止网络暴力的产生,减少网络暴力行为。

(三)解决对策的选择——文化对策方向

任务:制定网络暴力的文化对策。

方法:文化、法律、政策查询与研讨。

网络暴力治理的策略有多个方面,其中文化对策是基于文化素养培养层面提出的解决方法和思路,是聚焦网络暴力灵魂深处的治理策略。

◀进行网络暴力群体的差异性分析,使学生发现对暴力标准的理解和评判是研学工作的重心,需要制定解决问题根源的对策和做法,减少网络暴力现象,提升对网络暴力问题的关注。

◀研学小组确立了从文化对策视角解决网络暴力问题,为推进研学活动方案的制定明确重点和任务。

1. 文化对策的治理优势

文化对策的优势体现在 3 个方面：一是可以从根本上改变网络暴力的社会土壤，提高网民的道德素养和文化修养，营造良好的网络环境，减少网络暴力的发生和危害；二是可以从源头上预防和遏制网络暴力的传播扩散，培育网络正能量和社会共识，增强网民的理性和善意，维护网络秩序和舆论导向；三是可以从深层上保护和救助网络暴力的受害者，提供专业支持和服务，缓解其精神压力和心灵创伤，使其恢复正常生活与工作状态。

2. 文化对策的内涵本质

根据网络暴力的产生和影响，从文化层面进行治理策略的设定，是进行源头治理的有效手段，可以培养和提高网民的道德素养，营造良好的网络环境，减少网络暴力的发生，降低危害性。

文化对策的核心内涵包括以下 4 个方面。

（1）弘扬社会主义核心价值观，培育网络正能量。社会主义核心价值观包括富强、民主、文明、和谐，自由、平等、公正、法治，爱国、敬业、诚信、友善，是当代中国精神的集中体现。每一位网民要以社会主义核心价值观为指导，树立正确的世界观和人生观，积极传播正面信息，抵制负面言论，用理性和善意对待他人。

（2）培养生态文明素养，倡导文化自觉性。生态文明素养培养是让网民学会尊重自然、保护环境、绿色发展的价值观，其目标是帮助网民提高网络道德和文明素质，减少网络暴力的产生和传播，让网民学会遵守法律法规，尊重他人权利和尊严，积极参与网络空间的治理，引导网民学会关注网络暴力的危害和影响，及时举报和取证网络暴力信息，具备及时寻求帮助和治疗的自我保护意识，保护和救助网络暴力的受害者，缓解其精神压力和心灵创伤，建立生态文明理念下的公民意识。

（3）学习中华文化，建立传统美德。中华传统文化是指中华民族在长期的历史发展过程中形成的具有鲜明民族特色和时代特征的文化，包括思想文化、道德文化、艺术文化、制度文化等多

◀全面分析文化对策的内涵要素，是推进广大网民素养提升的重要方面，是实现阻隔网络暴力成因的核心手段，为培养网民法律意识、提升文明素养明确任务。

个方面。它强调人与自然、人与社会、人与人之间的和谐相处,倡导仁爱、礼义、忠信、孝悌等美德,反对暴力、侵犯、欺诈、诽谤等恶行。它注重人的内在修养和心灵成长,提倡自省、自律、自强、自敬等品质,反对盲从、浮躁、自私、傲慢等缺点。它重视人的情感交流和社会责任,倡导同情、宽容、互助、奉献等情感,反对冷漠、刻薄、猜忌、仇恨等情绪。这些道德规范为网民提供正确的网络行为准则,引导网民尊重他人的权利和尊严,理性表达自己的观点和态度,不参与或传播网络暴力信息。

（4）建设"清爽"网络,共建和谐社会。网络文化素养与社会和谐建设密切相关,它涉及构建"清爽"网络与和谐社会,是规范网络言行、积极参与社会公益活动的主要实践,是传递正能量与积极社会舆论的基础性任务。

社交媒体作为信息传播和交换的重要平台,在构建和谐网络社会方面扮演着重要角色。需要通过社交媒体传播正能量、弘扬正义、倡导理性和包容等,建立一个和谐、稳定、积极向上的网络环境,使网民积极、理性、客观地与他人进行交流和互动,避免辱骂和人身攻击。积极参与社会公益活动,改善社会环境,促进社会和谐,提高社会责任感和公民意识,推动社会和谐发展。

3.文化对策活动（课程）设计

课程题目:弘扬文化精神,预防网络暴力。

课程目标:通过本课程的学习,网民能够了解社会主义核心价值观、生态文明素养和中华传统文化的内涵和意义,掌握文化对策的基本理念和方法,认识文化对策在治理网络暴力问题中的核心作用,培养网络公民意识和社会责任感,预防网络暴力行为的产生,减少网络暴力的伤害。

课程内容:社会主义核心价值观、生态文明素养、中华传统文化等内涵及其与网络暴力的关联;文化对策的主题活动与实施训练。

课程框架:分为3个专题（表8.2）。

◀建设"清爽"网络,需要调动广大人民群众的正能量,进行科学上网的实践,实现网络的生态安全建设。

◀从教育视角进行文化对策活动（课程）设计,学生进行了深入思考和巧妙设定,实现了文化素养提升的规范性和科学性目标。

◀从培养主题、工作重点、知识基础和专题活动4个层面进行课程内容搭建,实现了课程的完整路径设计,完成了目标、理念和活动的一体化实施,构建科学化的解决方案。

表 8.2　课程框架

专题	重点	知识	活动
社会主义核心价值观专题	内涵意义	社会主义核心价值观是以马克思主义为指导,以中国特色社会主义共同理想为凝聚力,构建社会的完整价值体系。可以分为三个层面:富强、民主、文明、和谐为国家层面的价值目标;自由、平等、公正、法治为社会层面的价值取向;爱国、敬业、诚信、友善为个人层面的价值准则 社会主义核心价值观的意义:是当代中国精神的集中体现,是全体人民共同的精神纽带,是引领国家发展、社会进步、人民幸福的重要力量	主题一:网络公民意识和社会责任感的培养 目的:让学生了解网络公民意识和社会责任感的含义和重要性,增强学生的爱国热情和奋斗精神,团结一心维护网络安全和稳定 内容:让学生分组讨论以下问题,并在班级中分享自己的观点和建议。什么是网络公民?为什么要在网络空间中树立网络公民意识和社会主义核心价值观?社会责任感与社会主义核心价值观有什么关系?社会责任感和社会主义核心价值观如何指导自己的网络行为?面对网络暴力问题,应该如何正确地处理和作为一个有社会责任感的网络公民,应对? 要求:每组至少有 3 名学生,每组分配一个问题,每组有 5 min 的讨论时间和 10 min 的分享时间。分享时要注意语言表达清晰,逻辑严谨,观点论据充分
	内在关系	社会主义核心价值观为网络行为提供了正确的网络行为准则和道德规范,要求网民遵守法律法规,尊重他人权利和尊严,理性表达自己的观点和情绪,不参与或保护网络暴力等网络暴力信息;同时也要求网民提高自我保护意识,遇到网络暴力时及时启用防护功能,遇到网络暴力时及时举报和取证 社会主义核心价值观可以从思想上引导网民树立正确的网络道德和文明素质,从行动上促使网民积极参与网络空间治理,从舆论上推动形成反对网络暴力的社会共识	主题二:网络文化自信和创新能力的培养 目的:让学生了解网络文化自信和创新能力的含义和重要性,增强学生创作和传播正能量信息,促进国家发展、社会进步和人民幸福 内容:让学生分组创作一篇关于网络文化自信和创新能力的文章,并在班级中分享自己的作品。文章形式不限,可以是散文、诗歌、小说等,要求内容深刻有趣,形式新颖有力,富有个性和感染力 要求:每组至少有 3 名学生,每组有 30 min 的创作时间和 10 min 的阅读分享时间。分享时注意做到表达清晰,逻辑严谨,论据充分
	核心作用	社会主义核心价值观的作用可以体现在 3 个方面:可以增强网民的网络公民意识和社会责任感,激发网民的爱国热情和奋斗精神,团结一心维护网络安全和稳定;可以增强网民的网络道德自律和自我约束能力,维护网络秩序和公平,促进网民创作和传播有益于国家发展、社会进步的网络正能量信息;可以增强网络文化自信和创新能力,促进网民创作和传播有益于国家发展、社会进步,人民幸福的网络正能量信息	

续表8.2

专题	重点	知识	活动
生态文明素养专题	内涵意义	生态文明素养的内涵：以人与自然和谐共生为目标，以尊重自然、顺应自然、保护自然为基本国策，以节约资源和保护环境为基本国策，以绿色发展、循环发展、低碳发展为主要方式，以建设美丽中国为根本任务的价值取向。生态文明素养的意义：是实现可持续发展战略的必要条件，是提高国家综合实力和国际竞争力的重要因素，是保障人民健康幸福和社会稳定安全的重要保障	主题一：网络环境意识和保护能力的培养。目的：让学生了解网络环境意识和保护意识和重要性，增强学生合理利用和保护网络资源，减少网络资源的浪费和污染的情况。内容：让学生分组调查自己所在地区的网络资源使用情况，并在班级中汇报自己的调查结果。包括以下几个方面：网络资源的种类和数量，如宽带、水、电力等；服务器；网络等；网络资源的消耗占用和排放，如电力、水、数据传输、信息处理等。调查各种资源的节约效率和保护措施，如节电、降温、回收等。要求数据真实可靠，信息全面准确，方法科学合理。要求：每组至少有3名学生。每组有一周的调查时间，30 min的汇报时间。汇报时注意语言清晰，逻辑严谨，观点明确
	内在关系	生态文明素养要求网民在使用网络资源时，要节约能源、减少污染、保护环境，不滥用或浪费网络资源，不制作或传播有害网络信息。同时，要求网民尊重网络秩序，不容忍或纵容破坏网络或扰乱网络生态、维护网络秩序，促进网络暴力行为。生态文明素养可以从理念上引导网民树立正确的网络价值观和生活方式，从行为上促使网络绿色发展、循环发展、低碳发展的理念，从环境上推动网络生态建设清朗、健康、安全的网络生态	主题二：网络生态平衡游戏。目的：让学生了解网络生态平衡的含义和重要性，增强学生尊重和维护网络生态平衡、防止和制止破坏网络生态平衡的行为。内容：让学生分组参与一个模拟网络生态的游戏，并在班级级中分组进行游戏。每组设有3种角色：网站和监管部门。游戏随机分配一个角色，并根据各角色的特点和资源进行游戏。游戏中有3种资源：流量、内容和信誉。每个角色都需要获取和消耗资源，以实现自己的利益。每个角色可以选择不同的行为，以影响自己和其他角色的资源获取和消耗状况；游戏中有一个网络生态指数，用来衡量网络空间的健康状况。游戏由流量、内容和信誉3个方面综合计算。游戏共进行5轮，每轮10 min。每轮网络生态指数，并进行反思，要求游戏规则公平合理。游戏过程要严谨
	核心作用	生态文明素养的作用体现为3个"增强"：一是增强网民的网络环境意识和保护网络资源，促进网络资源的节约使用和合理利用网络资源，减少网络资源的浪费和污染；二是增强网民的网络生态责任和担当，促进网民尊重和维护网络生态的行为；三是增强网民的网络生态创新和贡献，促进网民生态探索和实践绿色发展、循环发展、低碳发展的可持续发展	主题三：网络生态平衡游戏。目的：让学生了解网络生态平衡的含义和重要性，增强学生尊重和维护网络生态平衡、防止和制止破坏网络生态平衡的行为，并参与一个模拟网络生态的体验，并在班级内分组进行游戏。游戏中有3种角色、内容和信誉。游戏目标要实现资源空间越恶化。游戏空间公布各个角色的资源状况，公布结束后，进行简要规则，每轮结束后要进行分析和反思。游戏在线上或线下，要求游戏结果真实可信激烈，游戏结果至少有3名学生，每组有60 min的游戏时间。分享时注意语言简洁和思维严谨。10 min的分享时间。分享时至少有3名学生的分享时间

续表8.2

专题	重点	知识	活动
中华传统文化专题	内涵意义	中华传统文化的内涵：中华民族在长期的历史发展过程中形成的具有鲜明民族特色和时代特征的文化，包括思想文化、道德文化、艺术文化、制度文化等多个方面　中华传统文化的意义：是中华民族生存和发展的重要力量，是涵养社会主义核心价值观的重要源泉，也是我们在世界文化激荡中站稳脚跟的坚实根基	主题一：网络文化传承 目的：让学生了解中华传统文化的内涵和价值，增强学生继承和发扬中华优秀传统文化，反映和展示中华民族的精神风貌 内容：让学生分组选择一个中华传统文化的主题，在网络上开展文化项目传承，在班级中展示自己的项目成果，包括以下几个方面：中华传统文化的主题和背景，如历史、地理、人物、事件等；中华传统文化的精神内核和价值取向，如思想、道德、艺术、制度等；中华传统文化的现代意义和发展方向，如对国家发展、社会进步、人民幸福的贡献和影响；中华传统文化的网络传播和创新方式，如网站、博客、图片、视频、音乐等。文化传承项目形式不限，可以是文字、图片、视频、音乐等，要求内容深刻，形式新颖，富有感染力 要求：每组至少有5名学生，每组有10 d的准备时间，有30 min展示时间。展示时要注意语言表达和逻辑思维清晰有序
	内在关系	中华传统文化强调人与自然、人与社会、人与人之间的和谐相处，倡导仁爱、礼义、忠信、孝悌等美德，反对暴力、侵犯、欺诈、诽谤等恶行。这些价值观和道德规范可以为网民提供正确的网络行为准则，引导网民尊重他人的权利和尊严、理性表达自己的观点和情感，不参与或传播网络暴力信息　中华传统文化可以从思想上引导网民树立正确的网络道德和文明素质，从心理上帮助网民调节自己的情绪和需求，从情感上激励网民关注他人的感受和利益	主题二：网络中的文化交流 目的：让学生了解不同的网络文化的特点和魅力，增强学生尊重和欣赏不同的网络文化，促进网络文化的多元性和丰富性 内容：让学生分组选择一个不同国家或地区的网络文化，并进行文化交流活动，在班级中分享自己的网络文化的交流经验，包括以下几个方面：不同国家或地区的网络文化的概况和特点，如历史、地理、人物、事件等；不同国家或地区的网络文化的优势和不足，如创新性、影响力、问题等；不同国家或地区的网络文化与中华传统文化的联系，如思想、道德、艺术、制度等；不同国家或地区的网络文化交流活动的形式不限，如论坛、聊天室、视频会议等，要求内容客观公正，形式友好互动，富有教育意义和启发性 要求：每组至少有3名学生，有3 d的准备时间，逻辑严谨，30 min的分享时间。分享时要注意表达清晰，论据充分
	核心作用	中华传统文化可以增强网民的网络文化自豪感和认同感，促进网民继承和发扬中华优秀传统文化，反映和展示中华民族的精神风貌；可以增强网民欣赏和尊重不同的网络文化的多元性和包容性，促进网络文化交流和发展；可以增强网民欣赏和丰富网络文化，可以促进网民创造性和贡献性，促进网民创新和发展中华传统文化，推动网络文化的发展和进步	

网络暴力治理的文化干预活动设计是提升理念认知的工作实践,是开展系统化提升的行动干预,为阻止和降低网络暴力行为奠定基础。活动课程的重要性体现在以下 3 个方面。

(1)活动课程帮助网民了解社会主义核心价值观、生态文明素养和中华传统文化的内涵和意义,提高网民的思想认知,形成网络文化规则意识与约束,增强人们的文化自信和守法意识。

(2)活动课程帮助网民掌握文化对策的基本原则和方法,培养网民运用文化策略处理和应对网络暴力问题的能力,提高人们的网络道德自律和自我约束能力,减少道德盲区,增强红线意识。

(3)活动课程帮助网民认识文化对策在治理网络暴力问题中的核心作用,培养人们的网络公民意识和社会责任感,增强网络环境意识和保护能力,预防网络暴力行为的产生,减少网络暴力的伤害。

通过课程互动,引导网民参与文化对策专题活动与实施训练,提升其网络交流与合作能力,使其学会尊重和欣赏他人,构建多元生态的网络文化,促进网络世界的"清爽"、和谐与丰富。

▲在教师指导下,同学们充分分析了文化干预的重要作用,促进了网络暴力治理的有效推进。

(四)"清网"行动准则制定与推广

任务:制定"清网"行动准则的文化对策。

方法:合作研讨与社会调查。

(1)"清网"行动准则的制定。

研学小组围绕相关法律、法规和文化内涵展开讨论,结合文化干预课程活动进行策略设计,完成了"清网"行动准则的制定。"清网"行动准则共 10 道题目,分别从认知、行动和对策 3 个层面进行设计,满分为 100 分,每道题根据权重进行赋分,可以满足自评和他评的需要。"清网"行动准则内容如下。

认知层面(22 分):

①践行社会主义核心价值观,弘扬中华优秀传统文化,反对任何形式的网络霸权和干涉,维护网络和谐和文化安全。(12 分)

▲启动"清网"行动,制定行动准则,为规范网民的网络行为提供指导。网民可以对照"清网"行动准则进行自我检测,可以依据标准进行网络暴力行为判断,为阻隔和减少网络暴力提供规范。

②尊重和欣赏不同的网络文化,促进网络文化交流和合作,不歧视和排斥其他国家或地区的网络文化,不损害其他国家或地区的网络文化利益和尊严。(10分)

行动层面(58分):

③遵守有关互联网信息内容管理的法律法规,不制作、传播、转载、评论含有违法违规内容的信息,不危害国家安全、社会稳定、公共秩序、民族团结。(12分)

④尊重和保护个人信息,不泄露、窃取、篡改、滥用他人的个人信息,不利用网络平台进行诈骗、敲诈、勒索等犯罪行为,不侵犯他人的隐私和名誉。(8分)

⑤节约使用和合理利用网络资源,不浪费和滥用网络资源,不影响网络运行安全和效率。(8分)

⑥传播正能量,抵制低俗有害信息,不制作、传播、转载、评论含有色情、暴力、恐怖、赌博等低俗有害内容的信息,不沉迷于网络游戏和其他不良网络娱乐活动。(10分)

⑦理性表达,文明互动,不制作、传播、转载、评论含有谩骂、辱骂、恐吓、威胁等侮辱性或攻击性内容的信息,不进行或参与网络暴力和网络欺凌等行为。(10分)

⑧诚信用网,自律用权,不制作、传播、转载、评论含有虚假、误导、欺骗等不真实或不准确内容的信息,不进行或参与网络造谣和网络诽谤等行为。(10分)

对策层面(20分):

⑨积极举报违法违规信息,主动参与网络文明建设和生态治理,及时向有关部门或平台举报发现的违法违规信息和行为,支持和配合有关部门或平台进行网络空间治理。(12分)

⑩关注未成年人的网络安全教育和保护,促进未成年人健康成长。加强对未成年人的网络安全教育和引导,提高他们的网络素养和自我保护能力;监督和限制未成年人的网络使用时间和内容,防止他们受到低俗有害信息和不良网络社交影响。(8分)

备注:90～100分(优秀),需要保持并提升;70～89分(合格),需要改变和调整;69分及以下(未达标),亟待整体性改变和提升。

(2)推广路径的研究。

学生结合现实情况,进行"清网"行动准则推广路径研究,设计思路如下。

①制订推广计划。成立推广团队或委员会,包括教师、学生、家长、社区代表等,确立推广目标和策略,设定宣传方式和推广渠道。

②制作宣传材料。设计制作宣传海报、标语、手册等宣传物料,突出文化、法制、公民、责任等核心信息。进行多样化的媒介形态设计,如印刷品、电子媒体或社交媒体等。

③组织宣传活动。在学校、社区等公共场所举办宣传活动,如主题讲座、座谈会、展览等。邀请专家、学者、法治管理者等做专题报告,分享相关知识和经验。

④发挥教育力量。在教育环节中加入相关内容,包括课程设置、班会活动、学生社团等。制作宣传教材、课件或在线学习资源,促进相关知识和应对技能的传播。

⑤合作与联动。与其他学校、社区组织、媒体机构等建立合作伙伴关系,共同遵守、推广和传播"清网"行动准则。利用媒体资源扩大影响力,如发表新闻稿、发布公告、参与专题讨论等。

⑥建立互动平台。创建在线互动APP,为"清网"行动提供互动、交流和参与平台。鼓励社交媒体用户发布相关内容,分享个人经验和见解,加强互动参与。

⑦进行评估与反馈。设立反馈渠道,收集意见和建议,调整宣传策略和内容。评估推广效果,了解推广活动的影响和改进方向。

通过以上行动,在实际生活中完成"清网"行动准则的推广,这些线路涵盖了多种宣传和推广手段,旨在深入学校、社区和公

◀为深度推广"清网"行动准则,同学们设计、开发了行动路线,多手段、多层面开展宣传活动,为增强广大人民群众的网络安全意识提供教育引导。

共场所,通过各种资源和伙伴支持,扩大"清网"行动准则影响力并推动社会行动与转变,为彻底消除网络暴力行为提供行动规范。

六、研究结论与反思

(一)研究结论

网络暴力现象的文化对策研究作为一项提高学生网络素养,增强个人自我保护能力,培养学生批判性思维与合作精神的研究性学习活动,拓展了学生的知识视野,是进行网络文明建设和生态文明治理的积极探索。研学活动通过让学生从多个角度和领域分析网络暴力现象的内因、形成机制、演化路径、预防举措,设计和实施具有针对性的网络暴力文化对策,为治理网络暴力贡献文化力量,为构建人类命运共同体进行安全环境的建立与探索。

网络暴力现象的文化对策研究研学活动成果体现在以下 4 个方面。

(1)实现了文化素养的全面培养与提升。学生通过参与网络暴力现象的文化对策研究研学活动,深入了解并感受到文化素养的价值和重要性,理解了文化对策在解决网络暴力问题中的核心作用。依托文献、研讨和调查等活动,提升了对多元文化的理解与尊重,培养了包容性思维,实现了文化素养整体水平的有效提升。

(2)提高了"清网"知识的获取与应用本领。在网络暴力现象的文化对策研究研学实践中,学生进行了大量与网络暴力现象有关的社会文化、心理学和法律法规等知识的学习,知识的获取帮助学生深入理解问题本质,为解决方案的制订提供理论基础,实现网络暴力问题处理能力的提升。

(3)完成社会公民责任的培养和建立。通过参与网络暴力现象的文化对策研究研学活动,学生进一步明确了个人在社会中的

◀深入反思网络暴力现象,从文化对策视角进行策略设计,培养了学生解决网络安全问题的能力,促进了学生社会实践本领的提升。

责任,理解了网络世界是现实生活的一部分,科学用网对推动社会和谐发展具有积极作用。"清网"行动准则用实际行动传递了社会正能量,减少了网络暴力现象,为构建和谐社会做出了积极贡献。

(4)提升学生自我保护和应对能力。引导学生认识网络暴力的危害性和影响力,增强学生的网络道德意识,培养学生的批判性思维和合作精神,使其拓展知识视野,形成理论思维,为社会网络文明建设和生态治理提供示范与指引。

(二)研究反思

(1)加强实践环节整体设计。在研学活动中,需要进一步加强实践环节的设计,如"组织学生参观哪些机构""与哪些领域专家和从业者互动交流"等,引导学生深入理解现实问题,提升学生的参与度和实践能力。

◀研究反思为进一步推进网络暴力的治理做好经验梳理,实现学生本领的提升,为社会生态安全建立有效应对策略与途径。

(2)加大专业引导力度。本项研学活动需要强化专业指导力,聘请法律、文化和教育专家进行项目深化指导,加强研学方案的设计和规范,在专业知识、法律规则、网络技术和文化教育层面拓展视野,提供更多资源支持,帮助学生进行深入研究与科学实践,为"清网"行动准则的完善提供科学建议。

(3)强化反思与评估。在网络暴力现象的文化对策的研究过程中,强化反思与评估环节是不可忽视的,且需要不断增强评估的广度与深度。通过反思,可以有效总结经验,发现问题和不足,进一步完善活动的组织和设计,为提高活动质量、增强活动效果创造条件。

第三节　生态安全类专题研学案例评价

开展生态安全类专题研学活动,其重要意义在于保护生态环境,促进可持续发展,维护社会稳定和民生福祉,推动人类社会生活高质量发展,预防生态安全危机,实现人与自然的和谐共生。通过案例实践,我们能够深入了解并改善环境问题,为和谐社会的绿色发展、促进人民生活品质提升、完成社会问题治理,提供生态安全的可持续发展之路。

开展生态安全类专题案例评析,要综合考虑多方面因素,为研学活动的质量与内涵提供指导性指标。重点可以从以下4个维度进行指标分析。

(1)生态性。从生态系统的角度,评价案例是否能够提高生态文明建设的质量和稳定性,保护生物多样性,防治环境污染和生态退化,做出应对气候变化等方面的积极贡献。

(2)社会性。从生态社会的角度,评价案例是否能够促进社会发展绿色转型,是否能够增进民生福祉和百姓幸福感,是否能够提高社会公平和正义,为实现社会和谐与命运共同体建设增强个人社会归属感和凝聚力。

(3)参与性。从参与主体和参与程度视角,评价案例是否充分调动了政府部门、法律机构、企业、公益组织、专家和社区居民等多元主体的积极性,是否发挥了学生在实践活动中的主体作用,是否形成了多方合作与共管共治的良好机制。

(4)创新性。从创新思维与行动实践角度,评价案例是否具有新颖的理念、方法、技术和模式,设定的方案是否能够解决新情况、新问题和新挑战,是否具有可复制、可推广的经验和举措。

由此,设定了生态安全类专题案例效果评价量表(表8.3)。

表8.3 生态安全类专题案例效果评价量表

维度	指标	评分标准	分值(6档分值)
生态性	生态效益	案例对生态系统的质量、稳定性和多样性,环境污染和生态退化,气候变化等方面的影响	
社会性	社会效益	案例对社会发展绿色转型、民生福祉和幸福感、社会公平和正义、社会和谐与命运共同体建设等方面的影响	

续表8.3

维度	指标	评分标准	分值(6档分值)
参与性	主体参与	案例对政府部门、法律机构、企业、公益组织、专家和社区居民等多元主体的积极性,参与网络和合作伙伴关系,资源共享和利益共赢等方面的影响	
	个体参与	案例对学生在实践活动中的主动作用,自主选择、探究、创造和反思本领,创新能力和批判性思维,学习收获和体验等方面的影响	
创新性	创新思维	案例对理念、方法、技术和模式等的创新,对新情况、新问题和新挑战的洞察和解决,对学生创新思路和视野的开拓等方面的影响	

注:评价者依据案例达成的5个维度进行评价,分值权重分别为:显著推进5分,较好推进4分,积极影响3分,一般影响2分,轻微影响1分,没有或负面影响0分。

　　生态安全类专题研学活动聚焦生态安全主题视角,结合生态安全类问题开展研究性学习实践。从教育成果角度分析,生态安全类专题研学活动实现了学生生态意识的培养,建立了社会责任感,在了解生态系统挑战和社会现状问题的过程中,拓展了知识面与学习视野,增强了生态安全防范能力和应对本领,培养了团队精神与合作意识,为和谐社会建设和社会文明发展做出了贡献。

第九章 人与自然生命共同体专题研学活动设计与实践

　　人与自然生命共同体是生态哲学的基础理念之一,指人类与自然界之间构成了一个有机的整体,二者相互依存、相互影响、相互支持,共享荣辱与患难,共担责任与义务,共创未来与幸福的一种关系。人与自然生命共同体强调人与自然的关系,核心内涵指向人与自然生命共同体价值的建设,是以整体性和系统性思维去协调生命存在物各要素间的内涵,构建生命之间和谐统一的辩证关系,其本质是追求生态和谐的生命价值理念。

　　《义务教育课程方案(2022年版)》在培养目标中提出"有理想、有本领、有担当"的人才培养方向,其中在培养"有担当"的时代少年中,提出了"初步具有国际视野和人类命运共同体意识"的人才培养要求。与此同时,在课程设置中,也明确提出"铸牢中华民族共同体意识"的要求,为课程改革深化指明发展方向。

第一节 人与自然生命共同体专题简介

一、基本内涵

　　人与自然生命共同体,最早是2017年10月习近平总书记在中国共产党第十九次全国代表大会报告中提出的。2021年4月,习近平主席在领导人气候峰会上发表重要讲话,指出:"构建人与自然生命共同体,要坚持人与自然和谐共生,坚持绿色发展,坚持系统治理,坚持以人为本,坚持多边主义,坚持共同但有区别的责任原则。"六个"坚持"从人与自然和谐共生出发,全面系统阐释了"人与自然生命共同体"理念的丰富内涵和核心要义。习近平主席在讲话中强调"要像保护眼睛一样保护自然和生态环境,推动形成人与自然和谐共生新格局"。

人与自然生命共同体作为习近平总书记提出的一种国际关系新理念,重点促进各国人民之间的和平、合作、发展和文明交流。这一理念包含了政治、安全、经济、文化、生态等 5 方面要素,对应了持久和平、普遍安全、共同繁荣、开放包容和清洁美丽的 5 项目标,主要内容如下。

(1)政治方面,人与自然生命共同体主张各国相互尊重、平等协商,维护国际公平正义,反对霸权主义和强权政治,推动国际关系民主化,构建全面国际新秩序。

(2)安全方面,人与自然生命共同体主张以对话协商解决争端,以合作共赢消除威胁,以共同发展维护稳定,构建普遍安全的安全格局。

(3)经济方面,人与自然生命共同体主张促进贸易和投资自由化、便利化,推动经济全球化朝着更加开放、包容、普惠、平衡、共赢的方向发展,实现各国共同繁荣。

(4)文化方面,人与自然生命共同体主张尊重文明多样性,促进文化交流互鉴,增进不同文明之间的理解和信任,构建开放包容的文化格局。

(5)生态方面,人与自然生命共同体主张倡导绿色、低碳、循环、可持续的生产和生活方式,加强应对气候变化等全球性生态环境问题的合作,构建清洁美丽的生态格局。

不难看出,人与自然生命共同体不仅是一种理念和目标,也是一种行动和责任,它囊括了生态文明建设的全部领域,是推进生态文明发展的核心动力源。它反映了人类对自身和外部世界的认识和价值判断,也反映了人类对未来发展方向和模式的选择与承诺,为全球治理提供了新思路,为应对共同挑战开辟了新道路,为建设更加美好的世界提供了中国方案。

二、概念区分

人与自然生命共同体与人类命运共同体作为两种国际关系新理念,旨在促进各国人民之间的和平、合作、发展和文明交流。二者相辅相成,有着紧密联系。人与自然生命共同体是构建人类命运共同体的基础。只有尊重自然、保护生态环境,才能实现可持续发展,进而推动全球范围内的合作和共赢。同时,构建人类命运共同体的过程中,需要坚持人与自然和谐共生的原则,满足建设需要的基本条件。因此,可以说两个概念对人类社会的发展发挥着重要的指导作用,共同推动人类社会进步。

两个概念在密切联系和互补性的基础上,有着不同的内涵、依据和侧重点,表现在:

(1)人与自然生命共同体的理念源于马克思主义的"人是自然界的一部分"的思想,这一理念强调了人与自然之间的和谐共生、绿色发展和系统治理。换句话说,所有生命都有其共享的属性和追求生存的价值指向,这使得人与自然形成了一个不可分割的生命共同体。人与自然生命共同体包含了人与自然存在物之间的关系,也涵盖了自然存在物之间的关系,如动物、植物、微生物等。人与自然生命共同体是一种基于生态哲学和中华优秀传统文化中的生态智慧而形成的理念,它反映了人类对自身和外部世界的认识与价值判断,也反映了人类对未来发展方向和模式的选择与承诺。人与自然生命共同体是构建人类命运共同体的物质基础和价值取向,只有尊重自然、顺应自然、保护自然,才能实现人与自然和谐共生,为人类社会发展提供良好的生态环境。

(2)人类命运共同体是一个全球性的概念,它强调的是人类社会在全球化进程中的命运共享。它是指伴随经济全球化进程而产生的各国之间命运的相关性,是近代以来历史的发展主题。人类命运共同体主张各国相互尊重、平等协商,维护国际公平正义,反对霸权主义和强权政治,推动国际关系民主化,构建新型国际关系。人类命运共同体包含人与自然存在物之间的相互关系,但更侧重于人与人、国家与国家之间的关系。人类命运共同体是实现人与自然生命共同体的社会条件和行动指南,只有各国团结合作、协调行动、共克时艰,才能有效应对全球性的生态危机和环境挑战。

综上所述,人与自然生命共同体与人类命运共同体是两个不同的概念,但又有密切的联系。它们既有各自的内涵和依据,又有相互的联系和互补。它们为国际关系理论和实践提供了新的视角与思路,为促进世界和平与发展做出了新的方案和贡献。我们在研学实践中更多关注的是人与自然生命共同体的价值建立与健康发展。

三、主题特征

人与自然生命共同体理念的主要特征包括以下 4 个方面。

(1)整体性。人与自然生命共同体是一个复合的生态系统,包含了人类社会和自然界的各种要素,如动物、植物、微生物、土壤、水、空气等。这些要素之间存在着密切的联系和相互作用,构成了一个完整的整体,不能割裂或分割。整体性是人与自然生命共同体的基本属性,它要求我们从全局和长远的视角看待人与自然之间的关系,避免片面和短视的行为。例如,在海岸带生态系统中,人类活动不仅影响了海洋环境,也影响了陆地环境,因此需要综合考虑各种因素的相互影响,制订合理的规划和管理措施。

(2)协调性。人与自然生命共同体是一个和谐的生态系统,核心要素间存在着平衡和协调的关系,相互促进和制约,是一种动态的稳定状态。这种状态既符合自然规律,又满足人类需求,实现了人与自然的共赢。协调性是人与自然生命共同体的核心价值,它要求我们在追求发展的同时保护环境,在利用资源的同时节约资源,在享受福利的同时履行义务。例如,"靠山吃山"是山区普通百姓的一般性做法,过度开采和滥用山林资源,导致了资源的枯竭和环境的破坏,违反人与自然生命共同体的原则。因此,需要采取可持续的利用方式,合理开发和节约使用资源,以确保资源能够长期满足人类的需求,同时保护自然环境健康发展。

(3)连通性。人与自然生命共同体是一个开放的生态系统,与外部环境保持着交流和联系,不断地接受并输出物质、能量和信息。这种交流和联系使生命具有适应性和创新性,能够应对各种变化和挑战。连通性是人与自然生命共同体的重要特征,它要求我们拓展视野和思路,学习借鉴其他地区和国家的经验与做法,促进知识和技术的交流与传播。例如,在生态文明建设方面,中国不仅在国内实施了一系列的政策和措施,也在国际上积极参与和推动了南南合作、气候变化等领域的合作与贡献,促进人类生命价值的共同提升。

(4)关爱性。人与自然生命共同体是一个相互依存的生态系统,以关爱自然界和生命为核心。关爱是一种尊重、理解、支持和帮助的态度与行为,它体现了人类对自然界和生命的责任感与义务感,也反映了人类对自身和未来的期望与追求。关爱性是人与自然生命共同体的灵魂和动力,它要求我们培养对自然界、生命的敬畏之心和感恩之情,继承和弘扬中华优秀传统文化中的生态智慧,如"天人合一""道法自然"等。例如,在中华民族传统节日中,有许多与生态文化相关的习俗和节日,如春节、清明节、端午节、中秋节等,它们都体现了人们对自然界和生命的关爱与祝福。

由此可见,人与自然生命共同体的特征主要包括整体性、协调性、连通性和关爱性4个方面,共同构成了人与自然生命共同体的基本属性、核心价值、重要特征和灵魂动力。这些特征为我们认识、处理人与自然之间的紧密关系提供了新的视角和思路,为我们推进生态文明建设提供了全面指导和源源动力。

四、研发策略

人与自然生命共同体理念体现了人类对自然界和生命的尊重与关爱,也反映了人类对未来发展方向和模式的选择与承诺。开展以人与自然生命共同体为专题的中小学研学活动,有利于培养学生的绿色环保理念,健全学生的人格,促进学生身心的全面发展,实现立德树人的教育目标。

以下是开发人与自然生命共同体专题研学活动的具体推进策略。

(1)确定研学目标和内容。根据教育年龄、年级特点、课程设置等因素,确定研学活动要实现的目标和内容,如增强环境意识、培养科学素养、提高社会责任感等。同时,结合人与自然生命共同体理念的内涵和特点,选择适合的研学主题和方向,如生物多样性、气候变化、生态文明建设等。

(2)选择合适的研学地点和时间。根据研学目标和内容,选择自然资源丰富、生态环境优良、文化内涵深厚的研学地点,如国家公园、自然保护区、生态示范区或周边社区等。同时,考虑研学地点的交通便利性、安全保障性、经济适用性等因素,选择合适的研学时间,如节假日、寒暑假等。

(3)设计多元化的研学活动和方法。根据研学地点和时间,设计多元化的研学活动方式,如实地考察、观察记录、采样分析、访谈调查、小组讨论、案例分析、主题演讲等。同时,做好学生主动参与、探究发现、创新表达、反思评价等过程,培养学生的研究能力和创新本领。

(4)建立有效的研学评价机制。根据研学目标和内容,建立有效的研学评价机制,如制定评价指标、采用多种评价方式、实施过程性评价等。同时,注重对学生的知识掌握、技能运用、态度形成、价值观念建立等方面进行全面评价,反馈评价结果,促进学生持续改进。

五、案例设计要素分析

(1)主题选择。选择一个与人与自然生命共同体相关的具体主题,如生物多样性保护、气候变化应对、可持续发展等。主题的选择应基于学生的年龄、背景和学习目标,同时要具有一定的教育和社会意义。

(2)目标设定。明确案例的教学目标,如增强学生对生态环境的认识、培养环境保护意识、促进团队合作和提高问题解决能力等。目标要与主题相匹配,能够引导学生在实践中达到预期的学习效果。

(3)情境设置。设计一个具体的情境,让学生在现实或虚拟环境中进行角色扮演,模拟真实问题并接受挑战。情境要能够激发学生的兴趣和思考,提供合适的学习机会。

(4)任务与活动。为学生设定具体的任务活动,要求他们在案例中扮演不同的角色,进行观察、调查、分析、团队合作、解决问题等。这些任务和活动应当与主题相关,并具有一定的挑战性和启发性。

(5)资源提供。提供相关的学习资源,包括文献资料、视频、案例分析、专家访谈等,以支持学生在案例中的学习和探索。资源的选择要与主题匹配,能够帮助学生获取必要的知识和信息。

(6)指导与评估。设计指导性问题和方向,引导学生思考和讨论。同时,设定评价标准和方式,评估学生的参与度、合作力、问题解决能力和创新能力等。评估可以通过观察、反思、作品展示等方式进行。

(7)反思与总结。引导学生进行案例学习的反思与总结,帮助他们将所学知识和经验与人与自然生命共同体的理念相结合,体会到个人和社会行动对生命共同体的影响,并鼓励他们提出进一步行动和改进建议。

综合考虑以上要素,可以有效设计一个系统完整、富有启发性和参与性的人与自然生命共同体专题案例,引导学生深入理解和实践人与自然生命共同体理念,彰显人类共同生命价值追求。

第二节　典型案例评析

　　开展人与自然生命共同体专题案例设计旨在通过具体研学实践，帮助学生理解和掌握人与自然生命共同体的概念、特征、价值、意义，培养学生的生态文明意识与社会责任意识，提升生态文明素养，为"美丽中国"建设构建人与自然生命共同体基础。

　　下面以一篇人与动物生存环境专题案例，呈现学生在人与自然生命共同体建设中推进人与动物生存环境建设的学习实践。

流浪猫现象对城市生态系统的影响及其补偿机制研究

北京市第九中学分校

学生：潘紫萱　赵玉轩

指导教师：李小燕

　　摘要：现代城市建设中，生态系统的平衡与发展是一个重要而复杂的问题，涉及人与自然之间的相互关系。流浪猫作为现代城市的主人之一，与人类之间存在着紧密的联系。本文旨在探讨流浪猫现象在现代城市建设中的作用和意义，以及它们对人类与自然之间关系的影响和启示。它们的生存状态既反映了人类对动物的责任和义务，也体现出城市生态系统的包容性和共生性，是现代城市发展的必然阶段，也是人与自然和谐共生需要解决的问题和挑战。因此，关注流浪猫现象并解决相关问题，不仅有利于改善它们的福利和环境，也有利于维护城市生态环境系统，实现人与自然生命共同体的协同发展。

案例点评

◀流浪猫现象作为研究城市生态系统保护的专题活动，为探索人与自然生命共同体、培养学生的生命意识、解决社会难点问题提供了研究选题。

一、研究背景

　　自1992年起，我国生态文明建设进入可持续发展时代。从环境保护、可持续发展,再到生态文明建设,党和国家对社会生态的认知与实践有了重要推进。2005年胡锦涛同志提出"建设生态文明"。2013年5月24日,习近平总书记在主持十八届中共中央政治局第六次集体学习时指出:"建设生态文明,关系人民福祉,关乎民族未来。"2017年,党的十九大报告全面阐释了"加快生态文明体制改革,建设美丽中国。人与自然是生命共同体,人类必须尊重自然、顺应自然、保护自然"的战略部署,为未来中国推进生态文明和绿色发展指明方向。

◀全面分析研究背景,重点厘清生态文明建设发展要求,为提升学生对生命的理解和关注提供思想基础。

生态文明是以人与自然、人与人、人与社会和谐共生、良性循环、全面发展、持续繁荣为基本宗旨的社会形态,是人类文明发展的一个新的阶段,即工业文明之后的文明形态。生态文明强调遵循人、自然、社会和谐发展这一客观规律而取得物质与精神成果的要求。因此,人与自然的和谐共生已成为生态文明建设中的重要组成部分。

随着人类社会的发展,我们不可回避城市生态系统的稳定与发展问题。从生态视角分析,城市生态系统是典型的以人类意愿创建的一种人工生态系统,其特点是系统结构简单,但易受人为干扰,导致生态系统中自我调节能力降低。流浪猫作为城市中不可忽视的一类群体,人们一方面要送上温暖、安慰和包容;另一方面要了解它们的行为和习性给城市生态系统带来的灾难与影响。数据显示,目前全球流浪猫的数量已经将近5亿只,其中我国的流浪猫数量多达5 300万只。这么多的流浪猫已经严重威胁了生态系统的平衡,给人与自然生命系统带来冲击和伤害。

流浪猫泛滥的根源在哪儿?流浪猫会带来哪些问题?我们该不该全面捕杀流浪猫?控制流浪猫的数量,我们可以做些什么?基于以上困惑,研学小组的同学们开展了研究,探索流浪猫现象对城市生态系统的影响,并进行补偿机制研究。

二、研究目标

推进研学活动,开展流浪猫现象对城市生态系统的影响及其补偿机制研究,倡导文明养宠意识,建立社会生态系统保护责任,提升社会生态文明素养,引导学生参与生态文明建设,共建人与自然生命共同体。具体目标:

(1)调查城市流浪猫的现状及泛滥根源。

(2)研究流浪猫对城市生态系统的影响。

(3)研究城市生态系统的保护及补偿机制建设。

◀围绕流浪猫问题,制定明确的研学目标,为学生开展研学实践明确方向。

三、研究内容

本次活动主要针对城市中的流浪猫现状、影响和控制策略进行调查,推进城市生态系统的影响及其补偿机制研究。

(1)设计、发放调查问卷,了解不同年龄群体对流浪猫的认知。

(2)走访居住小区及周边社区、公园、城市绿地等,调查流浪猫数量及其危害。

(3)分析数据并查阅资料,探析流浪猫对城市生态系统带来的影响。

(4)进行城市生态系统补偿机制研究,提出可行性建议,探索城市流浪猫现象解决办法,为创建人与自然生命共同体做出贡献。

◀结合流浪猫现象的焦点问题,进行研学内容设计,可以更好地确立研学任务。

四、研究思路

研学实践路线图如图9.1所示。

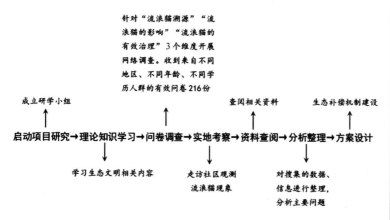

图 9.1　研学实践路线图

五、研究过程

(一)梳理生态知识理论,构建研学行动基础

成立研学小组,围绕研究目标,借助维基百科和知网文献进行相关理论和知识梳理,为开展研学活动提供知识基础。主要包括:

(1)生态学。生态学是德国生物学家恩斯特·海克尔于 1866 年定义的一个概念,是研究有机体与其周围环境(包括非生物环境和生物环境)相互关系的科学。从自然科学视角定义,生态学是研究宏观生命系统的结构、功能及其动态的科学,它为人类认识、保护和利用自然提供理论基础和解决方案,也是生态文明建设的科学基础。生态学包含 3 层含义:①生态学是研究自然界中宏观生命系统的结构、功能和变化的科学,人类基于生态学研究成果来认识、保护和利用自然;②生态学的核心内容是研究宏观生命系统及其与环境系统之间的关系,这种关系相互作用、相互依存、互为因果,使生命系统达到相对稳定的状态;③人是一种生物,是自然界的组成部分,具有主观能动性,可以推动自然环境的改变。

(2)生态平衡。生态平衡是指在一定时间内,生态系统中的

◀设计研学活动路线图,为推进研学实践厘清思路,确定每个环节的工作任务。

◀从基础理论入手,开启流浪猫现象的问题探究,可以更好地实现学生对问题、概念和现象的理解,促进学生知识结构的形成。

生物和环境之间、生物各个种群之间，通过能量流动、物质循环和信息传递，达到高度适应、协调和统一的状态。也就是说当生态系统处于平衡状态时，系统内各组成成分之间保持一定的比例关系，能量、物质的输入与输出在较长时间内趋于相等，结构和功能处于相对稳定状态，在受到外来因素干扰时，能通过自我调节恢复到初始的稳定状态。

(3)生物圈。生物圈是指地球上凡是出现并感受到生命活动影响的地区，是地表有机体包括微生物及其自下而上环境的总称，是行星地球特有的圈层。生物圈是人类诞生和生存的空间，是地球上最大的生态系统。

(4)生态修复。生态修复是在生态学原理指导下，以生物修复为基础，结合各种物理修复、化学修复以及工程技术措施，通过优化组合，使之达到最佳效果和最低耗费的一种综合的修复污染环境的方法。生态修复的顺利施行，需要生态学、物理学、化学、植物学、微生物学、分子生物学、栽培学和环境工程等多学科的参与。对受损生态系统的修复与维护涉及生态稳定性、生态可塑性及稳态转化等多种生态学理论。

◀生态修复与生态补偿是研学活动对策的重要策略，其原理构建为城市生态系统补偿机制研究提供基础。

(5)生态补偿。生态补偿是以保护和可持续利用生态系统服务为目的，以经济手段为主调节相关者利益关系，促进补偿活动、调动生态保护积极性的各种规则、激励和协调的制度安排。

《关于深化生态保护补偿制度改革的意见》是我国建立的生态补偿制度，是以防止生态环境破坏、增强和促进生态系统良性发展为目的，以从事对生态环境产生或可能产生影响的生产、经营、开发、利用者为对象，以生态环境整治及恢复为主要内容，以经济调节为手段，以法律为保障的新型环境管理制度。《关于深化生态保护补偿制度改革的意见》是深入贯彻习近平生态文明思想，深化生态保护补偿制度改革，加快生态文明制度体系建设，落实人与自然生命共同体建设的政策保障和策略指引。

◀查询我国生态保护补偿制度，为开展生态保护、实现人与自然和谐共生提供法律依据和行动指南。

(二)开展问卷设计,进行数据分析

研学小组设计面向社会的"流浪猫现状调查问卷",围绕城市中流浪猫的数量、成因、生存状态、危害影响、治理对策5个方面展开调查,收集有效问卷216份,全面了解了城市居民对流浪猫现象的认知和态度。

◀研学小组设计调查问卷,进行流浪猫现状的社会调查查,了解社会群体和社区百姓对流浪猫现象的态度,为深化研学活动创造条件。

1.受访人员的基本情况

受访人员的基本情况调查结果如图9.2所示。

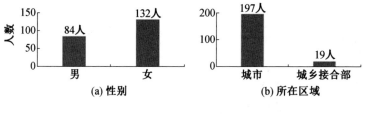

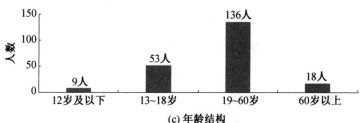

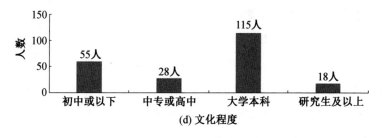

图9.2 受访人员的基本情况调查结果

从参与调查问卷的人员构成来看,受访人员主要集中在城市地区,成年人占比为71.3%,61.6%的受访者达到大学本科及以上学历,成为研究改善城市生态系统和社区居住环境的主要力量。

2. 社区流浪猫的规模

社区流浪猫的规模调查结果如图9.3所示。

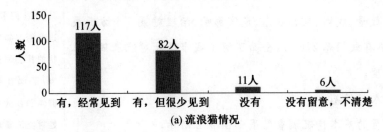

(a) 流浪猫情况

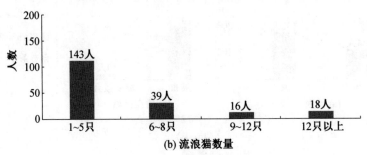

(b) 流浪猫数量

图9.3　社区流浪猫的规模调查结果

数据显示,有92.1%的受访者确定在自己居住的小区内有流浪猫,84.3%的受访者小区内的流浪猫数量在8只以内。

研学小组的同学们分别进行了周边社区的探访,准确统计了居住社区及周边地区流浪猫的数量,如杨庄北区小广场附近5只、北京工业大学通州校区23只、赵山社区8只、门头沟西山艺境社区近20只、北京市第九中学分校校园内4只等。调查发现,北京一些公园内流浪猫的数量较多,如颐和园有流浪猫近百只,公园内随处可见流浪猫的身影。此外,八大处二处金鱼池附近有十余只流浪猫,北海公园有近百只的流浪猫队伍,等等。

3. 流浪猫的成因及发现

流浪猫的成因调查结果如图9.4所示。

◀用柱状图呈现社区流浪猫存在的数量情况,为展开策略干预奠定基础。

◀研学小组通过调查了解流浪猫庞大数量的成因发现,人在流浪猫问题中有着难以推卸的责任,需要唤醒每个人的责任意识,提升对生态平衡现象的关注度,从根源上解决城市流浪猫问题。

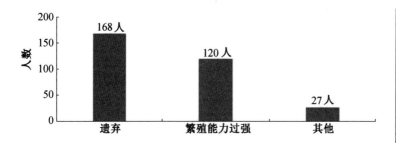

图 9.4　流浪猫的成因调查结果

调查显示,有 77.8% 的受访者认为流浪猫的成因是遗弃,55.6% 的受访者认为猫强大的繁殖能力是流浪猫队伍不断扩大的主要原因之一。

由于城市流浪猫大多属于家猫品种,更多是被养猫人因为种种原因主动遗弃的,如调换工作、搬离城市、猫咪疾病等,是流浪猫增加的主要原因。另一部分原因是家猫趁机离家出走的,虽然只占小部分,但也为流浪猫群体的壮大提供了来源。遗弃后的成年猫由于没有生育节制而肆意繁殖,为现代城市中流浪猫大军的形成创造了条件。

研学小组查阅相关资料,对流浪猫的繁殖能力进行了调研,结果发现:猫属于脊索动物门,哺乳纲猫科类动物,具有强大的繁殖能力,被称为"行走的播种机"。雌性幼猫大概 6～7 个月就已经发育成熟。性成熟后的母猫,一般会在光照时间较长、阳光充足的春、夏、秋 3 个季节发情,是典型的季节性发情动物。大部分母猫每次发情会持续 3～7 d,也有的会持续 10 d 以上。在发情的季节,母猫甚至每隔 2 周就可以发情一次。成功受孕以后,只需56～65 d 便可生下小猫,且母猫生产之后的一个月之内又能继续怀孕。由此可见,一只母猫一年可以繁殖 2～3 次/窝,每次/窝4～6 只,甚至有媒体曾报道母猫一窝生下 16 只的记录。

国外有研究显示,一对猫咪在没有受到人为干扰且生殖能力完全正常的情况下,繁衍出千万只猫咪只需要 9 年的时间,如图9.5 所示(考虑到流浪猫的生存环境恶劣,保守来看计算数据为

▶学生通过搜集流浪猫繁殖能力强大的相关资料,为深入理解肆意繁殖是造成流浪猫群体庞大的原因找到了直接证据,也为加强流浪猫治理、影响人们对流浪猫建立科学护理方式提供依据。

"每年2次/窝""每次/窝存活小猫2.8只")。

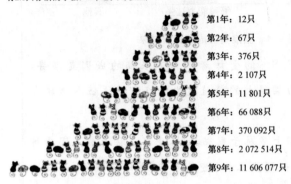

一只未绝育的母猫，它的伴侣和它们所有的后代每年生产2窝，每窝有2.8只存活的小猫，9年总共可以生产：

第1年：12只
第2年：67只
第3年：376只
第4年：2 107只
第5年：11 801只
第6年：66 088只
第7年：370 092只
第8年：2 072 514只
第9年：11 606 077只

图9.5 自然状态下一只成年母猫的生育能力结构图

4.流浪猫的影响和危害

问卷设计的题目如下。

(1)您对流浪猫的态度。

"您对流浪猫的态度"调查结果如图9.6所示。

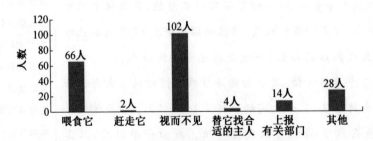

图9.6 "您对流浪猫的态度"调查结果

数据显示,有近50%的受访者对流浪猫采取视而不见的态度,有31%的受访者会喂食,约7%的受访者会上报相关部门,2%的受访者会为他们寻找新主人,而13%的人选择了其他,未明确表明个人态度。

◀研学小组运用问卷了解流浪猫治理中人们的处理态度和方式,为更好地制定解决策略掌握第一手资料。

（2）您所了解的流浪猫的危害。

"您所了解的流浪猫的危害"调查结果如图 9.7 所示。

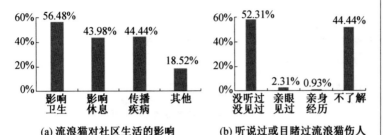

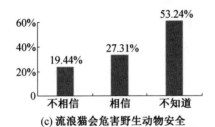

图 9.7　"您所了解的流浪猫的危害"调查结果

调查数据显示，人们对流浪猫的危害的了解主要停留在社区卫生方面，有 56.48％的受访者认为流浪猫会翻找垃圾、随地大小便，对社区环境造成较大影响，44.44％的受访者认为流浪猫会传播疾病，但对生态卫生的深层次影响不能准确说明。此外，有 27.31％的受访者认为流浪猫会危害野生动物（如鸟类）的安全，这些影响对城市生态系统构成了直接威胁。

流浪猫究竟会对城市生态系统以及人类的健康生活造成哪些影响呢？研学小组通过查阅文献发现会产生两大方面的直接影响，具体如下。

（1）传播疾病。由于大部分流浪猫都没有接种过疫苗，它们很容易感染上弓形虫病、狂犬病等疾病，有的能够直接或间接传染给人类及其他动物（图 9.8）。

◀流浪猫问题的影响不简单存在于调查数据呈现的卫生和疾病方面，其他生态危害性也需要引起人们的重视，亟待同学们展开深度探索和挖掘。

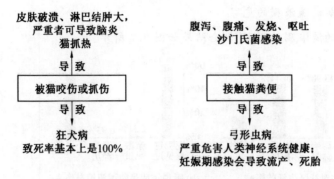

图 9.8 猫传播疾病

（2）危及物种安全。据美国学者马拉在《自然—通讯》发表的一项关于流浪猫的"突破性"研究数据显示：美国境内的猫每年大约杀死 13 亿～40 亿只鸟、63 亿～223 亿只哺乳动物、9 500 万～2.99 亿只两栖动物、2.58 亿～8.22 亿只爬行动物。2022 年 6 月《科学报告》杂志发表的一项研究表明，流浪猫的捕猎正在"推动"极度濒危的史岛袋鼩走向灭绝边缘。澳大利亚阿德莱德大学动物与兽医科学学院的研究人员调查了流浪猫捕食对史岛袋鼩的影响，在 7 只猫（占取样猫的 8.1%）的消化系统内发现了 8 只史岛袋鼩的残骸，表明它们捕猎这一物种十分高效。该团队认为，持续控制流浪猫种群数量在受威胁物种的栖息地区域具有必要性。

在我国，相关研究人员采用了问卷调查的方式对境内散养猫和流浪猫做了深入调查。研究发现，每年被流浪猫所捕食的野生动物超过 12 亿只。算上野猫和一些地区家猫也捕食野生动物，把所有的受害物种加起来，这个数字达到了每年 120 亿～329 亿只，数量惊人！

以上数据显示，流浪猫种群过大对于动物种群平衡及城市生态系统具有较大危害性和影响力，问题不容小觑，亟待解决。

5.流浪猫的治理态度

在对"流浪猫的治理态度"调查中，64.81%的被调查者认为政府应当承担治理流浪猫的责任，而对于个人来讲仅有43.52%

▶研究发现，流浪猫问题已经成为危及生物物种安全的直接威胁，对人与自然的生态平衡产生了极大影响，需要采取有效手段进行治理和干预。

的人愿意参与流浪猫治理行动(图 9.9),表明亟待设计整体性方案解决流浪猫问题。

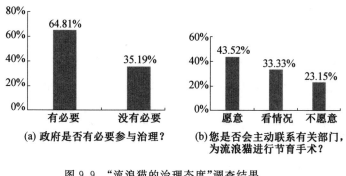

图 9.9 "流浪猫的治理态度"调查结果

(三)走进社区和图书馆,探析流浪猫危害性

流浪猫是指没有固定的主人和住所,自由活动在城市或乡村的家猫。它们通常是被遗弃或逃跑的宠物猫,或者是宠物猫的后代。流浪猫的数量在全球范围内不断增加,给人类和野生动物带来了许多危害。

面对愈演愈烈的流浪猫问题,研学小组走进社区、动物保护机构和图书馆,全面了解流浪猫泛滥给自然生态带来的危害。据调查分析,流浪猫并非偶发现象,是人为制造的动物危机。据世界自然保护联盟(IUCN)定义,流浪猫是公认的、有红色警告的、最危险的入侵物种之一。流浪猫在城市生态链里没有天敌,其繁殖数量无法通过原有的生态系统进行自动调节,所以对原有的生态平衡和其他物种会有灾难性的后果。据统计,流浪猫已经在世界范围内至少造成 63 个种群的灭绝,如鸟类、爬行类、两栖类、鼠类等动物。在各个大陆和海岛,流浪猫会通过疾病、虐杀和"恐惧"效应大幅度减少其他种群的数量,使这些种群面临灭绝或成为濒危物种。以澳大利亚为例,至少有 20 种本土的哺乳类动物因为流浪猫的捕食而灭绝,被流浪猫猎杀的鸟类多达 338 种,其中 71 种已经是濒危物种。而在美国,每年流浪猫杀死鸟类、小型哺乳类动物达到十几亿只。

◀调查了解流浪猫现象的治理责任,表明有近一半的社区群众还不能认识流浪猫的危害性,没有意识到人类造成流浪猫问题的直接责任,需要学生采取相关办法干预和解决。

◀学生走进社区和图书馆,通过访谈和调研,进一步了解流浪猫问题的危害性,为提出准确干预措施做好基础性分析。

　　围绕流浪猫给生态系统带来的危害,同学们进行了深入研讨。经过整理与分析,得出流浪猫对生态平衡的破坏主要表现在以下几个方面。

　　(1)流浪猫作为一种入侵物种,它们不属于任何地区的本土动物,而是由人类有意或无意地带入了不同的环境。流浪猫的外来性使得它们与当地的生态系统不相适应,容易造成生物多样性的下降。北京市园林绿化局对此做出过统计,目前北京地区80%～90%的流浪动物是流浪猫,总数量大约500万只,严重侵扰了生态系统的平衡。

　　(2)流浪猫的身体机能和习性特征决定了它们是一种高效的捕食者,它们可以捕食各种无脊椎动物、鱼类、两栖类、爬行类、鸟类和哺乳类等动物,且轻而易举。在很多地区,流浪猫的捕食行为严重影响了当地其他动物的种群数量和结构,打破了食物链的平衡,甚至导致一些物种濒临灭绝。据统计,过去500年间有33个物种的灭绝被认为与猫的捕猎有关,包括鸟类(如斯蒂芬岛异鹩、皮特凯恩岛鹦鹉、新西兰夜鹰、阿尔德布拉岛鸽子等)、爬行类(如圣赫勒拿岛巨龟、圣赫勒拿岛巨蜥、圣克里斯托弗岛巨蜥等)、哺乳类(如塞舌尔巨鼠、塞舌尔巨蝙蝠、马里恩岛小兔等),此外,还造成其他多种类动物处于濒危状态。

　　(3)流浪猫是潜在的疾病传播者,它们可以携带和传播各种寄生虫、细菌、病毒等病原体。流浪猫的疾病传播会危害其他动物和人类的健康,引发一些严重的人畜共患病。例如,流浪猫是弓形虫的主要宿主,它们可以将弓形虫卵排到环境中,从而感染其他动物或人类。弓形虫病对于免疫力低下或者怀孕的人群,可能造成严重的后果,如流产、先天畸形、脑部损伤等。在国内很多地区,曾经出现了弓形虫病例的集体传染现象,对人类健康造成极大危害。此外,流浪猫还会造成狂犬病、肺结核杆菌等病菌的传播。

　　(4)流浪猫是一种干扰因素,它们会通过声音、气味、行为等方式干扰和惊扰其他动物的正常活动,会影响其他动物的觅食、休息、交配、筑巢等行为,降低其生存和繁殖能力,甚至引发亚致死效应。研究发现,流浪猫对海鸟的干扰和惊扰严重导致海鸟筑巢成功率的降低,造成海鸟体重和生育率的快速降低。

(5)流浪猫是一种竞争者,它们会与其他食肉动物争夺食物和栖息地资源。流浪猫的竞争会削弱其他动物的优势和适应性,导致其种群数量和分布范围缩小,甚至造成基因污染。例如,在我国北方地区,流浪猫作为一种强力竞争者,与其他动物争夺食物、水源和栖息地资源,削弱了很多动物的生存优势和适应性,导致种群数量和分布范围缩小。在流浪猫每年捕杀的野生动物中,有 36 亿～98 亿只是小型哺乳动物。直接造成影响的包括黄鼠狼、刺猬、貉、豹猫等小型食肉动物等。流浪猫还会与本土的中华田园猫杂交,造成基因污染和遗传多样性的丧失。

(四)制定城市生态补偿机制,推进人与自然和谐共生

流浪猫现象的愈加严重,已直接干扰城市生态系统的平衡与健康,需要确立突破口,制订行之有效的解决方案。

1.流浪猫现象解决策略

(1)对策调查。

面对流浪猫现象,研学小组深入社区开展调查,收集社区百姓对流浪猫问题的解决策略(图 9.10)。

◀流浪猫的身体机能、运动能力和食物的繁杂性,决定了在无序状态下,庞大的流浪猫群体亦成为生态系统的入侵者,打破了地区生态平衡,对其他动物、资源和健康带来严重威胁。

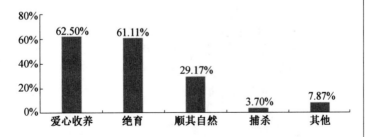

图 9.10　"对流浪猫问题的解决策略"调查结果

数据显示,62.5%的受访者建议实施爱心收养,61.11%的受访者认为应该进行流浪猫绝育,3.7%的受访者建议捕杀处理,而

29.17%的受访者采取顺其自然的态度。

随后,研学小组针对爱心收养进行了深度访谈,真正能够采取收养行动的数据情况不容乐观。数据显示,仅有22.69%的受访者愿意并能够进行流浪猫收养,而43.06%的受访者不愿意收养,34.26%的受访者保持观望态度,此种做法的可行性和实效性仅占两成(图9.11)。

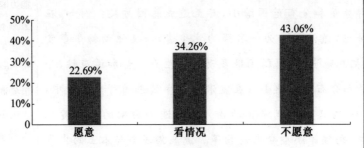

图9.11　爱心收养情况调查结果

◀爱心收养作为一种干预手段,不能解决流浪猫问题,同时会增加新的矛盾,缺乏科学性基础。

(2)应对策略。

学生对社区人群给出的流浪猫现象的解决对策进行了深入研讨,搜索流浪猫治理国际通用办法,提出合理解决方案。解决方案的全称是城市流浪猫接纳救助计划,简称ATNRC计划(图9.12)。ATNRC计划的核心理念为接纳(accept)、诱捕(trap)、绝育(neuter)、释放(release)和关爱(care),与国际通行做法"TNR"的不同之处在于,强调了接纳和关爱,构建完整生命共同体网络。

◀研学小组经过大量文献查阅和深入讨论,提出建设ATNRC计划的行动策略,实现了多角度、多层面对流浪猫问题的治理,促进减少流浪猫现象。

关爱
care

接纳
accept

释放
release

诱捕
trap

绝育
neuter

图9.12　ATNRC计划

ATNRC计划包括以下5个行动步骤。

①接纳流浪猫现象,并采取积极态度开展流浪猫应对行动。

②用专业的捕捉器捕捉流浪猫,将它们送到兽医或动物保护机构。

③开展流浪猫绝育手术,防止它们繁殖更多的后代。同时进行流浪猫疫苗注射,预防常见疾病。

④对流浪猫进行耳朵标记,放回捕捉地,继续流浪猫生活。

⑤关爱已参与 ATNRC 计划的流浪猫,关注后期生存状态。

ATNRC 计划的目标是通过减少流浪猫的繁殖能力和传染病风险,降低流浪猫对人类和其他动物的危害与干扰,提高流浪猫的生存福利和健康水平,降低安乐死比例。落实 ATNRC 计划的核心任务要做好以下 5 项准备。

◀ ATNRC 计划的核心任务是做好 5 个方面的工作,其中绝育和关爱是计划的核心内容,为社区百姓树立科学干预的手段,促进学生建立系统化思维模式。

第一,做好社区流浪猫调查和评估准备,了解它们的数量、分布、健康状况、食物来源、栖息地等现状,制订合适的捕捉计划和目标。

第二,做好与当地兽医或动物保护机构的合作准备,为流浪猫提供优惠或免费的绝育和疫苗服务,并确保手术和恢复过程的安全和质量。

第三,做好与社区居民、志愿者、政府等各方的沟通和协调工作,说明 ATNRC 计划的意义和优势,进行方案推广,寻求理解与支持。

第四,做好定期对社区中的流浪猫监测和管理的准备,观察它们的数量变化、健康状况、行为特征等,并及时处理新出现或未绝育的流浪猫。

第五,做好对 ATNRC 计划进行评估的准备,总结、分析 AT-NRC 计划的效果和影响,并根据实际情况调整与改进。

总之,ATNRC 计划作为一种控制流浪猫数量和影响的行动方案,通过对流浪猫进行诱捕、绝育、释放和关爱,既实现了对人类和其他动物健康与安全的保护,又提升了流浪猫的福利和健康水平,同时促进城市社区居民及相关机构组织的合作参与,提升公众对动物保护问题的深度认知,培养责任意识,为实现有效管控生态平衡风险奠定基础。

2.城市生态补偿机制建设

对于流浪猫现象,ATNRC 计划在控制数量、关爱成长与保护健康等方面发挥了重要作用。该计划通过接纳、诱捕、绝育、释放、关爱的环节,降低流浪猫对城市生态环境的负面影响,培养社区居民对于流浪猫的科学态度。随着 ATNRC 计划的不断深入,构建一套完整的流浪猫问题城市生态补偿机制成为计划执行者的呼声,也逐渐成为促进城市可持续发展的基础性保障政策。

城市生态补偿机制是以保护生态、促进人与自然和谐发展为目标,根据生态系统服务价值、生态保护成本、发展建设成本,综合运用行政和市场手段,调整生态环境保护和建设相关各方之间利益关系的一种制度安排。流浪猫问题对城市生态环境造成一定负面影响,不仅破坏了城市生物的多样性,也威胁了人类的健康和安全。因此,面向流浪猫问题建立城市生态补偿机制,可以有效改善流浪猫管理效益,发挥城市生态补偿机制的助力作用。

(1)建设原则。城市生态补偿机制目标是实现城市生态环境保护、经济社会协调发展,从而促进城市的可持续发展。城市生态补偿机制的原则主要包括受益者付费原则、污染者付费原则、公平公正原则和适时适度原则等,在此基础上实现城市生态补偿机制的建设与发展。

(2)实施类型。解决流浪猫问题,城市生态补偿机制需要确定实施类型,考虑各方面责任义务,主要包括政府主导型、市场交易型、社会参与型(含志愿服务)等方式,共同促进流浪猫问题的改善。

(3)补偿机制细则。依照上述原则,同学们进行了城市生态补偿机制的制定,主要分为分类补偿、综合补偿和多元化补偿 3 种方式。

①分类补偿是指针对不同的流浪猫群体如散养猫、无主猫、

◀进行城市生态补偿机制建设是学生在研究过程中发现的良好做法,它为城市建设中开展流浪猫现象治理提供了科学性、基础性的政策保障机制,为广大人民群众的爱心付出建立法律依据,实现个人、团体、企业的责任互动,为彻底解决流浪猫问题建立可持续方案。

社区猫等,根据其生态保护成本和效益,采用不同的补偿标准和原则,对相关的权利人进行适度补偿。例如,对于散养猫,可以通过实施养猫登记、绝育、芯片等制度,加大对遗弃猫咪的追责和惩罚;对于无主猫,可以通过收容、绝育、回归或安乐死等措施,减少流浪猫对城市生态环境的负面影响;对于社区猫,可以通过给予爱心人士一定的奖励或补贴,激励他们继续关注和帮助流浪猫,同时规范他们的投喂和救助行为。

◀根据不同类别流浪猫问题,制定不同补偿机制,培养学生建立责任意识,为城市发展中的生态顽疾提供解决办法。

②综合补偿是指按照流浪猫所处的生态空间功能,实施纵横结合的补偿制度,促进生态受益地区与保护地区利益共享。纵向补偿是指政府通过财政基金、政策引导等方式,对重点流浪猫保护区和流浪猫脆弱地区给予的支持。横向补偿是指跨区域间,根据上下游或受益者付费原则,采取技术协作、共建园区等方式,实现流浪猫资源环境的利益调节。

③多元化补偿是指通过市场化、多元化方式,促进流浪猫保护者利益得到有效补偿,激发全社会参与流浪猫保护的积极性。多元化补偿包括市场交易机制、金融融资渠道、财税政策调节等方式。例如,可以通过建立流浪猫救助中心或"以商养善"模式来获取运营资金;可以通过开展流浪猫知识普及和宣传活动,提升公众对流浪猫问题的理解和支持;可以通过设置流浪猫观赏区或开展互动活动,增加流浪猫的社会价值和吸引力;等等。

总之,流浪猫城市生态补偿机制建设需要综合控制流浪猫数量、提升公众意识、加强组织合作、建立政策和数据支持,并借鉴国际经验,以实现科学高效的城市生态管理制度,为建立人与自然生命共同体展开探索。

(五)推广研学建议,唤醒生态关注

结合研学成果,同学们借助少先队员提案和社区志愿者活动向政府主管部门和社区居民建言献策,为生态平衡提供研学建议。

1.给居民的建议

（1）养猫之前，需要深思熟虑。猫很可爱，能给人们带来很多快乐，但养猫的过程也会面临很多问题。养猫不要一时冲动，要经过深思熟虑。

（2）对猫要有责任心。猫是一个家庭成员，应该被好好照顾、认真对待。

（3）要按时做好猫的保健护理，如驱虫、免疫等，以确保猫咪及家人的健康。

（4）因不能克服的原因而无法继续养猫时，千万不要随意丢弃它们，而要尽量帮助它们寻找新的主人。

（5）遇到流浪猫，尽量不要触摸它或与它过于亲近，以避免被其伤害，或造成疾病传播。

（6）如果要收养流浪猫，首先应该先带猫咪去医院做全面检查，检测猫咪的健康状况究竟如何，尤其要根据医生的建议完善体检项目，排查猫咪是否有传染病。确认猫咪没有健康问题后，需要及时给猫咪做好体内外驱虫，可以直接使用药物驱虫，确保猫咪的持久健康。

（7）若不能收养流浪猫，也请与相关部门或组织联系。

2.给政府的建言

（1）建议尽快出台与猫咪饲养有关的地方性管理规范。

目前，国家有《中华人民共和国动物防疫法》，北京市有养犬相关规定，可以参照这些已有的法律法规，或者将《北京市养犬管理规定》扩充为养犬养猫等宠物管理条例，使家庭饲养宠物有法可依。

（2）加大对于流浪猫相关知识的宣传。

调查走访数据显示，很多家庭饲养宠物猫，也有很多居民在小区里投喂流浪猫，但是由于缺乏科学的饲养知识，导致很多猫咪走失成为流浪猫，而用剩饭剩菜在小区内投喂流浪猫导致流浪猫大量无序繁殖，蚊蝇滋生，引发居民矛盾。加大科学饲养的宣

◀学生结合研究方案，提出具体推广建议，提高人们的生态治理意识，为城市生态建设贡献各自力量。

传力度,让科学饲养深入人心,从而减少流浪猫的数量,是解决流浪猫问题的关键。

(3)政府部门购买 ATNRC 服务。

虽然现在有爱心人士组织救助流浪猫进行 ATNRC,但是能力有限且不能持久,且在法律法规上无法可依,容易发生冲突。建议政府牵头购买 ATNRC 服务,让专业性计划服务于民。

(4)推广用领养代替购买。

很多居民喜欢猫咪,想饲养猫咪,建议采取领养代替购买,从源头上解决流浪猫的数量问题,给流浪猫一个温暖的家。

(5)建立 AI 技术数据库管理。

建立"流浪动物管理平台",利用 AI 技术,建立流浪动物数据库,实现跟踪、定位和管理。平台统一管理各类收容动物信息,从募捐到领养,所有信息保持透明公开,可以看到全国各地每只流浪动物的饲养情况、物资分配情况等,实现信息共享。

六、研究结论与反思

流浪猫现象是一个涉及生态、伦理和法治的社会性问题,需要全社会的人关注和参与,急需科学、高效的解决方案。本次研学通过调查访谈、文献搜集和研讨实践等多种形式,提升了学生对社会化问题的关注度,培养了学生的人与自然生命共同体意识,开启了城市生态补偿机制的建设。主要研究收获包括以下 5 个方面。

(1)提升了学生的环境意识和生态保护意识。在研学活动中,学生通过参与流浪猫现象的实地观察和调研,深入了解了流浪猫问题的现状和影响,增强了对生态平衡和生物多样性的重视。

(2)有效培养了学生的团队协作和问题解决能力。在流浪猫研学活动中,同学们通过数据收集、分析和讨论,共同制订 AT-NRC 方案,建立城市生态补偿机制,在合作性学习活动中培养了

◀建议政府建立 ATNRC 策略,进行服务购买,可以有效推动政策落地,为解决流浪猫问题做出关键性决策。

◀学生通过研学活动,建立了生态责任意识,促进了城市建设中人与自然的和谐发展。

团队精神和创新能力。

（3）引发全社会关注生命教育。随着流浪猫现象调查的持续深入，人们日益感受到生命教育的重要性。生命教育对于培养人们的同情心和责任感至关重要。它引导人们尊重每一个生命个体，关爱并保护每个生命体的生存权，提升生命意识，为建设和谐、开放、关爱的社会空间构建人与自然生命共同体。

（4）促进学科知识的综合应用。在研究流浪猫现象的过程中，同学们运用生态学、社会学、经济学等多个学科知识，综合分析问题并提出解决方案。

（5）引导学生关注社会服务。通过参与流浪猫的保护和管理工作，引导更多人成为社会志愿者，为解决社会问题提高服务能力。

下一步行动计划归纳为"4个进一步"。

进一步探讨城市生态补偿机制的具体内容和实施方法，比较不同地区或国家的经验和做法，分析其优缺点和适用性。

进一步加强与当地动物保护组织或志愿者团体的联系，开展流浪猫问题的研讨并提出建议，参与实践活动或项目，体验并反思流浪猫保护的过程和效果。

进一步加强学生对流浪猫问题的认知和理解，提供更多的学习实践机会，鼓励学生积极参与流浪猫保护和管理职业规划行动。

进一步设计科普宣传或教育活动，向更多的人传播科学对待流浪猫的知识和理念，倡导文明养宠、尊重生命、爱护环境。

总之，流浪猫现象作为现代城市的生态问题需要引起广大市民的关注和重视，通过倡导ATNRC计划，实施科学、有效的解决方案，加大流浪猫管理与监控力度，提升城市生态补偿机制效用，促进人与自然的和谐共生，为生命健康与安全、社会繁荣与稳定做出积极贡献，实现人类对大自然认识论和实践论的高效统一。

◀制订下一步计划，实现了对研学活动的整理与提升，为培养学生的研学能力、促进学生实践本领养成、建立生态文明思想创造条件，实现对社会建设者和接班人的全面培养。

第三节　人与自然生命共同体专题研学活动案例评价

人与自然生命共同体专题研学活动的价值在于它能够帮助人们更好地理解生命的意义,认识人与自然、环境之间的关系,了解每一个生物体在地球生命圈中承担的角色。深化人与自然生命共同体专题研学活动可以有效推进学生参与生态文明建设,帮助人们从生态视角保护生物多样性,推动全球生态文明发展。因此,推进人与自然生命共同体专题研学活动在促进人与自然的生态平衡、增强全球生态问题治理、应对全球气候变化和挑战方面提供了新方案与新路径。

开展人与自然生命共同体专题研学活动案例评价,是有效梳理研学成果的必要工作,是提升思想认知的重要实践,能够落实研学群体对人与自然探究的学习梳理,推动人与自然生命共同体可持续发展。人与自然生命共同体专题研学活动案例的评价主要包括以下 4 个方面要素。

(1)人与自然生命共同体的选题和特征。人与自然生命共同体是指在特定区域内,各种构成要素(包括自然要素和人的要素)相互作用形成的相对稳定的生命系统,具有整体性、区域性、价值性、有限容量性、迁移性和可持续性等特征。评价人与自然生命共同体专题研学活动案例时,应明确该案例所涉及的人与自然生命共同体的范围、类型、结构和功能,以及与周边社会、环境的关系。

(2)人与自然生命共同体的价值和目标。人与自然生命共同体专题研学活动的价值要突出两点,一是满足生物多样性需求,二是满足人民的美好生活需要。评价人与自然生命共同体专题研学活动案例,要关注该案例如何提升人与自然生命共同体的综合效益和社会价值,如何实现人与自然和谐共生的共同目标。

(3)人与自然生命共同体的规划和设计。进行人与自然生命共同体的规划和设计是优化生态资源配置、促进人与自然生命共同体向高价值生态区间迁移的行动过程。评价人与自然生命共同体专题研学活动案例,应该评估该案例的规划和设计方法是否科学合理,是否符合系统性思想,是否能够有效解决人与自然生命共同体内外部的矛盾和问题。

（4）人与自然生命共同体的建设和管理。通过采用整体规划、绿色建设、绿色养护等方式，保护和恢复人与自然生命共同体的自然资本，提高其抵御自然灾害和人为干扰的能力，实现可持续发展。进行人与自然生命共同体专题研学活动案例评价时，应该考察该案例在建设和管理过程中是否严格遵循法律法规，是否严格坚持生态环境保护原则，动员全社会并亲身参与志愿者服务，构建良好的社会服务条例，形成完善的生态补偿机制。

人与自然生命共同体专题研学活动案例评价量表见表9.1。

优秀的人与自然生命共同体专题研学活动应当具有明确的目标和方向、全面深入的内容、有效创新的方法、积极参与的互动性、充分反思的评估性等指标要素，这些要素共同构成一个完整、高效、富有成效的研学体验，促进学生的健康成长。

人与自然生命共同体专题研学活动让学生充分感知人与自然生命共同体理念和价值，感受完整、全面的行动目标和学习实践，是建立学生社会责任感、增强人与自然保护能力、促进生态文明素养成的价值体现，是促进人与自然和谐共生的探索行动，为地球健康和人与自然和谐发展创设科学环境。

表 9.1　人与自然生命共同体专题研学活动案例评价量表

评价要素	评价指标	评价标准	评价方法
人与自然生命共同体的选题和特征	选题范围准确	是否明确界定并符合人与自然生命共同体的地理边界和空间范围,是否考虑了人与自然生命共同体内外部的联系和影响	文档分析 现场调查
	主题类型多元	是否符合人与自然生命共同体的自然属性、人文属性和功能属性,是否对人与自然生命共同体进行了合理的分类,是否反映了人与自然生命共同体的多样性和特殊性	
	结构要素清晰	是否分析了人与自然生命共同体内部各种构成要素(包括自然要素和人的要素)的数量、分布、组成和相互关系,是否揭示人与自然生命共同体的组织形式和运行机制	
	主题功能监测	是否评估了人与自然生命共同体对自身、周边环境、社会提供的各种服务和价值,是否识别各种压力和风险,是否探讨人与自然生命共同体的可持续性和适应性	
	共同体协作关系	是否考察了人与自然生命共同体对人类进步的促进作用和协调关系,是否推进了社会生态文明建设,是否落实了人与自然的和谐共生	
人与自然生命共同体的价值和目标	生物多样性的需求	是否充分考虑了满足遗传多样性、物种多样性、生态系统多样性和可持续的种群数量等方面的需求,是否采取了有效措施保护和恢复生物多样性,是否增强了生物多样性对气候变化等干扰因素的抵御能力	文档分析 问卷调查
	人类美好生活需要	是否考虑了优质生态服务的社会需求,是否充分考虑了人民对优美生态环境的精神需要,是否平衡了生态建设对经济发展、社会进步、文化繁荣等方面的需要,是否尊重了人民对参与决策、享受惠益、承担责任等方面的需要	
	最优价值目标实现	是否在满足生物多样性需求和人民美好生活需要之间寻找最佳结合点,是否在保护自然资源和利用自然资源之间寻找最佳平衡点,是否在实现当代人利益和保障后代人利益之间寻找最佳契合点,是否在促进国家利益和维护全球利益之间寻找协调点	

续表9.1

评价要素	评价指标	评价标准	评价方法
人与自然生命共同体的规划和设计	系统性思想建立	是否从整体角度、动态角度、关系角度等多维角度分析人与自然生命共同体的现状和问题，是否从目标导向、问题导向、需求导向、效果导向等多重导向视角进行人与自然生命共同体规划和设计制定，是否从生态系统、社会系统、经济系统等方面开展多元系统协同，与自然生命共同体的规划和设计	文档分析 专家评审
	系统原理的贯彻	是否遵循人与自然生命共同体的整体性原理、区域性原理、价值性原理、有限容量性原理、自组织原理、可持续性原理等基本原理，是否运用人与自然生命共同体的结构功能原理、自组织原理、自适应原理、自我修复原理等，是否借鉴人与自然生命共同体的优化配置原理、最小化效益原理、最小化干扰原理等管理原理	
	系统方法的使用	是否采用系统分析方法、评价方法、优化方法等科学方法，是否探索系统性协调、整合、演化等方法，系统创新等先进方法，是否利用系统模型、系统仿真、系统和等有效方法	
人与自然生命共同体的建设和管理	保障制度的建立	是否建立了完善的人与自然生命共同体保护法律法规体系，是否制定了具有可操作性的人与自然生命共同体保护政策，是否形成了符合人与自然生命共同体特点的保护标准规则，是否建立健全公众监督机制和问责机制，是否建设了有效的人与自然生命共同体补偿机制和原则	文档分析 现场检查
	技术支撑与保护	是否运用整体规划、绿色建设、绿色养护等方式，提高其抵御自然灾害和人为干扰的能力，实现其可持续发展，智能技术、网络技术等手段，提升人与自然生命共同体的监测预警能力，优化人与自然生命共同体的管理服务水平；是否利用数字技术、智能技术，保护和恢复人与自然生命共同体的自然资本，提高其抵御自然灾害和人为干扰的能力	
	社会宣传与行动	是否广泛宣传生态文明建设和生物多样性保护的重要意义，提高公众对人与自然生命共同体保护的认知度和参与度；是否鼓励各类社会组织和志愿者参与人与自然生命共同体保护活动，发挥其桥梁纽带作用，是否积极参与人与自然生命共同体保护行动和任务	

附　录

教育部关于印发《普通高中"研究性学习"实施指南(试行)》的通知①

教基〔2001〕6号

为全面实施素质教育,培养学生创新精神和实践能力,转变学生的学习方式和教师的教学方式,教育部在《全日制普通高级中学课程计划(试验修订稿)》中增设了包括研究性学习在内的综合实践活动。为促进参加普通高中课程试验的省、市有效地推进研究性学习的开展,我部组织研究制定了《普通高中"研究性学习"实施指南(试行)》(以下简称《实施指南》),现印发你们,并提出以下意见,请参照实施。

从实际出发,积极开展研究性学习活动。研究性学习是《全日制普通高级中学课程计划(试验修订稿)》中的重要内容,是全体普通高中学生的必修课。它对于改变学生的学习方式、促进教师教学方式的变化、培养学生的创新精神和实践能力具有重要的作用,各地必须予以充分重视。使用《全日制普通高中课程计划(试验修订稿)》的省(自治区、直辖市)要认真做好研究性学习的学习讨论和组织管理等工作,根据《实施指南》的要求,结合本地实际,遵循分步实施、分类指导的原则,提出本省推动不同地区、不同层次的学校开展研究性学习的实施方案。可首先从城市和有条件的农村地区开始,选择有代表性的学校进

---

① 引自《教育部关于印发〈普通高中"研究性学习"实施指南(试行)〉的通知》,网址:http://www.moe.gov.cn/srcsite/A06/s3732/200104/t20010409_82009.html

行试点，组织专家和教研人员做好对试点学校的指导工作，以点带面，推动研究性学习的深化。同时要关注有困难的地区和学校，研究其所面临的问题并帮助解决。2001年秋季仍执行现行普通高中课程计划的省（自治区、直辖市），可调整现行课程计划，参照《全日制普通高级中学课程计划（试验修订稿）》和《实施指南》的要求，鼓励学校创造条件开展研究性学习活动。

做好研究性学习的培训工作。各地要认真组织教育行政管理人员、教研人员、校长和教务人员的培训，使他们充分认识在高中开展研究性学习的重要性和必要性，准确把握高中研究性学习的特点和目标，正确理解研究性学习的有关内容、实施过程以及评价要求，加强对研究性学习活动的指导和管理，为学生开展研究性学习活动创造有利条件。教师是学生进行研究性学习活动的组织者、参与者和指导者。各地必须充分重视对教师的培训，使教师不断提高自身的科学素养和专业水平，树立正确的教学观念，激发学生主动探索、研究实际问题的兴趣，为学生潜能的发挥和实践能力的培养营造支持、鼓励与开放的环境，促进学生的发展。

因地制宜地开发和利用教育资源。研究性学习是学生在比较广泛教育资源的背景下所开展自主的、开放的、探究式的学习活动。学校应从实际出发，充分利用学校图书馆、实验室、计算机网络以及具有专长的教师等校内现有教育资源。同时，要积极争取社会各界的支持，开发和利用当地教育资源，包括高等院校、科研院所、学术团体、专业技术部门（包括农村实用技术研究与推广部门）的人力资源和研究资源，为学生进行研究性学习创造条件。

对研究性学习的评价要强调评价主体的多元化和评价方法、手段的多样性，特别关注学生参与研究性学习活动的过程，注重学生在学习过程中所获得的直接体验，把对学生的评价与对学生的指导紧密结合起来。要通过评价鼓励学生发挥自己的个性特长，施展才能，学会尊重和欣赏他人，激励学生积极进取，勇于创新。

开展研究性学习要求学生必须走出课堂、走出校门，积极地开展社会调查研究和实践活动。学校必须加强组织和管理工作，对学生进行必要的安全教育，增强安全防范意识和自我保护能力。同时，学校要加强与学生家庭、社会相关部门的沟通和联系，共同负责学生在社会调查等实践活动中的安全工作，确保学生的人身安全。

在普通高中开展研究性学习是一个新生事物,需要各地和学校在实践中积极探索,创造性地组织、指导研究性学习的开展,丰富完善研究性学习的理论与实践经验。希望各地将对《实施指南》的意见和建议反馈到我部基础教育司。

附件:普通高中"研究性学习"实施指南(试行)

教育部办公厅

二〇〇一年四月九日

附件:

普通高中"研究性学习"实施指南(试行)

研究性学习是学生在教师指导下,从自然、社会和生活中选择和确定专题进行研究,并在研究过程中主动地获取知识、应用知识、解决问题的学习活动。研究性学习与社会实践、社区服务、劳动技术教育共同构成"综合实践活动",作为必修课程列入《全日制普通高级中学课程计划(试验修订稿)》。为帮助学校有效地实施研究性学习,落实课程计划中的相关要求,特制订本指南。

一、设置研究性学习的目的

实施以培养创新精神和实践能力为重点的素质教育,关键是改变教师的教学方式和学生的学习方式。设置研究性学习的目的在于改变学生以单纯地接受教师传授知识为主的学习方式,为学生构建开放的学习环境,提供多渠道获取知识、并将学到的知识加以综合应用于实践的机会,促进他们形成积极的学习态度和良好的学习策略,培养创新精神和实践能力。

学生学习方式的改变,要求教师的教育观念和教学行为也必须发生转变。在研究性学习中,教师将成为学生学习的促进者、组织者和指导者。教师在参与指导研究性学习的过程中,必须不断地吸纳新知识,更新自身的知识结构,提高自身的综合素质,并建立新型的师生关系。

当前,受传统学科教学目标、内容、时间和教学方式的局限,在学科教学中普遍地实施研究性学习尚有一定的困难。因此,将研究性学习作为一项特别设立的教学活动作为必修课纳入《全日制普通高级中学课程计划(试验修订稿)》,将会逐步推进研究性学习的开展,并从制度上保障这一活动的深化,满足学生在开放性的现实情境中主动探索研究、获得亲身体验、培养解决实际问题能力的需要。

二、研究性学习的目标

研究性学习强调对所学知识、技能的实际运用,注重学习的过程和学生的实践与体验。因此,需要注重以下几项具体目标:

1、获得亲身参与研究探索的体验

研究性学习强调学生通过自主参与类似于科学研究的学习活动,获得亲身体验,逐步形成善于质疑、乐于探究、勤于动手、努力求知的积极态度,产生积极情感,激发他们探索、创新的欲望。

2、培养发现问题和解决问题的能力

研究性学习通常围绕一个需要解决的实际问题展开。在学习的过程中,通过引导和鼓励学生自主地发现和提出问题,设计解决问题的方案,收集和分析资料,调查研究,得出结论并进行成果交流活动,引导学生应用已有的知识与经验,学习和掌握一些科学的研究方法,培养发现问题和解决问题的能力。

3、培养收集、分析和利用信息的能力

研究性学习是一个开放的学习过程。在学习中,培养学生围绕研究主题主动收集、加工处理和利用信息的能力是非常重要的。通过研究性学习,要帮助学生学会利用多种有效手段、通过多种途径获取信息,学会整理与归纳信息,学会判断和识别信息的价值,并恰当的利用信息,以培养收集、分析和利用信息的能力。

4、学会分享与合作

合作的意识和能力,是现代人所应具备的基本素质。研究性学习的开展将努力创设有利于人际沟通与合作的教育环境,使学生学会交流和分享研究的信息、创意及成果,发展乐于合作的团队精神。

5、培养科学态度和科学道德

在研究性学习的过程中,学生要认真、踏实的探究,实事求是地获得结论,尊重他人想法和成果,养成严谨、求实的科学态度和不断追求的进取精神,磨练不怕吃苦、勇于克服困难的意志品质。

6、培养对社会的责任心和使命感

在研究性学习的过程中,通过社会实践和调查研究,学生要深入了解科学对于自然、社会与人类的意义与价值,学会关心国家和社会的进步,学会关注人类与环境和谐发展,形成积极的人生态度。

三、研究性学习的特点

研究性学习具有开放性、探究性和实践性的特点,是师生共同探索新知的学习过程,是师生围绕着解决问题共同完成研究内容的确定、方法的选择以及为解决问题相互合作和交流的过程。

(一)开放性。研究性学习的内容不是特定的知识体系,而是来源于学生的学习生活和社会生活,立足于研究、解决学生关注的一些社会问题或其他问题,涉及的范围很广泛。它可能是某学科的,也可能是多学科综合、交叉的;可能偏重于实践方面,也可能偏重于理论研究方面。

在同一主题下,由于个人兴趣、经验和研究活动的需要不同,研究视角的确定、研究目标的定位、切入口的选择、研究过程的设计、研究方法、手段的运用以及结果的表达等可以各不相同,具有很大的灵活性,为学习者、指导者发挥个性特长和才能提供了广阔的空间,从而形成一个开放的学习过程。

(二)探究性。在研究性学习过程中,学习的内容是在教师的指导下,学生自主确定的研究课题;学习的方式不是被动地记忆、理解教师传授的知识,而是敏锐地发现问题,主动地提出问题,积极地寻求解决问题的方法,探求结论的自主学习的过程。因此,研究性学习的课题,不宜由教师指定某个材料让学生理解、记忆,而应引导、归纳、呈现一些需要学习、探究的问题。这个问题可以由展示一个案例、介绍某些背景或创设一种情景引出,也可以直接提出;可以由教师提出,也可以引导学生自己发现和提出。要鼓励学生自主探究解决问题的方法并自己得出结论。

（三）实践性。研究性学习强调理论与社会、科学和生活实际的联系，特别关注环境问题、现代科技对当代生活的影响以及与社会发展密切相关的重大问题。要引导学生关注现实生活，亲身参与社会实践活动。同时研究性学习的设计与实施应为学生参与社会实践活动提供条件和可能。

四、研究性学习内容的选择和设计

（一）因地制宜，发掘资源。选择研究性学习的内容，要注意把对文献资料的利用和对现实生活中"活"资料的利用结合起来。要引导学生充分关注当地自然环境、人文环境以及现实的生产、生活，关注其赖以生存与发展的乡土和自己的生活环境，从中发现需要研究和解决的问题。把学生身边的事作为研究性学习的内容，有助于提高各地学校开展研究性学习的可行性，有利于培养爱家乡、爱祖国的情感以及社会责任感，有利于学生在研究性学习活动中保持较强的探索动机和创造欲望。

（二）重视资料积累，提供共享机会。学习内容的开放性为学生的主动探究、自主参与和师生合作探求新知识提供了广阔的空间。师生在研究性学习中所获取的信息、采用的方法策略、得到的体验和取得的成果，对于本人和他人，对于以后的各届学生，都具有宝贵的启示、借鉴作用。将这些资料积累起来，成为广大师生共享并能加以利用的学习资源，是学校进行研究性学习课程建设的重要途径。

（三）适应差异，发挥优势。不同地区、不同类型学校和不同学生开展研究性学习在内容和方法上是有层次差异和类型区别的，因而在学习目标的确定上可以各有侧重，在内容选择上可以各有特点。学校应根据自身的传统优势和校内外教育资源的状况，形成有地区和学校特点的研究性学习内容，同时为学生根据自己的兴趣、爱好和具体条件，自主选择研究课题留有足够的余地。另外，教师要在日常的各科教学中，结合教学内容，注重引导学生通过主动探究，解决一些开放性的问题，这也在一定程度上体现研究性学习的价值与性质，对于提高学科教学水平也具有积极的意义。

五、研究性学习的实施

在开展研究性学习的过程中,教师和学生的角色都具有新的特点,教育内容的呈现方式,学生的学习方式、教师的教学方式以及师生互动的形式都要发生较大变化。

(一)研究性学习的实施类型

依据研究内容的不同,研究性学习的实施主要可以区分为两大类:课题研究类和项目(活动)设计类。

课题研究以认识和解决某一问题为主要目的,具体包括调查研究、实验研究、文献研究等类型。

项目(活动)设计以解决一个比较复杂的操作问题为主要目的,一般包括社会性活动的设计和科技类项目的设计两种类型。前者如一次环境保护活动的策划,后者如某一设备、设施的制作、建设或改造的设计等。

一项专题的研究性学习活动,可以属于一种类型,也可以包括多种研究类型。综合性较强的专题,往往涉及多方面的研究内容,需要运用多种研究方法和手段,更需要参加者之间的分工协作。

研究性学习的组织形式主要有三种类型:小组合作研究、个人独立研究、个人研究与全班集体讨论相结合。

小组合作研究是经常采用的组织形式。学生一般由 3—6 人组成课题组,聘请有一定专长的成人(如本校教师、校外人士等)为指导教师。研究过程中,课题组成员各有独立的任务,既有分工,又有合作,各展所长,协作互补。

个人独立研究可以采用"开放式长作业"形式,即先由教师向全班学生布置研究性学习任务,可以提出一个综合性的研究专题,也可以不确定范围,由每个学生自定具体题目,并各自相对独立地开展研究活动,用几个月到半年时间完成研究性学习作业。

采用个人研究与全班集体讨论相结合的形式,全班同学需要围绕同一个研究主题,各自搜集资料、开展探究活动、取得结论或形成观点。再通过全班集体讨论或辩论,分享初步的研究成果,由此推动同学们在各自原有基础上深化研究,之后或进入第二轮研讨,或就此完成各自的论文。

(二)研究性学习实施的一般程序

研究性学习的实施一般可分三个阶段:进入问题情境阶段、实践体验阶段和表达交流阶段。在学习进行的过程中这三个阶段并不是截然分开的,而是相互交叉和交互推进的。

进入问题情境阶段

本阶段要求师生共同创设一定的问题情境,一般可以开设讲座、组织参观访问等。目的在于做好背景知识的铺垫,调动学生原有的知识和经验。然后经过讨论,提出核心问题,诱发学生探究的动机。在此基础上确定研究范围或研究题目。

同时,教师应帮助学生通过搜集相关资料,了解有关研究题目的知识水平,该题目中隐含的争议性的问题,使学生从多个角度认识、分析问题。在此基础上,学生可以建立研究小组,共同讨论和确定具体的研究方案,包括确定合适的研究方法、如何收集可能获得的信息、准备调查研究所要求的技能、可能采取的行动和可能得到的结果。在此过程中,学生要反思所确定的研究问题是否合适,是否需要改变问题。

实践体验阶段

在确定需要研究解决的问题以后,学生要进入具体解决问题的过程,通过实践、体验,形成一定的观念、态度,掌握一定的方法。

本阶段,实践、体验的内容包括:①搜集和分析信息资料。学生应了解和学习收集资料的方法,掌握访谈、上网、查阅书刊杂志、问卷等获取资料的方式,并选择有效方式获取所需要的信息资料;要学会判断信息资料的真伪、优劣,识别对本课题研究具有重要关联的有价值的资料,淘汰边缘资料;学会有条理、有逻辑地整理与归纳资料,发现信息资料间的关联和趋势;最后综合整理信息进行判断,得出相应的结论。这时要反思所得结论是否充分地回答了要研究的问题,是否有必要采取其他方法获取证据以支持所得结论。②调查研究。学生应根据个人或小组集体设计的研究方案,按照确定的研究方法,选择合适的地方进行调查,获取调查结果。在这一过程中,学生应如实记载调查中所获得的基本信息,形成记录实践过程的文字、音像、制作等多种形式的"作品",同时要学会从各种调研结果、实验、信息资料中归纳出解决问题的重要思路或观点,并反思对是否获得足以支持研究结论的证据,是否还存在其他解释的可能。③初步的交流。学生通过收集资料、调查研究得到的初步研究成果在小组内或个人之间充分交流,学会认识客观事物,认真对待他人意见和建议,正确地认识自我,并逐步丰富个人的研究成果,培养科学精神与科学态度。

表达和交流阶段

在这一阶段,学生要将取得的收获进行归纳整理、总结提炼,形成书面材料和口头报告材料。成果的表达方式要提倡多样化,除了按一定要求撰写实验报告、调查报告以外,还可以采取开辩论会、研讨会、搞展板、出墙报、编刊物(包括电子刊物)等方式,同时,还应要求学生以口头报告的方式向全班发表,或通过指导老师主持的答辩。

学生通过交流、研讨与同学们分享成果,这是研究性学习不可缺少的环节。在交流、研讨中,学生要学会欣赏和发现他人的优点,学会理解和宽容,学会客观地分析和辩证地思考,也要敢于和善于申辩。

(三)研究性学习实施中的教师指导

研究性学习强调学生的主体作用,同时,也重视教师的指导作用。在研究性学习实施过程中,教师应把学生作为学习探究和解决问题的主体,并注重转变自己的指导方式。

在研究性学习实施过程中,教师要及时了解学生开展研究活动时遇到的困难以及他们的需要,有针对性地进行指导。教师应成为学生研究信息交汇的枢纽,成为交流的组织者和建议者。在这一过程中要注意观察每一个学生在品德、能力、个性方面的发展,给予适时的鼓励和指导,帮助他们建立自信并进一步提高学习积极性。教师的指导切忌将学生的研究引向已有的结论,而是提供信息、启发思路、补充知识、介绍方法和线索,引导学生质疑、探究和创新。

在研究性学习实施过程中,教师必须通过多种方式争取家长和社会有关方面的关心、理解和参与,与学生一起开发对实施研究性学习有价值的校内外教育资源,为学生开展研究性学习提供良好的条件。

在研究性学习实施过程中,教师要指导学生写好研究日记,及时记载研究情况,真实记录个人体验,为以后进行总结和评价提供依据。

教师可以根据学校和班级实施研究性学习的不同目标和主客观条件,在不同的学习阶段进行重点的指导,如着重指导资料收集工作,或指导设计解决问题的方案,或指导学生如何形成结论等等。

六、研究性学习的评价

评价是研究性学习过程中的重要环节。评价的内容与方式必须充分关注学习态度,重视学习的过程与方法,重视交流与合作,重视动手实践。

(一)研究性学习评价的一般原则

研究性学习强调学习的过程,强调对知识技能的应用,强调学生亲身参与探索性实践活动并获得感悟和体验,强调学生的全员参与。因此,要采用形成性评价的方式,重视对过程的评价和在过程中的评价,重视学生在学习过程中的自我评价和自我改进,使评价成为学生学会实践和反思、发现自我、欣赏别人的过程;同时,要强调评价的激励性,鼓励学生发挥自己的个性特长,施展自己的才能,努力形成激励广大学生积极进取、勇于创新的氛围。

(二)研究性学习评价的特点

评价主体的多元化。评价者可以是教师或教师小组,可以是学生或学生小组,可以是家长,也可以是与开展项目内容相关的企业、社区或有关部门等等。如果有的成果参加评奖或在报刊上公开发表,则意味着专业工作者和媒体也扮演了评价的角色。

评价内容的丰富性和灵活性。研究性学习评价的内容通常涉及到以下几个方面:

一是参与研究性学习活动的态度。它可以通过学生在活动过程中的表现来判断,如是否认真参加每一次课题组活动,是否认真努力地完成自己所承担的任务,是否做好资料积累和分析处理工作,是否主动提出研究和工作设想、建议,能否与他人合作,采纳他人的意见等。

二是在研究性学习活动中所获得的体验情况。这主要通过学生的自我陈述以及小组讨论记录、活动开展过程的记录等来反映,也可通过行为表现和学习的结果反映出来。

三是学习和研究的方法、技能掌握情况。要对学生在研究性学习活动各个环节中掌握和运用有关方法、技能的水平进行评价,如查阅和筛选资料,对资料归类和统计分析,使用新技术,对研究结果的表达与交流等。

四是学生创新精神和实践能力的发展情况。要考察学生在一项研究活动中从发现和提出问题、分析问题到解决问题的全过程所显示出的探究精神和能力,也要通过活动前后的比较和几次活动的比较来评价其发展状态。

五是学生的学习结果。研究性学习结果的形式多样,它可以是一篇研究论文、一份调查报告、一件模型、一块展板、一场主题演讲、一次口头报告、一本研究笔记,也可以是一项活动设计的方案。教师需要灵活掌握评价标准。

评价手段、方法的多样性。研究性学习的评价可以采取教师评价与学生的自评、互评相结合,对小组的评价与对组内个人的评价相结合,对书面材料的评价与对学生口头报告、活动、展示的评价相结合,定性评价与定量评价相结合、以定性评价为主等做法。

(三)研究性学习评价的实施

评价要贯穿于研究性学习的全过程。操作时可以重点从三个环节,即开题评价、中期评价和结题评价着手。

开题评价要关注学生发现问题、提出问题、提出解决问题设想的意识和能力,促使学生以积极的态度进入解决问题的过程中。

中期评价主要是检查研究计划的实施情况,研究中资料积累情况,以及研究过程中遇到的问题、困难和解决问题、克服困难的情况等。对评价结果要及时反馈,对于在研究中学生自己难以解决的问题,要通过教师指点、学生小组内部讨论、学生小组间交流、寻求校外帮助等方式予以解决。

结题评价主要对学生参与研究性学习全过程的情况、体验情况、资料积累情况、结题情况、研究结果及成果展示方式等进行评价。

评价的具体方案可以由指导教师提出,也可以在师生协商的基础上提出。鼓励由学生个人或学生小组自己设计评价方案,对自己的研究情况加以评价,充分发挥评价的教育功能。

研究性学习评价既要考虑学生参与活动、达成研究性学习目标的一般情况，又要关注学生在某一些方面的特别收获，顾及学生的个别差异。要使认真参加研究性学习活动的学生普遍获得成功的体验，也要让研究上卓有成效的少数优秀学生脱颖而出。研究性学习的评价既要着眼于对整个小组的评价，又要注意到个人在课题研究中所承担的角色、发挥的具体作用及进步的幅度。

七、研究性学习的管理

研究性学习是普通高中必修课，全体学生必须参与。研究性学习作为主要由学校自主开发的课程有许多新的特点，各级教育行政部门和学校要切实加强对实践的研究和指导，结合本地、本校实际努力开拓、创新，形成有效、可行的经验。

(一)学校对研究性学习的管理

学校必须从组织建设、制度建设、学习评定和统筹协调等方面着手，加强研究性学习的开发、实施、评价和管理。建立起相应的指导、管理小组，负责校内外指导力量的组织协调和设备利用、过程落实、实施检查等项工作的统筹安排，以保证研究性学习的有效实施。

结合本校实际情况，制订实施研究性学习的一年和三年规划。采取行之有效的措施，制定必要的规章制度，如计算教师工作量制度、课程建设档案制度、校内设施设备使用制度、课程实施情况的评价制度、教师指导经验的交流制度等，并建立家长和社区有效参与的机制，使研究性学习的实施和管理走向规范化的轨道。

注意加强各学科教师之间的联系与合作，发挥年级组在组织、协调方面的作用，强调班主任在研究性学习管理上的重要作用，加强对研究性学习的指导。

学校要因地制宜、因时制宜，充分开发利用各种教育资源，包括校内资源、社区资源和学生家庭中的教育资源。学校内部资源包括具有不同知识背景、特长、爱好的教师和职工，包括图书馆、实验室、计算机房、校园等设施、设备和场地，也包括反映学校文化的各种有形、无形的资源。有条件的地方应尽量利用高校、科研院所、学术团体、专业技术部门的人才资源,利用电子信息资源,为学生研究性学习的开展提供有力支持。要特别注意发展校外指导教师队伍,构建起指导学生研究性学习的人才资源库。

(二)教育行政部门对研究性学习的管理

研究性学习对于培养学生的创新精神和实践能力具有重大意义。教育行政部门必须从推进和深化素质教育的高度充分认识开展研究性学习的意义,增强教育改革的紧迫感,选择合乎实际的推进策略,切实履行管理职责,使研究性学习在学校中得以实施。

教育行政部门应从本地的实际出发,可采取先试点,再在面上推开的工作策略,积极创造条件,争取一两年内做到全面实施。

行政部门要把对学校的管理与指导结合起来。教师培训是开展研究性学习的关键。地方教育行政部门、学校和有关的教育研究、教师培训机构都要十分重视,通过多种形式开展教师培训工作,制订近期和中长期的培训计划,并切实加以落实。

教师培训的主要目标是促进教师教育观念的转变,提高对培养学生创新精神和实践能力重要性和迫切性的认识,促使教师更新知识,树立终身学习的观念,提高教师自身的科研素养和教师指导学生开展研究性学习的能力。在培训中,要帮助教师了解并掌握一些指导学生开展研究性学习的具体方法,尤其要让教师在不同类型的案例剖析中获得多方面的启示。鼓励、支持教师对研究性学习实际问题的探究,促进教师专业水平的提高。

地方教育行政部门应从实际出发,开拓思路,积极引导,加强素质教育的舆论宣传工作,支持和帮助学校开辟校外学习、研究的渠道,发展教育系统与外系统的联系,在创设有利于开展研究性学习的社会环境上发挥作用。

地方教育行政部门要采用多种形式,组织区域性的、校际的经验交流活动,鼓励先进,积极推动。要针对地区差异和学校类型差异,进行分层、分类指导,注意扶植、帮助有困难的地区和学校。

地方教育行政部门要在对学校教育教学工作的督导评估项目中增加对学校实施研究性学习情况(包括课程落实、制度建设、资源利用等方面的情况)的检查内容,并把它作为学校评优和示范性高中建设的重要指标之一。

要重视发挥教研、科研机构的作用。各级教研、科研机构具有指导本地学校开设研究性学习的职能。要组织力量开展切实的研究、指导工作。要及时发现和总结学校、教师在实践中的成功经验,加以推广应用,并根据学校、教师的实际问题和困难,采取针对性的指导措施,或向行政领导部门提出建议。

参 考 文 献

[1] 联合国.变革我们的世界:2030 年可持续发展议程[R/OL].(2015-09-27)
[2016-01-01]. http://switzerlandemb. fmprc. gov. cn/web/ziliao_674904/
zt_674979/dnzt_674981/qtzt/2030kcxfzyc_686343/zw/201601/t20160113_
9279987. shtml

[2] OECD. Environmentally Sustainable Education:Challenges and Opportu-
nities[J]. Filosofi,1983(3)7-11

[3] 马元喜.人与自然和谐共生的现代化:逻辑、特质与进路[J].云南民族大学
学报(哲学社会科学版),2023,40(3):5-12.

[4] UNESCO. World Heritage List[EB/OL]. (1972-11-16)[2023-05-01]. ht-
tps://whc. unesco. org/en/list/

[5] 张高丽.大力推进生态文明 努力建设美丽中国[J].求是,2013(24):3-11.

[6] 刘涵.习近平生态文明思想研究[D].长沙:湖南师范大学,2019.

[7] 魏郡.习近平人类命运共同体重要论述及其时代价值研究[D].泰安:山东
农业大学,2023.

[8] 习近平.让绿水青山造福人民泽被子孙[N].新华每日电讯,2021-06-03
(01).

[9] 习近平.共建人与自然生命共同体[N].新华每日电讯,2021-04-24(01).

[10] 习近平.推动我国生态文明建设迈上新台阶[N].人民日报海外版,2019-
02-01(01).

[11] 习近平.在文化传承发展座谈会上的讲话[N].新华每日电讯,2023-09-01
(01).

[12] 高芝兰.重温传统精髓 再铸文化自信:论习近平在纪念孔子诞辰 2565 周
年大会上的讲话[J].中国民族博览,2015(11):221-223.

[13] 习近平.共同构建人与自然生命共同体[J].环境,2022(3):10-11.

[14] 江文,李慧.第26届联合国气候变化大会紧急呼吁采取统一行动应对气候变化和水资源危机[J].水利水电快报,2021,42(12):3.

[15] 张婉莹,逄世龙.未来教育的行动框架:《共同重新构想我们的未来:一种新的教育社会契约》解读[J].世界教育信息,2023,36(3):72-80.

[16] 赵如婧.健康素养:定义、内涵与理论[J].人口与健康,2021(10):21-24.

[17] Department of Economic and Social Affairs,Population Division. 2018 Revision of World Urbanization Prospects[R]. New York:United Nations,2018.

[18] 联合国.《SUC可持续城市与社区指南》发布[J].可持续发展经济导刊,2019(1):13.

[19] 国务院办公厅.国务院办公厅关于印发"无废城市"建设试点工作方案的通知[J].中华人民共和国国务院公报,2019(4):5-11.

[20] 中共中央办公厅,国务院办公厅.关于实施中华优秀传统文化传承发展工程的意见(节录)[J].教师教育论坛,2017,30(8):29.

[21] 教育部.教育部关于印发义务教育课程方案和课程标准(2022年版)的通知[EB/OL].(2022-03-25)[2023-05-01]. https://www. gov. cn/zhengce/zhengceku/2022-04/21/content_5686535.htm

[22] 时益之.2022年版义务教育课程方案和课程标准解读:意义、亮点及实施建议[J].中小学班主任,2022(16):4-9,64.

[23] 邓凌月.拓展中华优秀传统文化对外传播新途径[N].学习时报,2021-06-05(06).

[24] 戴梦迪.Ecology:Concepts and Applications(节选)翻译实践报告[D].长沙:湖南大学,2020.

[25] 本刊编辑部.坚定不移推动新阶段水利高质量发展[J].中国水利,2023(2):3.

[26] 汪安南."十四五"国家水安全保障规划思路的几点思考[J].中国水利,2020(17):1-3,10.

[27]《习近平关于总体国家安全观论述摘编》出版[J].党的文献,2018(3):129.

［28］中小学综合实践活动课程指导纲要［J］.云南教育（视界时政版），2017
　　　（11）：28-33.

［29］马强.生态文明教育视域下的在地化资源设计与使用：以石景山区西山永
　　　定河文化带课程为例［M］.北京：九州出版社，2019.

［30］张婧.中小学生态文明教育路径研究［M］.杭州：浙江大学出版社，2020.

［31］史根东.中国可持续发展教育实验工作手册［M］.北京：外文出版社，2012.

［32］梁烜.中小学如何开展考察探究活动：《中小学综合实践活动课程指导纲
　　　要》"考察探究"主题解读［J］.人民教育，2018（Z1）：54-58.

［33］史根东.为美丽中国奠基：生态文明—可持续发展教育的涵义解读与素养
　　　分解［J］.可持续发展经济导刊，2021（Z2）：63-66.

［34］马强.新时期中小学生生态文明素养的培育策略与实践［J］.教学与管理，
　　　2022（18）：44-46.

［35］王巧玲.生态文明教育的国际新动向：联合国教科文组织全球可持续发展
　　　教育行动计划成员国对话会议解读（2018—2019）［J］.环境教育，2019
　　　（12）：49-51.

［36］王鹏.可持续学习课堂的特质与实践反思［J］.中国校外教育，2022（4）：70-
　　　77.

［37］马强，张婧.从"人类命运共同体"的视角看生态文明教育实施［J］.环境教
　　　育，2020（8）：60-63.

［38］马强.新形势下中小学环境教育的重心在哪里［J］.教育家，2020（14）：40-
　　　42.

［39］FAN C W, ZHANG J J. Characterization of emissions from portable
　　　household combustion devices：particle size distributions，emission rates
　　　and factors，and potentialexposures［J］. Atmospheric environment，2001，
　　　35（7）：1281-1290.

［40］HO C K, TSENG W R, YANG C Y. Adverse respiratory and irritant
　　　health effects in temple workers in Taiwan［J］. Journal of toxicology and
　　　environmental health-part a-current issues，2005，68（17-18）：1465-1470.

［41］LIN T C，KRISHNASWAMY G，CHI D S. Incense smoke：clinical，structural and molecular effects on airway disease[J]. Clinical and molecular allergy,2008,6(1):3-7.

[42] 黄恩海,韦梦晨,黄诗琦.普通化学祭祀香和环保天然祭祀香对小白鼠生理危害程度的比较[J].科技风,2018(27):139-140.

[43] 张金萍,张寅平,赵彬.北京寺庙燃香空气污染研究[J].建筑科学,2010,26(4):27-33,47.

[44] 国家技术监督局.居室空气中甲醛的卫生标准:GB/T 16127-1995[S]北京:国家疾病预防控制局,1996:7.

[45] 刘文迅.西江平岗泵站水质检测报告[J].城市建设理论研究(电子版),2012(10):1-2

[46] 国家市场监督管理总局,中国国家标准化管理委员会.生活饮用水卫生标准:GB 5749-2022[S]北京:国家疾病预防控制局,2022:3.

[47] 国家环境保护局.渔业水质标准:GB 11607-1989[S]北京:农业农村部,1989:8.

[48] 市规划和自然资源委员会.关于《北京城市总体规划(2016年—2035年)》实施情况的报告(书面):2020年11月26日在北京市第十五届人民代表大会常务委员会第二十六次会议上[J].北京市人大常委会公报,2020(6):123-129.

[49] 中华人民共和国国务院办公厅.国务院办公厅关于推进城区老工业区搬迁改造的指导意见[J].辽宁省人民政府公报,2014(7):42-48.

[50] 谢鸿宇,杨木壮,谭韵静,等.高校用纸生态影响分析:以广州大学为例[J].华南师范大学学报(自然科学版),2009(3):104-108.

[51] 王利涛.我国环保图书的发展困境及应对策略[J].中国出版,2010(10):54-56.

[52] 杜婷婷.产品包装废弃物的可再生设计研究[D].沈阳:沈阳航空工业大学,2009.

[53] 李学慧.二十四节气民俗文化传承的创意设计研究[D].太原:太原理工大学,2018.

[54] 马晓辉.基于二十四节气养生文化的餐饮开发研:以山东平度为例[D].哈

尔滨:哈尔滨商业大学,2020.

[55] 王小丽.融合地方特色资源促二十四节气课程"落地"[J].福建教育,2018
(35):15-17.

[56] 刘国庆,杨博贤.辉煌集萃[M].北京:中央文献出版社,2008.

[57] 蔡晶.千年古道 驼铃悠悠:石景山区模式口历史文化街区更新改造[J].北
京规划建设,2022,(4):164-171.

[58] 耿兴敏.千年驼铃古道"模式口"焕发新生机[N].中国妇女报,2022-11-24
(001).

[59] 季美岳,苏彦,静静,等.南京"一日游"旅游线路的评价与优化研究[J].电
子商务,2020(3):3-4.

[60] 郑文晖,胡桢,周韬.基于主题策划与 GIS 的生态旅游线路设计方法研究
[J].建筑与文化,2019,(11):40-42.

[61] 黄颖,毛长义.非物质文化遗产旅游线路设计:以渝东南为例[J].长江师范
学院学报,2019,35(2):25-32,126.

[62] 孟祥山.泰州在校大学生旅游线路设计及促销[J].旅游纵览(下半月),
2019,(20):33-34.

[63] 罗畅.浅谈旅游线路设计对我国旅游业的影响[J].现代经济信息,2017
(21):290-291,303.

[64] BAI Y,WU J,CLARK C M,et al. Grazing alters ecosystem functioning
and C:N:P stoichiometry of grasslands along a regional precipitation gra-
dient[J]. Journal of applied ecology,2012,49(6):1204-1215.

[65] MCNAUGHTON S J. Ecology of a grazing ecosystem:the Serengeti[J].
Ecological Monographs,1985,55:259-294.

[66] FRANK D A,EVANS R D. Effects of native grazers on grassland N cy-
cling in Yellowstone National Park[J]. Ecology,1997,78(7):2238-2248.

[67] WHITE R P,MURRAY S,ROHWEDER M. Pilot Analysis of Global E-
cosystems:Grassland Ecosystems[M]. World Resources Institute,2000.

[68] 巴音.不同退化程度克氏针茅草原群落地下生物量的比较研究[D].内蒙
古:内蒙古农业大学,2008.

[69] 徐冉.干旱半干旱草原土壤水分对降雨的响应及植物群落与气象因子的关系研究[D].内蒙古:内蒙古农业大学,2019.

[70] 李锦.青少年网络欺凌行为流行及干预探究[J].教育现代化,2018,5(50):322-323.

[71] 雷涛.探究青少年网络欺凌对现实行为产生的不良心理影响[J].青年与社会,2019,(9):148-150.

[72] 刘辉,陈红莲.网络暴力产生的原因及对策[J].和田师范专科学校学报,2007(3):45-46.

[73] 张梦然.流浪猫捕猎"高效"导致极危物种几近灭绝[N].科技日报,2022-06-23(004).

[74] 朱九超,虞坚颐,白艺兰,等.上海动物园流浪猫弓形虫感染情况调查[J].野生动物学报,2021,42(4):1198-1201.

[75] 李红松.习近平生态文明思想的内在逻辑[J].重庆大学学报(社会科学版),2021(6):1-12.

[76] 余泽娜.论"人与自然和谐共生"蕴涵的三层关系[J].云南社会科学,2021(1):24-30.

[77] 王靓婧.《TNR计划在澳大利亚大学校园管控城市无主猫行动中的应用》翻译实践报告[D].武汉:华中科技大学,2019.

[78] 于沁可.传统节俭观融入校园餐饮浪费治理研究:以湘潭市部分高校为例[D].湘潭:湘潭大学,2021.

[79] 史彦.民以粮为安:关于我国粮食安全问题的思考[J].华北自然资源,2020(6):133-134.